航天科技图书出版基金资助出版

空间太阳能电站概论

侯欣宾 王 立 张兴华 著

中国宇航出版社

·北京·

图书在版编目（CIP）数据

空间太阳能电站概论 / 侯欣宾，王立，张兴华著
. -- 北京：中国宇航出版社，2020.5
ISBN 978 - 7 - 5159 - 1788 - 7

Ⅰ．①空… Ⅱ．①侯… ②王… ③张… Ⅲ．①太阳能
发电－概论 Ⅳ．①TM615

中国版本图书馆 CIP 数据核字（2020）第 076395 号

责任编辑 侯丽平　　　　**封面设计** 宇星文化

出 版 发 行	**中国宇航出版社**		
社　址	北京市阜成路 8 号　**邮　编**　100830	**版　次**	2020 年 5 月第 1 版
	（010）60286808　　（010）68768548		2020 年 5 月第 1 次印刷
网　址	www.caphbook.com	**规　格**	787×1092
经　销	新华书店	**开　本**	1/16
发行部	（010）60286888　　（010）68371900	**印　张**	21　**彩　插**　5 面
	（010）60286887　　（010）60286804（传真）	**字　数**	511 千字
零售店	读者服务部　　（010）68371105	**书　号**	ISBN 978 - 7 - 5159 - 1788 - 7
承　印	天津画中画印刷有限公司	**定　价**	168.00 元

航天科技图书出版基金简介

航天科技图书出版基金是由中国航天科技集团公司于 2007 年设立的，旨在鼓励航天科技人员著书立说，不断积累和传承航天科技知识，为航天事业提供知识储备和技术支持，繁荣航天科技图书出版工作，促进航天事业又好又快地发展。基金资助项目由航天科技图书出版基金评审委员会审定，由中国宇航出版社出版。

申请出版基金资助的项目包括航天基础理论著作，航天工程技术著作，航天科技工具书，航天型号管理经验与管理思想集萃，世界航天各学科前沿技术发展译著以及有代表性的科研生产、经营管理译著，向社会公众普及航天知识、宣传航天文化的优秀读物等。出版基金每年评审 1～2 次，资助 20～30 项。

欢迎广大作者积极申请航天科技图书出版基金。可以登录中国宇航出版社网站，点击"出版基金"专栏查询详情并下载基金申请表；也可以通过电话、信函索取申报指南和基金申请表。

网址：http：//www.caphbook.com

电话：(010) 68767205，68768904

序 1

能源和环境问题是关系到国家政治、经济和安全的重大战略问题，世界对于可再生能源的需求保持强劲增长的态势，我国需要遵循科学发展观，通过自主创新加快清洁可再生能源的开发，减小能源对环境的负面影响。从发展前景看，太阳能是最可依赖的清洁可再生能源。利用地面太阳能发电受到昼夜和天气影响，波动大、发电不稳定。在地球同步轨道上，99％的时间可稳定接收太阳辐射，是建设太阳能电站的理想之地。

空间太阳能电站作为一种能够大规模稳定利用太阳能的设施，日益受到世界主要航天国家的关注。空间太阳能电站在可预见的未来，将会成为尺寸、质量和规模最大的空间基础设施，建设空间太阳能电站是一个具有重大挑战的巨型工程，随着空间技术的快速进步，空间太阳能电站有可能成为国家实现可再生能源战略目标的重要手段。发展空间太阳能电站将改变人类获取能源的地点，改变能量的传输和利用方式，可能会引发一场新的技术革命，对于保持国家能源独立、维持社会和经济可持续发展具有重要意义。

建设空间太阳能电站是航天与能源两大领域相结合的巨大工程，要达到具备空间太阳能电站的研制和建设能力，还需要大量系统创新和技术创新的支持，需要开展充分的研究和试验验证工作、攻克若干关键技术，空间太阳能电站的实现还有很多的困难需要克服。"千里之行，始于足下"，我国空间太阳能电站的研究工作经过十多年的发展，已经在系统方案和部分关键技术研究方面取得了重要进展，我国专家也提出了空间太阳能电站发展规划与分阶段实施路线图建议。我国空间太阳能电站的研发工作得到世界的广泛关注，正在成为推动国际空间太阳能电站发展的核心力量。

《空间太阳能电站概论》是我国研究人员在空间太阳能电站领域的第一部著作，本书全面总结分析了50多年来国际空间太阳能电站的发展历程，系统地阐述了具有国际代表性的多旋转关节空间太阳能电站方案，同时对于空间太阳能电站涉及的运输和组装模式、经济性以及法律环境等问题进行了论述。本书内容全面、系统性强，为我国从事空间太阳能电站研究的科研人员提供了很好的参考资料，对于推动我国空间太阳能电站的发展具有重要意义。我们应当抓住机遇、面对挑战、加快研发，努力推动中国成为第一个建设空间太阳能电站的国家，为我国的航天强国建设贡献力量。

中国科学院院士　王希季

2020 年 4 月

序 2

伴随着空间科学技术的快速发展，人类正迈入大宇航时代。在向浩瀚宇宙进军的征途中，"探索宇宙奥秘、开发空间资源、造福人类社会"已成为共识。被称为"能源曼哈顿工程"的空间太阳能电站概念的提出、设计方案的创新、关键技术的突破，无不彰显着人类探索、开发、利用空间资源的雄心壮志。

近年来，空间太阳能电站的意义与价值，进一步得到美、日等发达国家的高度认可。为抢占先机，从"十一五"开始，我国对此也给予了高度关注，先后提出了具有国际竞争力的多旋转关节、SSPS－OMEGA 空间太阳能电站等创新方案，开展了连续高功率微波、激光无线能量传输试验，取得了重要的阶段成果。2013 年，杨士中院士与我向国家提出了尽早启动空间太阳能电站关键技术攻关的建议，得到习近平总书记及中央领导的高度重视。2014 年，国防科工局联合国家发改委、科技部、工信部等 16 个部委，组织全国 100 余位专家，就我国空间太阳能电站领域发展制定了"两大步三小步"的战略规划与发展路线图，明确了亟待突破的关键技术体系。2017 年，空间太阳能电站中国推进委员会成立。2018 年 12 月 6 日，重庆璧山区"空间太阳能电站实验基地"启动建设。2018 年 12 月 23 日，"逐日工程"在西安电子科技大学启动，将建设全系统、全链路空间太阳能电站地面演示验证中心。

在空间太阳能电站研究工作不断深入之际，欣闻《空间太阳能电站概论》一书即将出版。该书是作者长期研究工作的体会与总结，具有两大特点：一是体系完善，系统而全面地介绍了国内外本领域的研究现状与发展趋势，包括有代表性的典型方案与关键技术、样机研制与实验验证等；二是理论联系实际，作者多年从事空间太阳能电站的研究工作，积累了丰富的科研经验。

相信本书的出版，将有助于我国空间太阳能电站领域研究工作的深入，助力我国航天强国建设。

中国工程院院士
西安电子科技大学教授 段宝岩

2020 年 4 月

前　言

　　空间太阳能电站是一项在空间进行大规模太阳能收集、转化并通过无线方式将电能传输到地面电网的航天工程，其独特优势是能够不受昼夜与天气变化的影响，为人类提供可持续的清洁能源，发展空间太阳能电站是人类利用空间资源解决未来能源危机和环境问题的宏伟计划。随着人类航天技术的不断进步，特别是空间高效能量转化、无线能量传输、空间超大型结构构建以及在轨服务等关键技术得到突破，空间太阳能电站在技术上逐渐具备一定的可行性，在航天、新能源以及商业投资等领域受到广泛关注。

　　空间太阳能电站自从 1968 年提出以来，受到各航天大国的持续重视。美国以美国能源部、美国国家航空航天局、美国国家科学基金会、美国国防部、诺格（Northrop Grumman）公司为主的政府部门和私营企业已投入数亿美元的研究经费，实施了多项研发计划。日本将发展空间太阳能电站列入国家航天长期规划，在经济产业省和日本宇宙航空研究开发机构的支持下，以无人空间飞行研究机构、三菱重工、三菱电机、京都大学、东京大学等为代表的科研机构和企业建立推进委员会，形成"官产学"联合研究的模式，计划在 2050 年建设商业化空间太阳能电站。韩国组建了包括国会议员、相关研究机构领导在内的空间太阳能研究协会，2018 年正式启动了空间太阳能电站研究项目，提出了发展计划。

　　从"十一五"开始，我国空间太阳能电站的研究工作得到了国防科技工业局等部门和许多院士、专家的大力支持，越来越多的研究人员开始关注并从事该领域的研究工作。经过多年的努力，我国科研人员自主创新，在空间太阳能电站系统方案和部分关键技术研究方面取得了重要进展，得到了国际上的认可，中国正在成为推动国际空间太阳能电站发展的重要力量。2014 年 5 月，"空间太阳能电站发展的机遇与挑战"香山科学会议召开，会议认为，"发展空间太阳能电站将引发诸多技术领域的科技革命，有望催生一个重大战略性新兴产业，并有可能引起新的产业革命，具有极其重要的意义"。同年，国防科技工业局联合多部委组织开展空间太阳能电站发展规划及关键技术体系论证工作，经过近一年的深入论证，提出我国空间太阳能电站发展规划与分阶段实施路线图建议。

　　空间太阳能电站是航天领域科技创新发展的重大战略工程，将带动空间技术的跨越式进步，极大地牵引相关基础研究和技术的创新发展，对于进入空间和利用空间的能力将产生革命性的影响，并大大推动空间资源利用等新兴产业的发展。

目前，国内在空间太阳能电站领域的专业出版物还处于空白，国际上全面介绍空间太阳能电站的著作也非常少。本书基于作者在空间太阳能电站领域的研究经历，参考了大量的国内外资料，全面总结了50多年来国际空间太阳能电站的发展历程，对于国际上提出的众多概念方案进行了系统分析和比较，重点介绍了多旋转关节空间太阳能电站和二级聚光式空间太阳能电站系统设计，同时针对空间太阳能电站可能的运输和组装模式、经济性以及法律环境等问题进行了初步的论述。本书内容全面，系统性强，为从事空间太阳能电站研究的科研工作者提供了很好的参考。

本书共分为9章，第1章主要介绍空间太阳能电站的研究背景、面临的挑战以及应用前景；第2章全面介绍了国际空间太阳能电站的研究历史和现状，包括主要国家、国际组织及商业公司的相关活动；第3章主要介绍了空间太阳能电站系统设计所涉及的顶层问题，包括空间太阳能电站的运行轨道、空间环境特性、系统分析、关键技术和核心问题等；第4章对于国际上提出的多种典型空间太阳能电站方案进行了较为详细的描述和比较分析；第5章对于我国提出的多旋转关节空间太阳能电站的系统组成和分系统方案等进行了详细的介绍；第6章对于二级聚光式空间太阳能电站系统特性进行了分析，并对二级聚光式空间太阳能电站的聚光系统、三明治结构方案重点进行了介绍；第7章面向多旋转关节空间太阳能电站重点分析了空间太阳能电站可能的运输模式和在轨组装需求；第8章针对多旋转关节空间太阳能电站进行了空间太阳能电站寿命期的经济性分析；第9章从空间法、国际电信联盟规则、IADC空间碎片减缓指南和电磁辐射标准等方面对于空间太阳能电站涉及的法律问题和环境影响进行了初步分析。

本书由侯欣宾负责第1、2、4、5、7、8、9章的编写以及全书的统稿，王立负责第3章的编写，张兴华负责第6章的编写。本书的编写得到了国内空间太阳能电站相关研究单位的大力支持，包括中国空间技术研究院、中国运载火箭技术研究院、上海空间技术研究院、西安电子科技大学、四川大学、哈尔滨工业大学、北京理工大学、华北电力大学和南京航空航天大学等，北京圣视环宇科技有限公司为本书设计了部分插图，本书的出版得到了中国空间技术研究院和钱学森空间技术实验室各级领导和专家的关心和帮助，在此表示衷心的感谢。

限于作者水平，书中难免存在不足和错误，恳请广大读者批评指正。

目　录

第1章 绪 论

1.1 空间太阳能电站的研究背景

能源是人类社会赖以生存和发展的主要物质基础，随着能源消耗量的急剧增加，能源短缺以及传统化石能源消耗所带来的全球性气候与环境问题成为制约社会与经济可持续发展的极为重要的问题，发展清洁能源、开发可再生能源，逐渐替代传统化石能源成为全球的共识。2016 年 11 月 4 日，《巴黎协定》正式生效，标志着人类向着可持续发展的目标迈出了重要的一步，也代表着全人类寻求清洁绿色能源的永恒目标。

为满足人类可持续发展的能源需求，必须开发一种取之不尽、用之不竭的清洁能源。为了获得绿色能源，人类发展了大量的清洁能源开发技术，包括地球表面的太阳能、风能、水能、生物能、波浪能利用，地球内部的地热能利用，海洋的潮汐能、温差能发电以及海底相对清洁的可燃冰开采。但是传统清洁能源的不稳定性和总量的有限性使得目前清洁能源的大规模开发和利用存在很多问题。太阳是一个巨大的核聚变体，辐射到地球表面的能量仅为其总辐射能量的 23 亿分之一左右。作为一个稳定的能量源，太阳还将持续稳定地辐射数十亿年，太阳能成为人类取之不尽、用之不竭的清洁能源，充分利用太阳能将成为解决人类长期能源和环境问题的最终答案。人类大规模利用太阳能有几十年的历史，但由于地面太阳能利用受到昼夜、天气、季节以及地区纬度等因素的影响，虽然发展了太阳能光伏发电、太阳能光热发电以及各种储能技术，但是仅依靠地面太阳能取代传统能源为全世界提供持续稳定的能源供给还不现实。这迫使人们改变思维，将太阳能的利用空间向更广阔的太空延伸。

1957 年 10 月 4 日，苏联成功发射世界上第一颗人造卫星斯普特尼克一号（Sputnik-1），标志着人类正式进入太空时代，也标志着人类探索利用空间资源的开端。空间资源是在太空中能够被人类开发利用、获得经济和其他效益的物质或非物质资源的总称，主要包括轨道资源、环境资源、物质资源和能量资源。

1）轨道资源，是人类航天活动利用最为广泛的资源，包括近地轨道、太阳同步轨道、地球同步轨道、中高轨道、大椭圆轨道及行星际轨道等，利用轨道的高度优势能够为全球提供全面的信息服务，轨道资源已广泛地用于通信、导航、遥感、气象和科学探测等领域。

2）环境资源，包括空间特殊的真空、微重力、辐射和低温环境，主要用于人类的空间科学实验，国际空间站是目前最大的利用空间环境资源的空间实验设施。

3）物质资源，主要包括月球、行星、小行星等所包含的各种物质，随着空间技术的发展，人类未来有可能进行大规模的空间采矿，并且通过原位资源利用技术为空间探索和空间开发提供支持。

4）能源资源，主要指太阳能，目前几乎所有的航天器都通过安装太阳能电池来为航天器提供持久的电力，大大增加了航天器的在轨寿命和服务能力，未来空间太阳能资源的大规模利用有可能成为一种重要的地面清洁能源供给方式。

与地面上利用太阳能相比，在太空利用太阳能具有十分突出的优点。太阳光不会被大气减弱，也不受季节、昼夜变化的影响；太阳辐射能量为每平方米 1 353 W 左右，且维持稳定，单位面积的平均太阳辐射总量相当于地球表面的 6 倍以上。对于地球静止轨道，一年 90% 的时间可以连续 24 h 接收太阳光，太阳光的总利用率超过 99%，同时可以维持与地面相对静止，无需巨大的储能设施即可通过无线能量传输技术向地面提供连续稳定的清洁能源，是建设太阳能电站的理想位置。发展空间太阳能电站可以解决太阳能的大规模利用问题，成为解决未来能源和环境问题的一种重要方式。空间太阳能电站供电效果图如图 1-1 所示。

图 1-1　空间太阳能电站供电效果图

空间太阳能电站（Solar Power Satellite，SPS；Satellite Power System，SPS；Space Solar Power Station，SSPS；Space Solar Power，SSP；Space Based Solar Power，SBSP），也被称为太阳能发电卫星、太空发电站，是指在空间将太阳能转化为电能，再通过无线方式将能量传输到地面供地面使用的电力系统。空间太阳能电站的构想是由美国的 Peter Glaser 博士于 1968 年首先提出的，如图 1 - 2 所示，就此他还申请了专利并发表在 *Science* 期刊上。Peter Glaser 提出的太阳能发电卫星概念中，发电卫星部署在地球静止轨道，利用直径约 6 km 的太阳电池阵接收太阳光并转化为电力，之后利用低温超导电力传输系统将电力传输到直径约 2 km 的微波发射天线，通过发射天线向地面直径约 3 km 的接收天线进行连续的能量传输，整个太阳能发电卫星需要配置姿态控制和低温系统等服务系统。

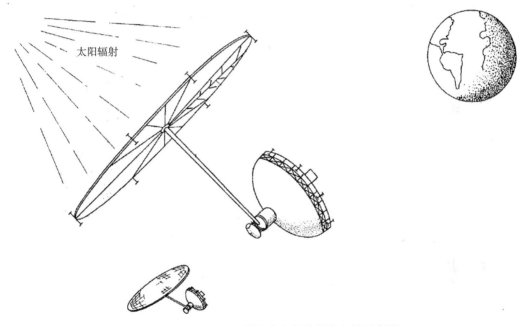

图 1 - 2 Peter Glaser 提出的空间太阳能电站示意图

空间太阳能电站主要由三大部分组成：太阳能发电装置、能量转换和发射装置，以及地面能量接收系统和转换装置。太阳能发电装置将太阳能转化成为电能；能量转换和发射装置将电能转换成微波或激光形式（激光也可以直接通过太阳能转化），并利用微波天线或光学系统向地面发送波束；地面能量接收系统利用接收天线或者电池阵接收空间发射的波束，通过转换装置将其转换成为电能供地面使用。空间太阳能电站工作示意图如图 1 - 3 所示。整个过程经历了太阳能—电能—微波（激光）—电能，或太阳能—激光—电能的能量转换过程。广义上的空间太阳能电站是指在地球以外建立的大功率太阳能发电系统，可用于地球表面、行星表面以及空间的大规模供电，也包括月球轨道太阳能电站、月球表面太阳能电站和火星轨道太阳能电站等。

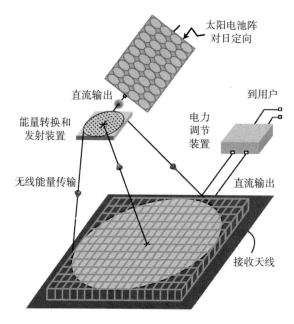

图 1-3　空间太阳能电站工作示意图

　　空间太阳能电站是航天领域的一项超级工程，涉及多方面的空间技术，而技术应用规模和需求远远超过目前的技术水平。无论从航天器的质量，还是从面积和体积角度，都比当前最大的国际空间站大出许多倍。空间太阳能电站对于大型低成本运载技术、长寿命航天器材料、高效太阳能电池技术、高压高功率空间电源系统、大功率无线能量传输技术、大型结构及自主装配技术、巨型航天器姿态轨道控制技术、高能量热控技术、空间环境的适应性等提出了很高的要求。发展空间太阳能电站所必需的低成本高可靠运载技术将对人类进入空间的能力产生革命性的影响，空间太阳能电站相关技术的发展也将极大地提升空间制造和空间原位资源利用的能力。空间太阳能电站作为重要的应用型空间基础设施，也必然带动大型空间应用项目、太阳系探索和空间资源开发利用的大规模开展。

1.2　发展空间太阳能电站面临的挑战

　　（1）空间太阳能电站的技术挑战

　　空间太阳能电站作为一项宏大的工程，对于技术发展提出很大的挑战，主要表现在：

　　1）系统质量巨大。空间太阳能电站空间部分的质量达到数千吨到万吨量级，比目前的大型航天器高出 2～3 个数量级，需要发展超轻的空间结构和各种空间设备，采用创新的结构材料和导电材料以降低整个系统的质量。

　　2）系统面积巨大。空间太阳能电站空间部分的面积达到数平方千米以上，比目前的大型航天器高出 5 个数量级，需要发展大型空间展开结构、超大型结构的在轨组装以及超大尺度结构分布式控制技术。

　　3）系统功率巨大。空间太阳能电站空间部分发电功率达到吉瓦（GW）量级，比目前的大型航天器高出 5 个数量级，空间环境下的低损耗、高可靠超高压大功率电力传输与管理技术对于空间太阳能电站的发展是一个巨大的挑战，同时要发展高功率高热流密度散热技术。

　　4）系统效率高。系统效率的提升可以降低整个系统的规模，直接降低系统质量，并大幅降低散热的难度。需要发展新型的高效能量转化器件，包括光/电转化器件、电力变换器件、电力/微波转化器件、微波/电力转化器件、电力/激光转化器件以及激光/电力转化器件等。

　　5）系统寿命长。作为商业化的空间太阳能电站，其寿命应达到 30 年以上，需要开发出空间环境适应性强的新材料、新器件，并且要发展低成本的在轨维护维修技术。

　　（2）空间太阳能电站对于传统航天器研制模式的挑战

　　空间太阳能电站研制的工程量巨大，为了实现商业化和低成本，从材料、器件、部组件到系统的生产必须形成产业化和规模化，改变目前航天器的小批量研制的高成本、低效率模式，从而大幅提升效率、提高产能、降低成本。发展空间太阳能电站对于传统的航天器研制模式是一个巨大的挑战，需要改变现有航天基础工业发展模式，实现规模化和商业化发展。

　　（3）空间太阳能电站对于运载发射能力的挑战

　　发展空间太阳能电站，需要建立功能强大的天地运输系统，且必须具备一年发射数千吨及以上载荷的能力，对于运载能力和发射频次带来巨大的挑战，主要表现在：需要发展重型运载火箭，近地轨道单次发射运载能力达到百吨量级以上；需要发展可重复使用的低成本运载技术，将单次发射成本较现有水平降低 1～2 个数量级，每千克发射成本降低到 5 000 元人民币以下；年发射次数应当达到百次量级以上，就目前的发射场条件和设施来说，将面临极大的考验；空间太阳能电站的最佳运行轨道为地球静止轨道，需要发展低成本可重复使用的大型轨道间运输器，实现载荷从近地轨道到地球静止轨道的低成本运输。

　　（4）空间太阳能电站对于在轨组装及维护能力的挑战

　　空间太阳能电站质量巨大、面积巨大，从尺寸和重量方面考虑都不可能采用整体发射的方式，必须分成单独的模块，分次发射到轨道进行在轨组装。电站的组装模块数量达到上千个，组装规模巨大。同时，电站寿命长，必须发展高效率、低成本的在轨组装及维护技术，需要研制具有高度自主能力的、功能强大的空间组装机器人。同时需要建立一个功能强大的空间支持系统，用于电站的在轨组装、构建和维护等。

　　（5）空间太阳能电站的经济性挑战

　　经济性是制约空间太阳能电站发展的最主要因素之一。由于系统规模巨大，整个系统建设和运行全周期的投资规模巨大，主要包括电站的研制成本、运输成本、30 年寿命期的运行维护成本等。理论上 1 个 1 GW 空间太阳能电站 30 年的总发电量大约为 2 400 亿 kW·h，为了具有商业价值，假设每度电的入网电价为 1 元，则整个空间太阳能电站的研制、发射和运行成本应当低于 2 400 亿元。现有技术下发展的空间太阳能电站将远远无法与当前能源系统竞争，即使考虑到较高的新能源价格，实际收益也将远低于投入成本。在新概念、新技术应用和大规模商业化发展之前，其收益还无法补偿整个系统的建造和运行成本，需要大幅提升技术水平，实现规模化生产和建设，全面降低研制、运输、建设和维护成本。未来也可能通过在轨制造和地外资源原位利用技术的重要突破，改变空间太阳能电站的建造模式，空间太阳能发电才有可能在新能源市场占据一席地位。

（6）空间太阳能电站的环境安全性问题

虽然空间太阳能电站功率很大，但由于能量传输距离远（地球静止轨道高度约为36 000 km），根据微波能量传输特性，实际接收天线的能量密度比较低。以目前典型的系统为例，微波频率为 5.8 GHz，发射天线直径为 1 km，接收天线直径为 4.5 km，地面发电功率为 1 GW，在理想的波束情况下，接收天线中心的最大微波能量密度约为 400 W/m²，天线边缘微波能量密度约为 10 W/m²。为了保证微波波束的正确指向，需要采用反向导引波束进行控制。同时，为了防止波束偏离造成的危害，也要采取相应的技术保障措施，并设置安全区。微波对于大气环境以及生态环境的影响仍需开展长期的研究。对于飞机等飞行器，虽然穿越波束的时间非常短，但微波还是有可能对其飞行安全造成影响，当微波能量密度超过飞行管理标准时，微波传输区域有必要设为禁飞区。

（7）空间太阳能电站的轨道和频率问题

联合国《外层空间条约》规定：卫星频率和轨道资源是全人类共有的国际资源，各国都可以依据国际规则开发利用。依据国际规则，需要提前向国际电信联盟申报并公布拟使用的卫星频率和轨道资源，先申报国家具有优先使用权。频率和轨道资源也将成为空间太阳能电站发展的重要限制条件之一。

1.3　空间太阳能电站与地面太阳能电站的比较

（1）太阳能利用效率比较

地面太阳能电站：由于地面太阳能受到昼夜、季节、天气、纬度等因素的综合影响，实际的地面平均太阳辐射强度较稳定的空间太阳辐射强度有很大的降低。以我国国土地面太阳辐照强度为例，大致分为几类不同的区域，对应的太阳年总辐照量范围约为 1 050～1 750 kW·h/m²，相当于太阳辐射强度为 120～200 W/m²，且太阳辐射强度低于一定数值时，基本无法发电，因此可用于太阳能发电的平均入射功率会更低。

空间太阳能电站：空间基本为真空环境，空间太阳能不受昼夜、天气、季节等因素的影响，太阳辐射强度维持常数，约为 1 360 W/m²，是我国地面平均太阳辐射强度的7～11 倍。

结论：空间太阳辐射强度远远高于地面平均太阳辐射强度，假设空间太阳能电力转化效率与地面相同（以光伏发电为例），则空间太阳能的利用效率主要取决于空间到地面无线能量传输的效率，如果不考虑其他能量损失，当无线能量传输效率达到 15% 时，空间太阳能电站的太阳能利用效率将与地面太阳能电站相当。

（2）作为主供电系统的比较

地面太阳能电站：作为主供电系统，需要提供连续稳定的大功率电力。地面太阳能电站作为主供电系统的核心问题在于受昼夜、天气、季节等的影响非常大，功率波动剧烈，特别在黑夜和阴雨天将无法提供电力，因此需要配备规模巨大的储能设施才能提供稳定的电力，且应当以比较恶劣的条件进行配制，储能技术的发展成为制约地面太阳能电站作为主供电系统大规模应用的核心问题。

空间太阳能电站：空间太阳能电站的理想运行轨道是地球静止轨道，只有在每年的春分和秋分点附近的 3 周左右会出现每天最多 72 min 的地球阴影期，其他时间均可实现连续的光照。因此，空间太阳能电站通过太阳电池阵的旋转保持对太阳定向，可以实现全年大部分时间的连续发电，不需要在空间或地面建立巨大的储能设施。

结论：太阳能发电站有可能成为人类未来的主要供电系统。地面太阳能电站作为主供电系统的前提是需要配备可以满足黑夜和阴雨天供电的规模巨大的储能设施，或者采用配置大规模储热装置的太阳能热发电系统。而空间太阳能电站基本可以实现连续稳定的大功率发电，不需要配备大规模的储能设施，适合于作为主供电系统。

（3）运行维护比较

地面太阳能电站：地面太阳能电站的太阳能电池板容易受到地面天气和环境的污染，如降雪、结冰、风沙、灰尘、腐蚀等，需要进行定期和不定期的清理和维护，但是清理和维护相对简单。

空间太阳能电站：空间太阳能电站所处的真空环境不会给太阳能电池或者微波发射天线等造成污染，因此不需要定期维护。但是由于空间特殊辐射环境以及空间碎片等的影响，需要对于受损部件进行不定期维修或更换，相应的维护成本非常高。对于采用微波无线能量传输（Microwave Power Transmission，MPT）方式的地面接收部分受地面环境的影响很小，维护工作相对于地面太阳能电站简单。对于采用激光无线能量传输（Laser Power Transmission，LPT）方式的地面接收部分受到的地面环境影响与地面太阳能电站相当。

结论：地面太阳能电站需要进行定期和不定期的清理和维护，但清理和维护相对简单。空间太阳能电站的空间部分不需要定期维护，但需要进行损坏部件的不定期维修或更换，相应的维护成本高。

（4）环境热影响比较

地面太阳能电站：地面太阳能电站为了实现高效率，必然采用具有高太阳光吸收特性的太阳能电池，由于只有部分能量被转化为电力，吸收的其他太阳光将变为废热，造成太阳能电池板区域吸收的热量高于一般地面环境吸收的热量，会造成地面太阳能电站局部地区的热岛效应，将对局部环境和气候造成一定的影响。

空间太阳能电站：空间太阳能电站的空间段在工作时所产生的热量都以辐射的形式排散到空间，不会影响地面的环境。地面天线的微波/电力转化效率很高，预期可达 80% 以上，仅有约 20% 的微波转化为热能。考虑到微波接收天线所接收的微波功率密度较低，平均约为太阳辐射强度的 1/10，因此，对环境和气候产生的热影响非常小。

结论：地面太阳能电站会产生局部地区的热岛效应，将对局部环境和气候造成一定的影响。空间太阳能电站对地面环境和气候产生的热影响非常小。

（5）地面利用率比较

地面太阳能电站：以 1 GW 太阳能电站为例，日平均太阳辐射强度取较高的 200 W/m²，太阳电池阵电力转化效率为 30%，占地面积约为 18 km²。

空间太阳能电站：以 1 GW 太阳能电站为例，假设微波频率为 5.8 GHz，地面接收天线直径为 4.5 km，考虑微波功率密度的安全性，设置 0.5 km 的缓冲区域，接收区域占地面积约为 20 km²。

结论：根据目前的设计，空间太阳能电站地面接收部分的占地面积与地面太阳能电站占地面积相当，为了提高空间太阳能电站的地面利用率，需要提高接收微波的功率密度，但对环境的影响需要进一步评估。

（6）技术难度比较

地面太阳能电站：地面太阳能电站技术非常成熟，包括太阳能光伏电站和太阳能光热电站，目前已建造的单个大型地面光伏电站规模达到 GW 量级。

空间太阳能电站：技术问题是发展空间太阳能电站核心困难之一。首先，作为一个庞大的空间系统，从地面到空间的运输难度非常大；其次，作为一个非常巨大的空间设施，其在轨建造和维护是非常复杂的技术难题；同时空间极高功率的发电系统、能量传输系统以及姿态和轨道控制系统等都面临极大的技术挑战。

结论：地面大型太阳能电站技术已经比较成熟，而空间太阳能电站建设难度极大，是人类设想的最宏大的空间工程之一，目前的技术水平还无法支撑空间太阳能电站的建设，技术是制约空间太阳能电站发展的关键要素之一。

（7）经济性比较

地面太阳能电站：目前我国地面太阳能发电上网电价低于 0.5 元/（kW·h）。

空间太阳能电站：空间太阳能电站的发电成本目前还难以估计，如果按照目前的航天器研制运行成本进行估计，对应的成本将非常高。第 8 章对于空间太阳能电站的经济性进行了初步分析，给出了相关的分析数据，可以看出目前的技术距离空间太阳能电站的商用要求还有很大的差距，所以采用新技术、新方案，从整体上降低空间太阳能电站的成本对于未来可能的大规模应用至关重要。

结论：目前地面太阳能电站具有较好的经济性，空间太阳能电站的发电成本还难以评估，现有的航天器研制成本距离空间太阳能电站的经济性要求还有很大的差距。

（8）安全性、风险比较

地面太阳能电站：地面太阳能电站的安全性非常好，作为主供电系统，需要配置容量充足的蓄电装置，以保障长期稳定的供电需求，通过合理的能量管理和防护手段，即使遇到意外也不会产生较大的安全性和风险问题。

空间太阳能电站：空间太阳能电站的正常运行不存在安全性问题，由于采用微波无线能量传输的空间太阳能电站是通过地面的导引波束实现波束的聚焦和微波能量的高精度传输，最大的微波功率密度是确定的（约为太阳辐射强度的 1/3），正常情况下不会产生大的偏差。如果由于某些故障出现了波束偏差，没有导引波束的情况下，微波束会发散，功率密度会很低，也不会造成大的影响。但需重点关注长期的微波无线能量传输对于环境的影响。对于激光无线能量传输，需要限制激光束的功率密度，防止意外发生。另外，在电站的实际研制、建造、运行过程中需要充分考虑各种风险，并且安排相应的安全预案。

结论：地面太阳能电站不存在较大的安全性和风险问题。空间太阳能电站需要重点研究长期的无线能量传输对于环境的影响。对于采用微波无线能量传输的系统，波束偏差不会造成大的安全性影响。对于采用激光无线能量传输的系统，需要限制波束的功率密度，防止波束偏差造成大的安全性影响。

1.4 空间太阳能电站的应用前景

空间太阳能资源丰富，理论上可以利用的太阳能远远超过地面的太阳能。假设在地球静止轨道上每 0.1°（间距约 73 km）布置一个空间太阳能电站，整个轨道可以部署 3 600 个电站。按照每个空间太阳能电站的发电功率 1 GW 计算，每年可以为地面提供约 3 万 TW·h 的电力，可以满足全球的电力需求，还可以用于地面的海水淡化和制氢等。空间太阳能电站除了为地面进行基础负载供电以外，在地面和空间也具有多种应用前景。

（1）地面移动目标和紧急供电

空间太阳能电站作为一种大型的空间电力设施，可以作为灵活的电力供应方式应用于大范围的地面目标供电和紧急情况下的供电。在民用领域，空间太阳能电站可以为偏远地区以及受灾地区提供快速和连续的紧急供电援助。在军事领域，空间太阳能电站可以灵活地为偏远基地和战场设备进行供电。根据美国国防部的报告，从空间传输的达到 5 MW 功率的电力就具有重要的潜在军事用途，将大大降低战场设备对燃料的需求，降低后勤补给成本，并减少由于后勤补给遭受攻击而造成的人员和装备损失。

（2）能源互联

大规模无线能量传输技术的发展将使得地球上的大规模电力系统的能源互联成为可能。美国的 Kraft Ehricke 于 1972 年提出电力中继卫星（Power Relay Satellite，PRS）的概念以解决大功率电力的超远距离传输（数千千米以上）问题，特别是需要跨越海洋或者洲际间的大功率传输问题。电力中继卫星系统由三大部分组成：地面微波发射天线、空间微波反射卫星、地面接收天线。主要原理为在地面将大功率电力转化成微波，通过微波发射天线发射到空间微波反射卫星的大型反射器，再反射到地面接收天线，地面接收天线将微波转化为电力，实现电力的远距离中继传输。

（3）台风减缓

台风每年给全球带来巨大的人员伤亡和财产损失，如果能减缓台风的强度或者有效地控制台风的路径，那么空间太阳能电站的建设将具有重大的价值。台风形成的主要原因在于热带海洋的高温高湿环境形成的水汽环流，从而产生一个低气压中心，再叠加地球的旋转，经过逐渐的能量注入形成威力巨大的台风。想要减缓台风的影响或者改变台风的路径，需要在台风的特定区域提供持续的大功率能量注入，通过对台风中下沉冷气流中的水汽加热来破坏台风的形态。通过理论仿真显示，选择水汽吸收率较高的微波频率，如Ku～V波段，从空间向台风的下沉冷气流输送 0.5～10 GW 的能量，可以减缓台风的强度或者控制台风的路径和形态。

（4）航天器电力供给

为航天器进行无线电力供给是空间太阳能电站的重要应用方向。作为一个大型的空间电力平台，空间太阳能电站可以为各种轨道的航天器提供供电支持。如在地球静止轨道的空间太阳能电站可以实现对可视范围内的低轨道、中轨道和高轨道的航天器供电。而在太阳同步轨道运行的空间太阳能电站可以实现对处于阴影期的航天器供电。在空间由于不会受到地球大气层的影响，比较好的能量传输方式是采用激光无线能量传输，可以保证长距离上较好的指向性，还可以减小发射和接收端的面积。

采用无线能量传输技术的另外一个重要应用方向是用于分布式航天器的供电，如欧洲空间局提出的达尔文（Darwin）地外行星探测任务，通过利用多个编队飞行的探测器，实现对于遥远目标的高分辨率探测。由于 Darwin 任务采用红外探测方式，需要探测器工作于极低温状态，应当尽量减小热负荷。因此，在主航天器上设计安装较大面积的太阳屏，各子航天器置于太阳屏之后，不受太阳照射的热负荷影响。同时，主航天器利用激光无线能量传输方式为每个子航天器供电，分离式航天器仅需要安装与发射激光波长相匹配的小面积高效光伏电池，这可以大幅度减小子航天器的结构和姿态扰动。

（5）深空探测电力供给

能源是人类开展深空探测的基础，由于深空探测的特殊性，目前普遍采用了核电源作为深空探测器能源系统的重要组成部分。但是研制大功率核电源具有较大的难度，而且具有一定的危险性。空间太阳能电站作为一种灵活的空间大功率供电方式，可以作为深空探测能源系统的候选方案，应用于月球和火星探测。对于月球探测，可以利用环月轨道为位于月球阴影区或者月球坑内的月球车以及月球实验站提供间断性的电力补给；也可以利用地月 L1、L2 点为月球车和月球实验站提供连续的电力补给，解决月球探测最为困难的长达 14 天的月球过夜问题。对于火星探测较为适合的电站运行轨道是火星同步轨道，轨道高度大约为 17 000 km，会有短时的阴影期，如图 1-4 所示。

（6）空间轨道补给站

空间轨道补给站也是空间太阳能电站的一个可能的应用方向，空间太阳能电站除了能够通过无线能量传输技术为航天器提供电力供给外，还考虑用于航天器推进剂的补给。燃料主要来源于地外水资源的开发，利用空间太阳能电站的较大供电能力在空间实现将水电解成为氢和氧，再利用低温存储容器储存，用于航天器的在轨推进剂补给。

（7）轨道碎片清除和小行星捕获

随着人类航天活动的快速发展，空间轨道上残留的轨道碎片越来越多，对于后续的航

图 1 - 4 火星轨道空间太阳能电站示意图

天活动、特别是载人航天活动是一个巨大的威胁。同时近地小行星时不时造访地球，对于地球的安全造成威胁。如将空间太阳能电站作为一个大型的空间能源平台，利用其高功率的供电能力并配备较高功率密度的激光器，则可以快速地对于具有较大威胁的轨道碎片进行清除或改变其运行轨道。对于近地小行星的威胁，需要超大型捕获器捕获小行星，利用空间太阳能电站的巨大能量配置高功率的电推力器，可以改变小行星的运行轨道，降低对于地球的威胁。对于有巨大开采价值的小行星，可以拖运到适合于人类开发的轨道，用于小行星资源开发。

第 2 章　国际空间太阳能电站发展概况

2.1　概述

1925 年，苏联的康斯坦丁·齐奥尔科夫斯基（Konstantin Tsiolkovski）提出了在空间大规模利用太阳能的思想。1968 年，美国的 Peter Glaser 博士首次提出空间太阳能发电卫星的具体构想。之后，空间太阳能电站概念得到国际上主要航天国家的关注，目前，全世界在此领域开展的相关研究工作已经持续了 50 多年。期间曾经历了几次快速发展期，也经历了一定的发展停滞期。

美国是在 SPS 领域投入资金最多的国家，也是研究历史最长的国家，在 20 世纪 70 年代末和 90 年代末曾组织开展了两次较大规模的研究工作。近年来，美国逐渐增加了空间太阳能电站领域的研究力度。2015 年，诺格公司投入 1 750 万美元，委托加州理工大学开展空间太阳能电站技术研究。2019 年 10 月，美国空军研究实验室（Air Force Research Labotary，AFRL）与诺格公司获得 1 亿美元空间太阳能电站研发合同。日本从 20 世纪 80 年代开始开展广泛持续的空间太阳能电站研究工作，并将 SPS 列入国家航天计划，提出了正式的发展路线图，虽然投入有限，但在无线能量传输技术领域处于世界领先水平。俄罗斯、法国、德国、英国、加拿大等国家和一些国际组织也都在空间太阳能电站系统或关键技术方面开展研究，相对投入较少。韩国从 2018 年也启动了空间太阳能电站领域的研究项目，并提出初步的发展计划。中国从 2006 年开始了空间太阳能电站的研究，在系统方案和部分关键技术方面取得重要进展。目前，空间太阳能电站的研究重心正在向亚洲倾斜，中国、日本和韩国成为推动空间太阳能电站发展的核心力量。国际上与空间太阳能电站相关的主要历史事件见表 2-1。

表 2-1　空间太阳能电站相关的主要历史事件

时间/年	主要事件	国家/组织
1925	Konstantin Tsiolkovski 提出在空间大规模利用太阳能的思想	苏联
1963	W. C. Brown 开展首次微波无线能量传输试验	美国
1965	W. C. Brown 开展基于微波无线能量传输的直升机供电试验	美国
1968	Peter Glaser 申请专利并在 *Science* 上发表文章	美国
1973	Peter Glaser 的专利获得授权	美国
1975	JPL Goldstone 开展大功率微波无线能量传输试验	美国
1977—1981	DOE/NASA 开展 SPS 概念发展与评估计划（CDEP）研究	美国
1979	DOE/NASA 提出 1979 参考系统方案	美国

续表

时间/年	主要事件	国家/组织
1979	欧洲开始空间太阳能电站研究	欧洲
1981	日本开始空间太阳能电站研究	日本
1983	利用探空火箭开展电离层微波相互作用试验(MINIX)	日本
1986	SPS86 国际会议	法国
1987	ISAS 成立太阳能发电卫星工作组	日本
1987	开展固定高度中继平台 WPT 项目(SHARP)研究	加拿大
1990	IAF 设立 Space Power Committee	国际宇航联合会
1991	SPS91 国际会议	法国
1992	SPS92 国际会议	巴西
1992	开展 MILEX 无人机无线能量供电试验	日本
1992	国际空间大学 1992 年 SPS 设计项目	日本
1993	利用探空火箭开展电离层 WPT 试验(ISY – METS)	日本
1993	WPT93 国际会议	美国
1995	WPT95 国际会议	日本
1995—1997	NASA 启动 Fresh Look Study 项目	美国
1996	中国学者提出中国开展空间太阳能电站研究的建议	国际宇航大会
1997	SPS97/WPT97 会议	加拿大
1997	成立空间太阳能电站研究学会	日本
1998	法国航天局在 La Réunion 开展 WPT 试验	法国
1998	NASDA 成立空间太阳能电站系统研究委员会	日本
1999	ESA 启动空间探索及利用研究项目(SE&U),提出 Sail Tower 方案	欧洲
1999—2001	NASA 开展空间太阳能探索研究与技术计划(SERT)研究	美国
2000	USEF 成立空间太阳能电站研究委员会,提出 Tether – SPS 方案	日本
2001	WPT01 国际会议	法国
2001	NRC 发表《美国国家航空航天局空间太阳能电站发展战略评估报告》	美国
2003	ESA 启动 SPS 发展计划	欧洲
2003	NASA 与 NSF、EPRI 开展 SSP 概念与技术成熟化研究(SCTM)	美国
2003	成立空间太阳能利用推进议员联盟	日本
2004	SPS04 国际会议	西班牙
2006	开展 Furoshiki 在轨试验	日本
2006	"空间太阳能电站发展必要性及概念研究"研讨会	中国
2007	DOD 发表《空间太阳能电站——战略安全的机遇》报告	美国
2007	URSI 发表《国际委员会工作组报告——太阳能发电卫星(SPS)》	国际无线电科学联盟
2008	国际团队开展夏威夷远距离 WPT 试验	美国、日本
2009	加州 PG&E 公司与 Solaren 公司签署空间太阳能电站购电协议	美国

续表

时间/年	主要事件	国家/组织
2009	空间太阳能电站发展列入日本宇宙基本计划	日本
2009	日本宣布将在 2030 年左右研制商业 SPS	日本
2009	SPS09 国际会议	加拿大
2010	Astrium 公司提出激光无线能量传输验证项目	欧洲
2010	四川国际清洁能源高端论坛	四川省政府、国际清洁能源协会、Space Energy 公司
2010	"卡拉姆-国家空间学会能源技术全球倡议"	印度、美国
2010	第一届空间太阳能电站发展技术研讨会	中国
2011	国际宇航科学院(IAA)发表《空间太阳能电站——第一次国际评估:机遇、问题及可能的发展途径》	国际宇航科学院
2012	John Mankins 提出 SPS-ALPHA 概念	美国
2012	印度前总统卡拉姆来华,提出与中国合作建议	印度、中国
2012	中俄空间太阳能电站领域交流与合作	俄罗斯、中国
2014	SPS2014 国际会议	日本
2014	香山科学会议——空间太阳能电站发展的机遇与挑战	中国
2014	中国空间技术研究院提出 MR-SPS 方案	中国
2014	西安电子科技大学提出 SSPS-OMEGA 方案	中国
2014	空间太阳能电站发展规划及关键技术规划论证	中国
2015	诺格公司与加州理工学院签署 1750 万美元研究合同,提出 Microwave Swarm 电站概念	美国
2015	基于反向波束控制的 WPT 和基于磁控管的大功率远距离 WPT 地面试验	日本
2016	日本更新空间太阳能电站发展路线图	日本
2016	"New Baseload Energy for the World"空间太阳能电站国际研讨会	阿联酋
2017	首届空间太阳能电站国际研讨会	韩国
2017	Ian Cash 提出 CASSIOPeiA 概念	英国
2017	第二届空间太阳能电站发展技术研讨会	中国
2018	SPS2018 国际会议(SPS 50 周年纪念会议)	美国
2018	空间太阳能电站实验基地启动(重庆)	中国
2018	逐日工程启动(西安)	中国
2018	启动空间太阳能电站研究,提出 K-SSPS 概念	韩国
2019	第二届空间太阳能电站国际研讨会	韩国
2019	无人机微波无线能量传输试验	日本
2019	AFRL 与诺格公司获得 1 亿美元空间太阳能电站研发合同	美国

2.2　美　国

2.2.1　美国空间太阳能电站发展历史

空间太阳能电站概念起源于美国。1968 年，Arthur D. Little 公司的 Peter Glaser 博士基于雷神公司（Raytheon Company）的 William C. Brown 开展的无线能量传输研究工作，提出空间太阳能电站概念并申请了专利，1973 年 12 月 25 日获得专利授权。美国空间太阳能电站的发展经历了几个重要的时期，其中 20 世纪 70 年代末和 90 年代末是两个最重要的时期，政府部门进行了很大的投入，开展了多个项目研究。到目前为止，包括美国能源部（Department of Energy，DOE）、美国国家航空航天局（National Aeronautics and Space Administration，NASA）、美国国防部（Department of Defense，DOD）、美国国家科学基金会（National Science Foundation，NSF）和美国电力研究院等政府部门，波音公司、罗克韦尔国际公司、诺格公司等重要的航天企业，多家研究机构与大学，私营企业等都参与到空间太阳能电站的研发中，总投入接近 1 亿美元，设计了几十个空间太阳能电站方案，提出了空间太阳能电站发展路线图，并在关键技术方面开展了广泛研究。

1972 年，随着阿波罗登月计划的结束，NASA 开始关注新的航天发展方向，启动了空间太阳能电站的研究。1976—1977 年，美国能源研究与开发局（Energy Research and Development Agency，ERDA），即美国能源部的前身，与 NASA 合作开展了初步研究。从 1977 年开始，DOE 与 NASA 联合投资组织实施了空间太阳能电站概念发展与评估计划（Satellite Power System Concept Development and Evaluation Program，SPS CDEP），到 1980 年投入约 5 000 万美元重点开展 SPS 的详细方案研究与评估。该项研究计划提出了著名的 1979 SPS 参考系统方案，以单个电站的供电功率达到 5 GW、为美国提供 300 GW 电力为目标。

NASA 委托约翰逊航天中心（Johnson Space Center）和马歇尔航天飞行中心（Marshall Space Flight Center）负责相关研究，两个中心分别委托波音公司和罗克韦尔国际公司开展了独立的研究。该研究计划历时四年，以 1979 SPS 参考系统方案为基础，对于多种系统方案、涉及的多项技术、支持系统、经济性、环境影响等进行了详细的设计和评估，形成了一系列的研究报告。1980 年，美国国家科学院（National Academy of Sciences）、国家研究理事会（National Research Council，NRC）和国会技术评估办公室（Office of Technology Assessment，OTA）对于该研究工作进行了评估，认为 SPS 在技术上可行，但是规模过于巨大，经济上无法承受，建议暂停该计划，并在 10 年后重新审视 SPS 的可行性。由美国政府直接支持的这一阶段 SPS 研究工作暂时停止。

1995 年，NASA 总部重组，成立了先进概念办公室（Advanced Concepts Office），开始关注空间太阳能电站，并启动重新评估计划（Fresh Look Study）。这是 1980 年空间太阳能电站 CDEP 终止后启动的第一个空间太阳能电站研究项目，由 John Mankins 负责。

1995—1996 年，大约 100 名来自不同学科的专家参加了 NASA 对未来空间太阳能电站系统可能涉及的技术、系统概念和地面市场的历时 18 个月的重新评估，最终形成 "Fresh Look Study of Space Solar Power" 总结报告。这项研究的目的是对新型的空间太阳能电站系统概念进行广泛的评估，最终评估了超过 30 个不同的 SPS 方案，并从技术和经济可行性优选出 "太阳塔"（Solar Tower）和 "太阳盘"（Solar Disc）方案。

根据 "Fresh Look Study" 研究结果，美国国会白宫科学委员会的空间与航天分委会（Space and Aeronautics Subcommittee of the House Science Committee）以及白宫管理及预算办公室（White House Office of Management and Budget）在 1997 年年末表示出对于 SPS 的兴趣，并增加了 NASA 的预算，建议在 1998 财年持续开展相关研究。在 1998 年，NASA 开展了一项新的研究——SSP 概念定义研究（Concept Definition Study，CDS）。CDS 研究的主要目的是再次确认前期研究结论的有效性，并提出后续的研究计划建议。

1999 年，国会支持美国国家航空航天局启动一项新的空间太阳能电站研究项目——空间太阳能探索研究与技术计划（SSP Exploratory Research and Technology Program，SERT）。项目周期 2 年，总投资额为 2 200 万美元。主要目标是在更广泛的领域开展空间太阳能电站的系统、关键技术和发展路线研究，提出空间太阳能电站发展路线图。项目由 NASA 马歇尔航天飞行中心负责，参与单位包括多个 NASA 研究中心、航天公司、大学、实验室和国际组织。经过 2 年的研究工作，项目提出了 "集成对称聚光系统"（Integrated Symmetrical Concentrator，ISC）、"算盘反射器"（Abacus）等新的空间太阳能电站方案，并面向 11 个技术方向开展研究，提出美国未来 20 年的空间太阳能电站发展路线图，包括技术验证、系统验证、空间应用等的发展建议，规划于 2015 年左右实现 10 MW 系统的空间验证。

针对 SERT 研究成果，NRC 对于 NASA 提出的空间太阳能电站发展路线图进行了独立评估，并在 2001 年以正式报告出版。评估结论认为：SERT 研究提出的分阶段发展实现商业化空间太阳能电站的技术路线是可行的，但还存在相当大的技术和经济挑战；最终实现与地面发电成本相当的目标需要重大的技术突破，特别是地面到地球静止轨道的运输成本需要显著降低；需要在几项高回报、高风险的关键技术上加大投资，包括：1）太阳能发电；2）无线能量传输；3）空间电源管理和分配；4）空间装配、维护和服务；5）空间运输。

SERT 结束后，从 2001—2003 年，由 NASA 负责，联合美国国家科学基金会和美国电力研究院（Electric Power Research Institute，EPRI）开展了 SSP 概念与技术成熟化研究（SSP Concepts & Technology Maturation，SCTM），针对空间太阳能电站的系统集成、无线能量传输、电力管理与分配、结构材料与控制、机器人、空间运输、地面及空间验证、环境等方面开展了进一步的研究，对于 SERT 的研究成果进行了进一步的完善。SCTM 的完成标志着从 1995 年开展的新一轮研究工作正式结束。

在 21 世纪世界能源紧张、能源费用大大增加的背景下，美国军方开始考虑空间太阳能电站的战略意义。2007 年 4 月，美国国防部国家安全空间办公室（National Security

Space Office，NSSO）成立了空间太阳能电站研究组，组织 DOD、NASA、DOE、学术界，以及航天、能源等不同工业部门的 170 多位专家参与研究。2007 年 10 月，国家安全空间办公室发表了《空间太阳能电站——战略安全的机遇》研究报告。该报告明确提出了空间太阳能电站在国防上的重要应用价值和其重要的战略地位，建议美国政府组织一个国家层面的较大的发展计划，开展空间太阳能电站技术和验证项目研究，为空间太阳能电站技术的成熟提供早期的技术、经费和人员支持。

2008 年，在国家安全空间办公室的研究基础上，美国海军研究实验室（Navy Research Laboratory，NRL）组织开展了一项对于空间太阳能电站系统概念、技术和未来远景的研究，并且在同年发表了《空间太阳能电站——可能的国防应用及海军研究实验室贡献的机遇》研究报告。报告分析了军事能源需求、空间太阳能电站的军事应用领域、空间太阳能电站关键技术可行性评估，并且重点就 NRL 在空间太阳能电站相关技术领域的研究和空间太阳能电站验证概念等进行了较为深入的分析和论述。之后，重点针对三明治结构技术开展了研究，研制了三明治板样件并开展了地面测试。

2012 年，在 NASA 创新先进概念项目（NASA Innovative Advanced Concepts，NIAC）支持下，John Mankins 提出了一种新的电站方案——任意相控阵空间太阳能电站（Solar Power Satellite by Means of Arbitrarily Large Phased Array，SPS - ALPHA）。

2015 年，诺格公司与加州理工大学签署为期 3 年、总额 1750 万美元的项目合同，双方在新型结构、高效发电和无线能量传输等方面开展合作研究工作，验证一种新型的三明治结构（"微波蠕虫"概念）用于空间太阳能电站的潜力，为近年来 SPS 领域最大的研发合同。2019 年，基于此项研究，美国空军研究实验室与诺格公司获得 1 亿美元空间太阳能电站研发合同。

2015 年 9 月，美国国防部、美国国务院（Department of State）以及美国国际开发署（US Agency for International Development，USAID），联合组织了 D3 技术创新挑战竞赛（Defense，Diplomacy，and Development Technology Innovation Summit Pitch Challenge），寻求美国面临的重要问题的创新解决方案。2016 年 3 月，在决赛中，美国海军研究实验室的 Paul Jaffe 领导的团队提交的关于空间太阳能电站的项目 "Space Solar Clean·Constant·Global" 获得竞赛第一名。

美国在空间太阳能电站的关键技术方面也开展了相关的研究。其中，在微波无线能量传输方面开展了世界上最高功率和最远距离的试验。1975 年，美国喷气推进实验室（Jet Propulsion Laboratory，JPL）在 Goldstone 深空测控站利用直径 26 m 的射电天文望远镜作为微波发射天线，进行了 1.6 km 距离的高功率微波能量传输试验（见图 2-1）。采用速调管产生并发射了 450 kW 的 2.388 GHz 微波，接收天线尺寸为 3.4 m×7.2 m，整流天线效率为 82.5%，最终输出功率达到 30.4 kW。2008 年，以美国和日本科学家为主的国际团队，在夏威夷的两个岛屿之间开展了超过 145 km 的远距离微波能量传输。1998 年，ENTECH 公司研发了面向空间高压应用的透镜聚光太阳电池阵样机（见图 2 - 2）。2000 年左右，JPL 和卡内基梅隆大学面向空间大型结构的组装开展了空间组装机器人的研究，分别研制了 LUMER 和 Skyworker 组装机器人样机（见图 2-3）。2009 年开始，美国海军研究实验室开展了三明治结构能量传输模块的研制（见图 2-4），该模块于 2020 年 5 月搭载 X-37B 进行空间验证。

图 2-1　在 Goldstone 和夏威夷开展的微波无线能量传输试验

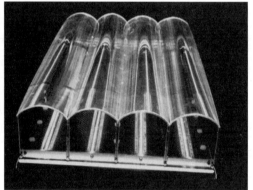

图 2-2　美国 ENTECH 公司研发的透镜聚光太阳电池阵样机

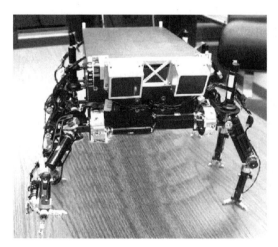
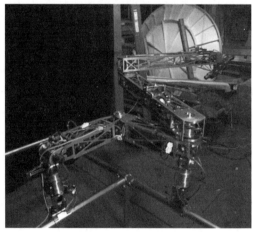

图 2-3　美国研发的在轨组装机器人样机（LUMER，Skyworker）

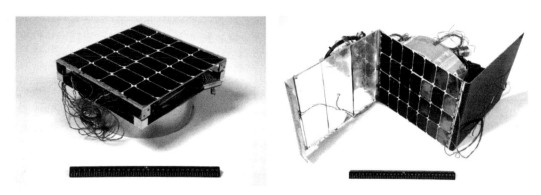

图 2-4 美国海军研究实验室研制的三明治结构能量传输模块

2.2.2 美国空间太阳能电站发展路线图

2.2.2.1 SERT 提出的发展路线图

20 世纪 90 年代末，NASA 启动了空间太阳能探索研究与技术计划，开展了为期 2 年的研究，组织了包括 NASA、大学和企业在内的多家单位开展了系统的空间太阳能电站发展战略研究，图 2-5 给出 SERT 的组织框图。整个项目由 NASA 总部下设的 SERT 技术管理组负责，项目的中心是系统集成工作组，负责将概念研究、技术研发、系统模型、运输及基础设施、环境安全、市场、验证项目等多方面的研究工作进行协调和集成，最后的工作通过国家研究理事会进行评审，并通过专家管理审查委员会审查。

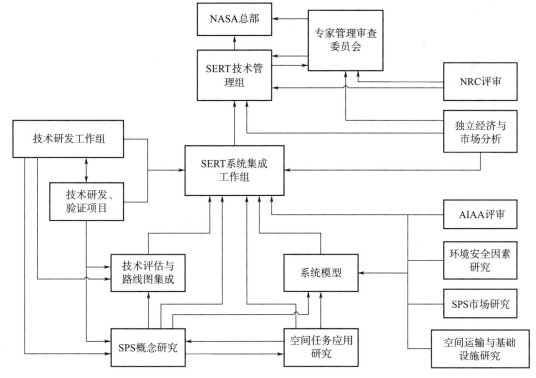

图 2-5 SERT 的组织框图

　　该项目通过建立系统分析模型和成本分析模型，对空间太阳能电站涉及的多个方面进行了较为全面的分析，提出分阶段的发展路线图建议，核心是多次的飞行验证，以此作为未来技术投资战略的基础。图 2-6 给出此次研究计划提出的美国空间太阳能电站发展路线图建议。其核心是以技术创新为基础，围绕太阳能发电、无线能量传输、电力管理与分配等关键技术逐步开展不同规模的技术和系统层面的验证，为最终实现大功率全系统的商业化空间太阳能电站系统奠定基础。路线图以 2001 年为起点，计划每 5 年开展一次重要的里程碑验证。几个关键的里程碑验证阶段包括：2006 年的 100 kW 系统验证、2011 年的 1 MW 系统验证和 2016 年的 10 MW 系统验证。研究中也针对几种优选的电站方案进行了经济性方面的发展目标规划（见图 2-7）。

　　SERT 项目成立了多个工作组，并将空间太阳能电站技术领域划分为 11 项研究主题，分别为：1）系统集成（分析、工程与建模）；2）太阳能转化；3）空间电力管理与分配；4）无线能量传输；5）地面电力管理与分配；6）空间装配、维护与服务；7）结构、材料与控制；8）热材料与热管理；9）空间运输与基础设施；10）环境、健康与安全；11）平台系统。其中太阳能转化，结构、材料与控制，热材料与热管理主题的技术发展目标分别见图 2-8～图 2-10。

2.2.2.2　美国国防部报告提出的路线图（2007 年）

　　2007 年 10 月，美国国防部国家安全空间办公室发表的《空间太阳能电站——战略安全的机遇》研究报告中提出了三阶段的中期空间太阳能电站发展规划（见图 2-11）。

　　（1）第一阶段：2010—2011 年

　　技术集成和地面验证。在此阶段内将进行包括地面到地面、空中到地面的大功率无线微波能量传输验证，以及 SPS 原型的地面验证（包括发电系统、电力管理系统、热管理系统、姿态控制系统、超模块化的智能空间系统、空间装配维护和服务系统），同时将进行 SPS 的持续论证，如波束安全管理等相关研究，总投入需求约 1 亿美元。

　　（2）第二阶段：2012—2014 年

　　低轨技术飞行验证和支持系统飞行试验。在此阶段将开展新型太阳能发电技术、无线能量传输、空间操作和高效太阳能电推进等技术的低轨验证，具体包括利用空间站和其他方式进行各种先进部件和子系统的飞行验证；在近地轨道（Low Earth Orbit，LEO）利用先进机器人开展 100～300 kW 的大尺度相控阵天线的自主装配，投入需求将达到 10 亿美元；开展地球静止轨道（Geostationary Orbit，GEO）大型空间太阳能电站的详细设计。

　　（3）第三阶段：2015—2017 年

　　GEO 大型空间太阳能电站验证。采用与完整规模系统相同的设计，研制、构建、运行一个实用的、可负担的 GEO 大型空间太阳能电站验证系统，该系统的空间发电能力为 60～100 MW，传输到地面的电力大约为 10 MW，同时还将验证低成本的空间运输工具以及大型 SPS 的空间组装。

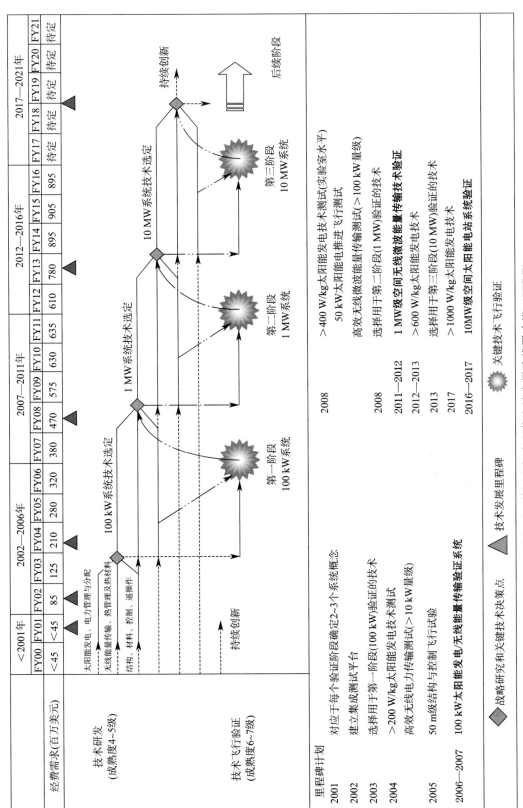

图 2 - 6 美国空间太阳能电站发展路线图建议（SERT）

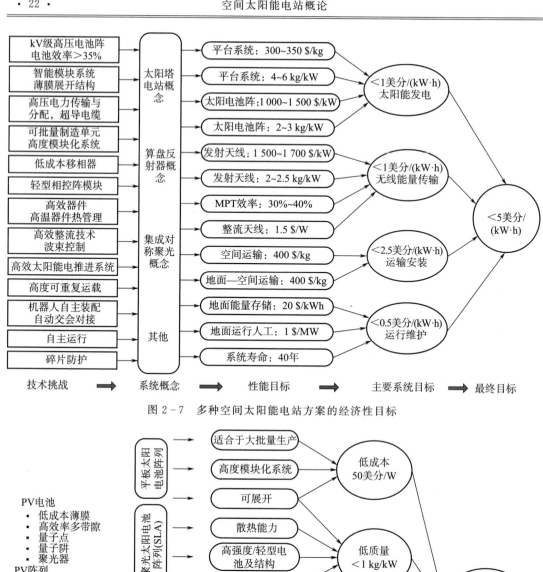

图 2-7 多种空间太阳能电站方案的经济性目标

图 2-8 太阳能转化技术发展目标

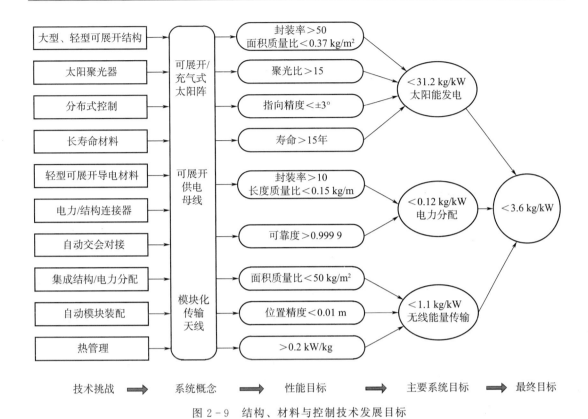

图 2-9　结构、材料与控制技术发展目标

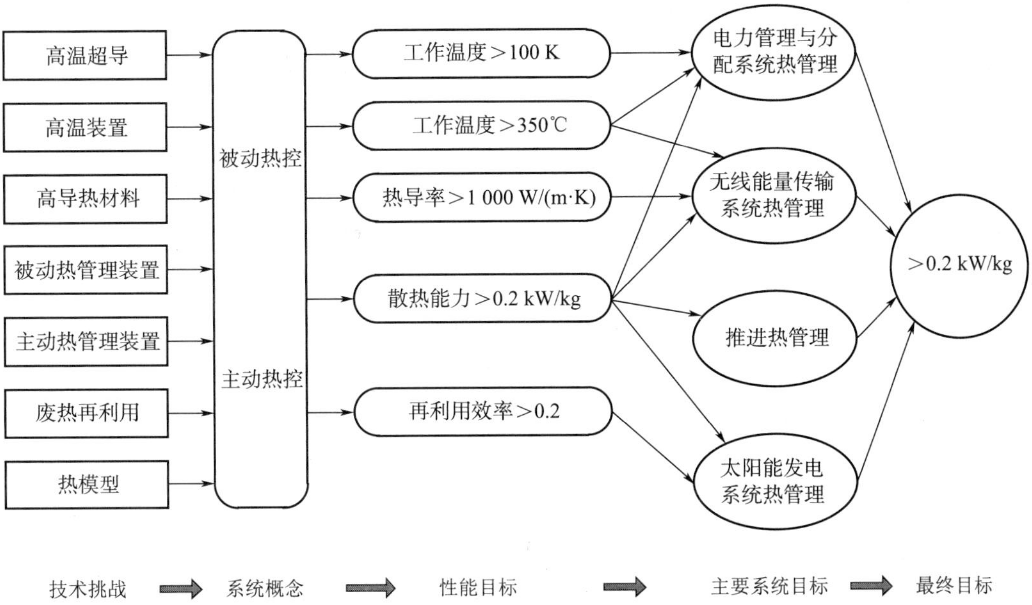

图 2-10　热材料与热管理技术发展目标

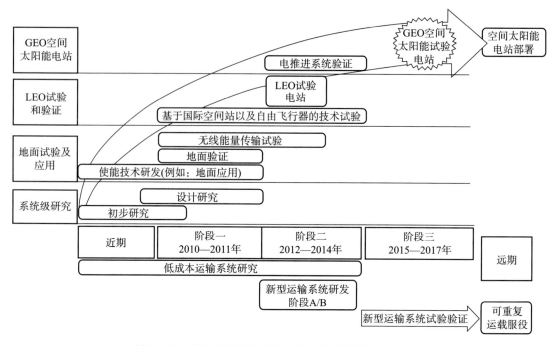

图 2-11 美国空间太阳能电站战略发展规划 （2007 年）

2.3 日本

2.3.1 日本空间太阳能电站发展历史

日本是开展空间太阳能电站研究较早的国家之一，也是积极推动空间太阳能电站发展的主要国家。从 20 世纪 80 年代开始，日本研究人员对于美国的 SPS 发展产生了很大的兴趣，并开展了持续的研究工作。从 20 世纪 90 年代起，陆续推出 SPS2000、SPS2001、分布式绳系 SPS 等多种方案，并且重点在微波无线能量传输、激光无线能量传输、空间大型结构等技术方面开展研究，在无线能量传输技术研究和试验（包括探空火箭试验）方面处于世界领先地位。在经济产业省（Ministry of Economy，Trade and Industry，METI，原通商产业省）和日本宇宙航空研究开发机构（Japan Aerospace Exploration Agency，JAXA）的推动下，2009 年将空间太阳能电站发展列入日本宇宙基本计划。

1981 年，隶属于前日本文部省的宇宙科学研究所（Institute of Space and Astronautical Science，ISAS）在长友信人（Makoto Nagatomo）教授的领导下，开始了面向太阳能发电卫星及环境影响的研究。从 1982 开始，ISAS 每年组织一次空间能源技术研讨会，共召开了 17 届。1987 年 3 月，组建成立了全国范围的太阳能发电卫星工作组，开展空间太阳能发电的可行性研究。包括 80 位来自大学以及研究机构的科学家和工程研究人员被分成 14 个专题组，在 1990 年提出著名的 SPS2000 示范电站方案，该方案在 SPS91 国际研讨会上获最佳论文奖。之后针对 SPS2000 电站进行了详细的研究，并且就具体工程实施开展了详细的论证工作，包括与赤道附近的相关国家进行接收站选址协调。1992—1994 年，日本的新能源开发组织（New Energy Development Organization，NEDO）在通商产业省的支持下也开展了空间太阳能电站的研究，并且提出 NEDO 电站方案。

根据空间太阳能电站发展需求，太阳能发电卫星工作组在 1997 年结束。并于同年 10 月，在东京大学先进科学技术研究中心（Research Center for Advanced Science and Technology，RCAST）成立日本空间太阳能电站研究学会（Space Solar Power Research Society），该学会在 2014 年 10 月重组为日本空间太阳能电站学会（Space Solar Power Systems Society）。学会现任主席是松本纮教授（Hiroshi Matsumoto，前京都大学校长），是日本最早开始无线能量传输技术研究的学者，他所在的京都大学生存圈研究所（Radio Science Center for Space and Atmosphere，RCSA，前空间与大气无线电科学中心）是日本微波能量传输技术研究的中心，开发了基于相控磁控管的微波发射装置 SPORTS（Space Power Radio Transmission System）、COMET（Compact Microwave Energy Transmitter）、三明治结构模块试验装置 SPRITZ（Solar Power Radio Integrated Transmitter）等，如图 2-12 所示，并主导了日本一系列重要的无线能量传输试验，包括 1983 年国际首次空间微波能量传输试验 MINIX（Microwave Ionosphere Nonlinear Interaction eXperiment）和 1993 年的 ISY-METS（International Space Year-Microwave Energy Transmission in Space）探空火箭试验、1992 年的 MILAX 无人机试验、1999 年的飞艇无线能量传输以及一系列的地面试验，如图 2-13 所示。神户大学的贺谷信幸教授（Nobuyuki Kaya）也是日本最重要的微波无线能量传输专家，主导了 1995 年的 ETHER 飞艇无线能量传输、2006 年的 Furoshiki 在轨试验（见图 2-14），以及 2008 年的国际联合夏威夷岛无线能量传输试验。

图 2-12　SPORTS、COMET、SPRITZ 试验装置

1998 年，日本宇宙开发事业团（National Space Development of Agency of Japan，NASDA，JAXA 的前身）在三菱综合研究所（Mitsubishi Research Institute，MRI）成立空间太阳能电站系统研究委员会，由文部科学省（Ministry of Education，Culture，Sports，Science and Technology，MEXT）、宇宙开发事业团等 5 家政府部门，京都大学、神户大学、大阪大学等 7 所大学，以及三菱重工、三菱电机、川崎重工等 17 家企业的专

图 2-13　MINIX、MILAX 试验装置

图 2-14　Furoshiki 卫星模型

家组成。委员会主席是松本纮教授，下设 15 个组，主要包括：系统技术，发电技术，微波传输技术，激光传输技术，电力管理技术，热控、结构、材料与控制技术，机器人组装与维护技术，商用电网连接技术，运输技术，环境安全，经济分析，市场分析，共 140 位成员。NASDA 组织进行了基于微波无线传输和激光无线传输的空间太阳能电站系统设计，在大型结构和无线能量传输等关键技术领域开展研究，陆续推出 SPS2001、SPS2002、SPS2003 等电站系统方案，并且提出商业化空间太阳能电站发展路线图。

　　2000 年，隶属于经济产业省的无人宇宙实验系统研究开发机构（Institute for Unmanned Space Experiment Free Flyer，USEF，2012 年变更为宇宙系统开发利用机构 Japan Space System）也成立了空间太阳能电站研究委员会，委员会主席是东京大学的茅阳一教授（Yoichi Kaya，曾提出著名的关于经济、人口与碳排放关系的 Kaya 公式），工作委员会主席是 ISAS 的佐佐木进教授（Susumu Sasaki）。USEF 重点对与空间太阳能电站相关的系统、技术、环境和经济性方面开展研究，并在 2000 年提出绳系空间太阳能电站（Tether - SPS）概念，是日本目前重点发展的方案。

　　2003 年，日本成立空间太阳能利用推进议员联盟。同年，由 ISAS、NASDA、NAL（National Aerospace Laboratory of Japan，日本航空宇宙技术研究所）等重组成立日本宇宙航空研究开发机构，隶属于文部科学省。2004 年，日本宇宙航空研究开发机构在原 NASDA 的研究基础上，考虑微波无线能量传输和激光无线能量传输两条技术路线，规划了日本空间太阳能电站发展路线图，目标是在 2030 年实现商业化空间太阳能电站的建设。

　　自 2004 年起，日本宇宙航空研究开发机构和经济产业省开始合作推动空间太阳能电站的发展，以无人宇宙实验系统研究开发机构、三菱重工、三菱电机、石川岛播磨重工宇航公司、清水建设集团、京都大学、东京大学、神户大学等为代表的国家研究机构、企业和高校形成“官产学”联合研究的模式。2009 年在松本纮教授等专家的推动下，将空间太阳能电站发展列入日本宇宙基本计划，成为 9 个重点发展领域之一。同年，日本经济产业省宣布以三菱公司为主的集团将在 2030—2040 年间建设世界第一个 GW 级商业 SPS，总投资额将超过 200 亿美元。2011 年，日本发布了新的商业化空间太阳能电站发展路线图，将原 NASDA 提出的基于微波无线传输（微波方式先进模型）和激光无线传输（激光方式模型）的空间太阳能电站系统和 USEF 提出的绳系空间太阳能电站系统（微波方式基本模型）均列入规划。在 2013 年发布的日本宇宙基本计划中，空间太阳能发电研究项目被列入七大重点发展领域，作为与载人航天和空间科学并列的三个国家长期支持的重点研究领域之一。2017 年，根据 Japan Space System 提出的最新 SPS 发展路线图，将商业化电站的发展时间从 2030 年推迟到 2050 年，该路线图以微波无线能量传输的技术验证为主。目前，日本的研究重点还是无线能量传输技术，在方案研究上以 USEF 提出的绳系空间太阳能电站系统为主。

　　日本目前的微波无线能量传输研究计划的组织结构如图 2 - 15 所示。Japanese Space System 负责项目的组织，负责人是三原莊一郎（Shoichiro Mihara），JAXA 负责波束控制技术，三菱电机和 IHI 宇航集团分别负责微波发射端和接收端的研制，三菱研究所和三菱重工负责其他工作，整个项目的技术负责人是日本微波无线能量传输技术委员会主席篠原真毅（Naoki Shinohara）教授。2015 年，日本成功开展了 kW 级微波无线能量传输地面试验（见图 2 - 16），传输距离 54 m，该试验的主要目的是验证基于反向波束控制的高精度微波无线能量传输，其试验参数见表 2 - 2。其中发射端由 4 个可以单独调相的天线模块组成，总发射功率为 1.8 kW。接收端天线尺寸为 2.6 m×2.3 m，最终为负载提供电力为 340 W，依靠反向波束控制实现的波束精度达到 0.15°。同年，日本还开展了基于 2.5 GHz 大功率磁控管的 500 m 距离微波无线能量传输试验，如图 2 - 17 所示。发射功率达到 10 kW，实际接收功率为 32 W，对应的发射天线和接收天线尺寸均为 8 m×8 m。2019 年，成功开展了垂直方向面向无人机的微波无线能量传输试验。

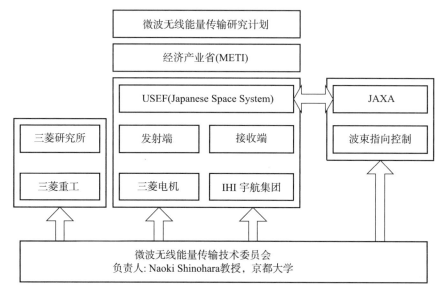

图 2 - 15　日本微波无线能量传输研究计划的组织结构

图 2 - 16　kW 级高精度微波无线能量传输试验

表 2 - 2　kW 级高精度微波无线能量传输试验参数

技术参数	指标
频率	5.8 GHz ±0.1 ppm
发射天线模块尺寸	0.599 m×0.600 m×0.025 m
发射天线模块质量	16.1 kg
输出功率	1.8 kW

续表

技术参数	指标
每模块平均功率	449.8 W
固态放大器效率	平均 60.3%
总传输效率	35.1%
天线单元数量	304
固态放大器数量(1 馈 4)	76
移相器	5 bit
传输距离	54 m
接收天线尺寸	2.6 m × 2.3 m
天线单元数	2 304
达到接收天线的微波功率	805 W(计算)
接收天线接收的功率(2304 单元)	594 W(计算)
接收天线模块输出电功率(36 模块)	353 W(测量)
负载最终供电功率	340 W(测量)

图 2-17　基于磁控管的 500m 距离微波无线能量传输试验

2016 年，JAXA 组织开展了 200 m 距离高精度激光无线能量传输试验，如图 2-18 所示，试验在日立公司的电梯研究塔进行。采用 1 070 nm 激光器和 12 cm 直径发射望远镜，最高输出功率 350 W，最终接收模块输出电功率为 74.7 W，指向控制精度达到 2.5 μrad。

图 2-18　高精度激光无线能量传输试验

2.3.2　日本空间太阳能电站发展路线图

2.3.2.1　JAXA 发展路线图（2004 年）

2004 年日本宇宙航空研究开发机构在原 NASDA 的研究基础上，考虑微波无线能量传输和激光无线能量传输两条技术路线，规划了日本空间太阳能电站发展路线图（见图 2-19），并对核心关键技术的发展目标也进行了规划（见图 2-20）。

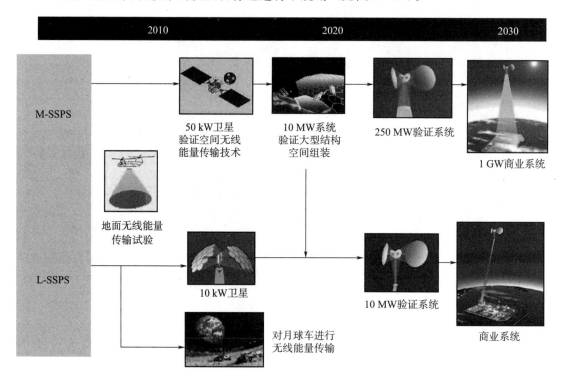

图 2-19　JAXA 空间太阳能电站发展路线图（2004 年）

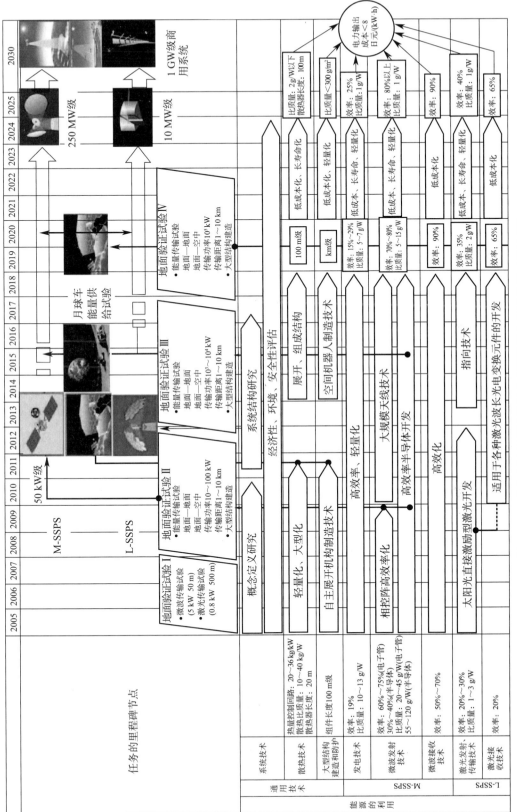

图 2-20　日本空间太阳能利用技术路线图和发展规划（2004 年）

　　路线图包括了四阶段的地面技术验证和多次的在轨技术和系统验证，目标是在 2030 年实现商业化空间太阳能电站的建设。规划提出在 2005 年到 2022 年之间进行四个阶段的地面技术验证，主要包括一系列的地面到地面、地面到空中（飞机或飞艇）的无线能量传输（Wireless Power Transmission，WPT）验证试验，距离从 50 m 到 10 km，传输功率从 1 kW 到 100 MW，以及大型结构建造技术的验证，并且同时对空间太阳能电站各重要部分的性能以及材料进行优化，提高系统的功率质量比。四个阶段的具体技术目标如下：

　　（1）第一阶段（2005—2007 年）

　　开展微波无线能量传输地面验证，传输功率 5 kW，传输距离 50 m。

　　开展激光无线能量传输地面验证，传输功率 0.8 kW，传输距离 500 m。

　　（2）第二阶段（2008—2012 年）

　　开展无线能量传输地面验证（包括地面到地面、地面到空中），距离 1～10 km，传输功率 10～100 kW；

　　开展大型结构建造技术验证。

　　（3）第三阶段（2013—2017 年）

　　开展无线能量传输地面验证（包括地面到地面、地面到空中），距离 1～10 km，传输功率 1～10 MW；

　　开展大型结构建造技术验证。

　　（4）第四阶段（2018—2022 年）

　　开展无线能量传输地面验证（包括地面到地面、地面到空中），距离 1～10 km，传输功率 100 MW；

　　开展大型结构建造技术验证。

　　主要的空间验证项目包括：

　　1）2012 年左右开展 50 kW 级空间无线能量传输验证；

　　2）2012 年左右开展 10 kW 级空间聚光型激光无线能量传输验证，或者开展月球车激光无线供电技术验证；

　　3）2020 年开展 10 MW 级超大型天线结构的在轨组装验证；

　　4）2025 年验证 250 MW 级空间太阳能电站系统；

　　5）2025 年验证 10 MW 级聚光型激光无线能量传输太阳能电站系统。

2.3.2.2　日本空间太阳能电站发展路线图（2011 年）

　　日本在综合考虑 JAXA 和 USEF 的电站研究的基础上，于 2011 年提出更新的三阶段空间太阳能电站技术路线图（见图 2 - 21）。通过分阶段开展关键技术验证和不同功率的系统在轨验证，最终在 2030 年左右实现 1 GW 商业系统运行。

　　1）第一阶段：2020 年前，研究阶段，开展关键技术验证。

　　2012 年前完成 1 kW 级地面无线能量传输试验。地面微波无线能量传输功率为 1.6 kW，传输距离为 50 m，将采用反向导引技术；地面激光无线能量传输功率为 1 kW，传输距离为 500 m。

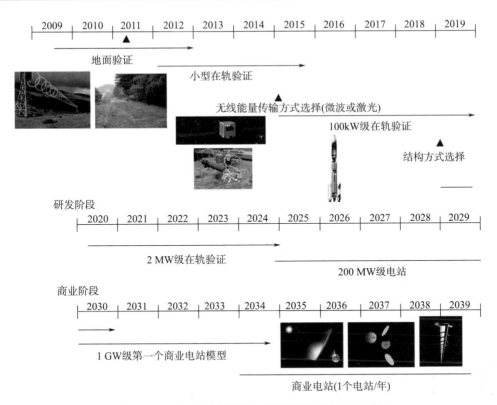

图 2-21　日本空间太阳能电站发展路线图（2011 年）

2015 年计划开展低轨无线能量传输验证，同时开展大型空间结构展开以及激光无线能量传输试验验证。可能利用小卫星或国际空间站的日本实验舱（JEM）作为验证平台，验证无线能量传输技术、评估无线能量传输对大气和电离层的影响，以及验证波束控制技术和安全性等方面的内容，将根据试验结果选择无线能量传输方式。空间低轨微波无线能量传输功率为 kW 量级，采用与地面试验相同的 4 块发射天线板，发射功率为 3 kW。如果利用国际空间站，可以增加到 9 块发射天线板，发射功率为 6 kW。为了研究与电离层的相互作用，微波功率密度需要大于 100 W/m^2。

2020 年前选择能量传输方式，开展低轨 100 kW 级无线能量传输验证，实现完整的技术验证。

2）第二阶段：2030 年前，研发阶段，开展系统验证。

在第一阶段基础上选择具体的空间太阳能电站结构形式，分别研发 2 MW 和 200 MW 级的完整系统，2024 年将完成 2 MW 系统验证，2030 年将完成 200 MW 系统验证。其中，2 MW 系统为商业系统的一个完整的模块单元，200 MW 系统为商业系统的 1/5 缩比模型。

3）第三阶段：商业阶段，2035 年开始，实现 1 GW 商业系统。

2.3.2.3　Japanese Space System 发展路线图（2017 年）

Japanese Space System 根据技术发展，在 2017 年对其空间太阳能电站发展路线图进行了更新（见图 2-22）。路线图以绳系太阳能电站发展为目标，分为地面验证和空间验证两大阶段，对应提出了一系列以微波无线能量传输为主的验证项目，并将 GW 级商业电站的研制时间推迟到 2050 年。

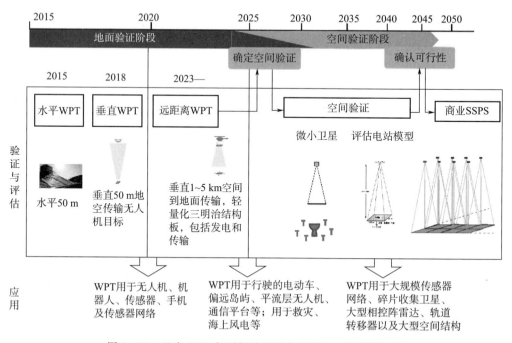

图 2-22　日本 2017 年更新的空间太阳能电站发展路线图

（1）验证项目 1：2018—2019 年，开展 50 m 级垂直方向 WPT 波束控制技术验证

利用无人机安装接收整流天线，通过位置改变以及波束测量验证反向导引波束控制技术的有效性，将采用 2015 年地面验证的发射天线进行能量传输，频率为 5.8 GHz，发射功率为 1.8 kW，传输距离为 50 m。

（2）验证项目 2：2023—2025 年，开展 km 级垂直方向 WPT 技术验证

利用直升机携带三明治结构板进行空间—地面的微波无线能量传输，重点验证远距离波束控制技术的有效性，同时验证轻型三明治结构技术，并且评估无线能量传输的电磁兼容性。频率为 5.8 GHz，发射功率为 1 kW，传输距离为 1 km 以上，三明治结构天线板尺寸为 2 m×2 m。

（3）验证项目 3：2030 年，开展低轨到地面的 WPT 技术验证

利用运行于低轨的小卫星安装三明治结构板，开展空间到地面的微波无线能量传输验证。主要验证空间—地面能量传输反向导引波束控制技术、空间三明治结构板在轨展开技术，并评估微波能量传输与电离层的相互作用。卫星轨道高度约 300 km，三明治结构板尺寸为 1.5 m×1.5 m，发射功率为 kW 级，由于对地面接收站的可见性限制，单次有效传输时间约为 5 s。

（4）验证项目 4：2035 年，开展 GEO 到地面的 WPT 技术验证

发射绳系太阳能电站三明治结构的 1/4 单元进入 GEO，开展空间到地面的连续微波无线能量传输验证。主要验证大尺度三明治结构的在轨展开和组装、GEO—地面能量传输反向导引波束控制技术。频率为 5.8 GHz，发射功率为 500 kW，三明治结构天线板尺寸为 50 m×48 m，重约 15 t。

（5）验证项目 5：2040 年，开展 GEO 三明治结构单元的 WPT 技术验证

发射一个绳系太阳能电站三明治结构单元进入 GEO，开展空间到地面的连续微波无线能量传输验证。主要验证大尺度三明治结构的在轨展开和组装、GEO—地面能量传输反向导引波束控制技术。频率为 5.8 GHz，发射功率为 2 MW，三明治结构天线板尺寸为 100 m×96 m，重约 60 t。

2.4　中国

2.4.1　中国空间太阳能电站发展概况

中国空间太阳能电站相关主要事件见表 2-3。

表 2-3　中国空间太阳能电站相关主要事件

时间	主要事件	组织/地点
1992	中国派代表参加国际空间大学 1992 年 SPS 设计项目	国际空间大学
1996	中国学者提出中国开展空间太阳能电站研究的建议	第 47 届国际宇航大会
2003	国内专家提出开展空间太阳能电站研究的建议	
2005	"关于我国开展空间太阳能电站的必要性与可行性研究"建议书	普兰德电力技术有限公司
2006	"空间太阳能电站发展必要性及概念研究"研讨会	中国空间技术研究院
2008	空间太阳能电站概念及我国发展思路研究项目	国防科技工业局
2010	四川国际清洁能源高端论坛	四川省政府、国际清洁能源协会、Space Energy 公司
2010	第一届空间太阳能电站发展技术研讨会	中国空间技术研究院
2011	空间太阳能电站技术发展预测和对策研究	中国科学院院士工作局
2011	王希季、闵桂荣等院士向国家提交《发展空间太阳能电站从根本上解决能源和气候变化危机的建议》	
2011	第四届中国能源环境高峰论坛	对外经贸大学、中国空间技术研究院、Space Energy 公司
2011	空间太阳能电站系统方案及关键技术研究项目	国防科技工业局
2012	航天科学技术在导航、能源、环境等民生领域的应用研究项目	中国航天工程科技发展战略研究院
2012	印度前总统卡拉姆来华，提出与中国合作建议	中国、印度

续表

时间	主要事件	组织/地点
2012	中俄在空间太阳能电站领域开展交流与合作	中国、俄罗斯
2013	21 世纪人类的能源革命——空间太阳能发电（主旨发言）	第 64 届国际宇航大会
2013	杨士中和段宝岩院士向中央提出《关于尽早启动太空发电站关键技术研究的建议》	
2014	"空间太阳能电站发展的机遇与挑战"香山科学会议	中国空间技术研究院，香山办公室
2014	中国空间技术研究院提出 MR‑SPS 方案	中国空间技术研究院
2014	西安电子科技大学提出 SSPS‑OMEGA 方案	西安电子科技大学
2014	空间太阳能电站发展规划及关键技术规划论证	国防科技工业局
2017	第二届空间太阳能电站发展技术研讨会	中国空间技术研究院
2017	第一届无线传能与能源互联技术论坛	天津
2017	空间太阳能电站中国推进委员会成立	西安电子科技大学、中国空间技术研究院
2018	首届航天大会空间太阳能电站专业论坛	中国宇航学会
2018	第二届无线传能与能源互联技术论坛	上海
2018	空间太阳能电站实验基地启动	重庆
2018	逐日工程启动	西安电子科技大学
2019	第三届无线传能与能源互联技术论坛	北京

中国空间太阳能电站的发展大致可以分为两个阶段，以"十一五"开始为分界点。

（1）第一阶段：跟踪阶段

中国科学家从 20 世纪 80 年代以来就一直在跟踪国际空间太阳能电站的发展。1992 年，航空航天工业部研究人员参加国际空间大学在日本举行的夏季培训班，主题是空间太阳能电站项目设计。1996 年，第 47 届国际宇航大会在中国召开，中国专家在空间能源分会上提出中国开展空间太阳能电站研究的建议。2003 年，中国科学院葛昌纯院士撰写了《关于把空间太阳能发电系统及其关键材料的研究开发列为我国重大专项的建议》报告。同年，中国科学院徐建中等院士向国防科工委提出开展空间太阳能电站研究的建议。2005 年，普兰德电力技术有限公司在中国和平利用军工技术协会的支持下，提出"关于我国开展空间太阳能电站的必要性与可行性研究"建议书，组织航天、能源和电力领域专家进行了研讨，得到专家认可。

（2）第二阶段：起步研发阶段

2006 年 8 月，中国空间技术研究院组织进行了"空间太阳能电站发展必要性及概念研究"研讨会，根据多位院士、专家的研讨意见，建议开展空间太阳能电站的探索性战略研究，将研究重点放在我国空间太阳能电站概念和发展思路上。2008 年 4 月，国防科工局正式批复开展相关研究工作。通过三年的研究，在对国外空间太阳能电站发展深入分析研究的基础上，提出了中国空间太阳能电站概念及发展思路。2010 年，首届"空间太阳能电站发展技术研讨会"在中国空间技术研究院召开，近百位专家参加。

2010 年，王希季、闵桂荣、庄逢甘、梁思礼、龙乐豪、周炳琨和葛昌纯院士共同开展了中国科学院学部咨询评议项目——"空间太阳能电站技术发展预测和对策研究"，指出"空间电站是人类开发利用空间太阳能的基础设施。发展空间电站将从根本上改变人类利用和获取能源的地方，从地面（含海洋）和地下（含水下）变到天上；改变能源的利用方式，一次能源从多种方式并行变为以太阳能为主；改变电力传输的方式，从有线传输到无线传输。这三大改变都是前所未有的、重大的、影响深远的改造客观世界的大变革，会极大影响人类的社会、经济和生活"。基于此项研究向国家提出《发展空间太阳能电站从根本上解决能源和气候变化危机的建议》。2012 年，中国航天科技集团公司组织开展航天发展战略课题——"航天科学技术在导航、能源、环境等民生领域的应用"研究，提出了发展空间太阳能电站对能源安全的重要性。2013 年 6 月，在王希季院士和闵桂荣院士指导下，中国空间技术研究院完成《系统谋划，加快推进中国空间太阳能电站领域发展》研究报告，提出了我国 SPS 发展路线图建议。2014 年 5 月，"空间太阳能电站发展的机遇与挑战"香山科学会议召开，跨学科领域的 50 多位学者进行了深入讨论，认为空间太阳能电站是一个具有重大战略意义的项目，应在国家层面组织开展论证，在合适的时机启动重大研究专项，通过持续的研发取得重要技术突破。

2013 年，杨士中和段宝岩院士向国家提出《关于尽早启动太空发电站关键技术研究的建议》。2014 年，国防科技工业局联合国家发改委、科技部、工业与信息化部、教育部、中国科学院、国家自然科学基金委员会等部委，组织专家开展空间太阳能电站发展规划及关键技术体系论证工作，王希季、闵桂荣、龙乐豪、杨士中、段宝岩、葛昌纯等 6 位院士为顾问，李明研究员任组长，130 多位专家参加论证。经过一年的论证，形成《太空发电站发展规划及关键技术体系规划论证报告》，提出我国空间太阳能电站发展规划与实施路线图建议。2017 年 10 月，第二届"空间太阳能电站发展技术研讨会"在北京召开，多位院士及两百余位代表参加，深入交流了空间太阳能电站发展规划、系统方案和关键技术研究进展。2017 年年底，空间太阳能电站中国推进委员会成立。2018 年 4 月，首届航天大会空间太阳能电站专业论坛在哈尔滨召开。2017—2019 年，分别在天津、上海和北京举行了无线传能与能源互联技术论坛。2018 年 12 月 6 日，在杨士中院士的推动下，重庆璧山区"空间太阳能电站实验基地"启动建设，项目占地约 200 亩，投资 2 亿元。计划于 2020 年前开展百米级浮空平台微波无线能量传输试验；2021—2025 年将建设中小规模平流层太阳能电站并实现并网发电；2025 年后将支持开展大规模空间太阳能电站系统的相关工作。2018 年 12 月 23 日，"逐日工程"在西安电子科技大学启动，该项目以段宝岩院士团队为核心，基于 OMEGA 电站方案，建设全系统、全链路空间太阳能电站地面验证中心，开展空间太阳能电站全系统的技术验证。

从"十一五"开始，国家相关部门连续支持了多项空间太阳能电站领域的研究工作，重点开展系统总体方案和大型空间太阳能收集与转换、微波无线能量传输、激光无线能量传输等关键技术的研究，并且在超大型结构与在轨构建、空间超高压发电输电等技术方面开展初步研究。2014 年，中国空间技术研究院提出了新型的多旋转关节空间太阳能电站方案，西安电子科技大学提出聚光式的 OMEGA 空间太阳能电站新型方案。四川大学等单位开展了远距离微波无线能量传输试验（见图 2-23）；中国空间技术研究院和北京理工大学等单位开展了激光无线能量传输试验（见图 2-24）；上海航天技术研究院、中国电子科技集团公司第十八研究所等单位在高效薄膜太阳能电池和大型薄膜太阳电池阵技术方面也取得了重要进展。

　　从 2010 年起，通过相关的国内和国际会议，中国与国际空间太阳能电站领域的专家开展了广泛的交流。2010 年 4 月，四川国际清洁能源高端论坛在成都举行，美国的 Feng Hsu，Ralph H. Nansen，Richard M. Dickinson 等专家参会并与中国研究人员进行了交流。2011 年 8 月，第四届中国能源环境高峰论坛在京召开，会议主题是"高端清洁能源开发与应用——空间太阳能以及相关空间技术发展对国民经济的推动和提升"，王希季院士受邀做了题为"空间太阳能电站技术发展预测与对策研究"的主题报告，会议邀请了印度前总统卡拉姆先生和美国国家空间学会（National Space Society，NSS）主席 Mark Hopkins 参加。2012 年，中国空间技术研究院和俄罗斯拉瓦奇金科研生产联合体开展工作交流，提出基于 DFH-5 平台的空间太阳能电站演示验证卫星项目建议。中国从 2011 年起连续参加国际宇航大会空间能源分会。2013 年，国际宇航大会在北京召开，中国专家应邀做了"21 世纪人类的能源革命——空间太阳能发电"的空间发电分会的主旨发言，葛昌纯院士作为特邀专家参加空间太阳能电站主题论坛演讲。中国专家也受邀参加了美国空间学会年会的空间太阳能电站分会、2014 年在日本神户举行的 SPS2014 国际会议、2016 年由迪拜世博会组委会组织的"New Baseload Energy for the World"空间太阳能电站国际研讨会、2017 年和 2019 年韩国组织的空间太阳能电站国际研讨会、在美国洛杉矶举行的 SPS2018 国际会议（SPS 50 周年纪念会议）、2018 年和 2019 年日本空间太阳能电站学会年会等重要的国际会议。

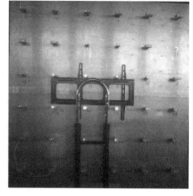

图 2-23　四川大学开展的微波无线能量传输试验

图 2-24　北京理工大学开展的太阳光直接泵浦激光无线能量传输试验

2.4.2　中国空间太阳能电站发展路线图建议

2.4.2.1　中国空间太阳能电站发展路线图建议（2010 年）

基于"空间太阳能电站概念及我国发展思路研究"项目，在 2010 年"第一届空间太阳能电站发展技术研讨会"上，提出空间太阳能电站发展路线图建议（见图 2-25）。路线图面向 2050 年实现 1GW 空间太阳能电站商业运行，考虑了地面、低轨和高轨等几个重要的发展验证阶段，主要发展关键节点包括：

1）2015—2020 年：完成空间太阳能电站方案设计，突破大功率无线能量传输、大型结构展开及组装、轻型高效太阳能电池、大功率电源管理、高精度姿态控制等关键技术；

2）2020—2022 年：针对上述关键技术，研制关键技术试验系统，利用我国空间站平

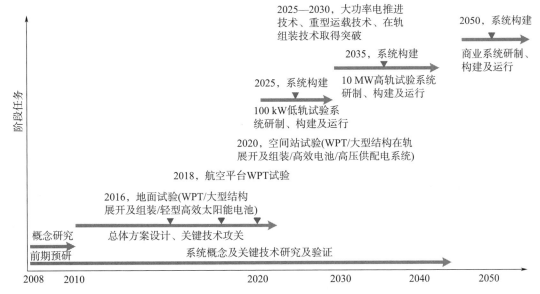

图 2-25　我国空间太阳能电站发展路线图建议（2010 年）

台进行空间试验；

3）2025 年：在近地轨道建设 100 kW 空间太阳能电站演示验证系统；

4）2025—2030 年：突破重型运载关键技术、大功率空间电推进技术和在轨组装技术，实现百吨级以上的近地运载能力和基于大功率电推进技术的轨道间运输能力；

5）2035 年：在 GEO 建设第一个 10 MW 空间太阳能电站试验系统；

6）2050 年：在 GEO 建设第一个 1 GW 空间太阳能电站商业系统。

2.4.2.2　中国空间太阳能电站发展路线图建议（2013 年）

2013 年，中国空间技术研究院在《系统谋划，加快推进中国空间太阳能电站领域发展》报告中提出空间太阳能电站加快发展的路线图建议（见图 2 - 26）。该路线图将空间太阳能电站的发展分为研发、示范和商业化三个阶段，具体如下：

1）第一阶段：研发阶段，2013—2025 年，完成全系统地面仿真验证和 10 MW 级系统关键技术空间验证。

2020 年前，全面完成 10 MW、100 MW、1 GW 空间太阳能电站的全系统设计和地面仿真验证，突破超大型空间结构及组装、大型空间结构及控制、空间高电压供电、大功率微波能量传输系统等空间太阳能电站核心技术，开展中俄联合空间太阳能电站试验、MW

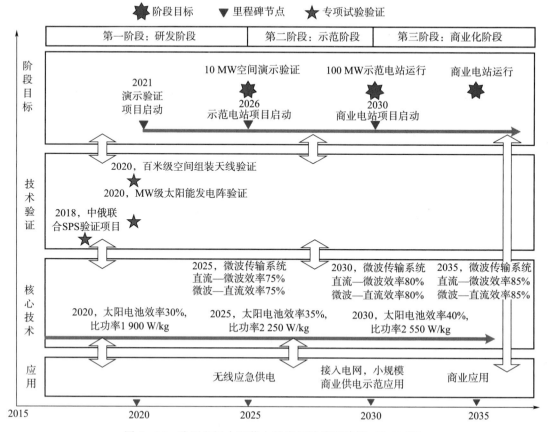

图 2 - 26　我国空间太阳能电站发展路线图建议（2013 年）

级太阳能发电阵以及百米级空间组装天线在轨验证，并在 2025 年实现 10 MW 级系统技术演示验证，为第二阶段的空间太阳能示范电站的建设奠定技术基础。

2）第二阶段：示范阶段，2026—2030 年，建设 100 MW 级空间太阳能示范电站。

商业价值的空间太阳能电站规模应达到 GW 级，100 MW 级系统可以充分示范商业电站的主要核心技术和运行模式，投资规模和风险可接受，是商业电站系统建设前最重要的标志性工程。本阶段研制经费由国家投资和商业资本共同承担，主要用于技术持续研发及示范电站建设，预期太阳光伏转换效率达到 35%，微波传输效率（DC/DC）达到 35%，系统效率约 7.5%。

3）第三阶段：商业化阶段，2030 年以后开始建设，在 2035 年左右空间太阳能电站正式进入商业市场。

在示范电站建设运行的基础上，以商业应用为牵引，依托商业资本，持续开展技术研发，进一步提高技术水平，积累经验，建设商业化空间太阳能电站。随着空间太阳能电站建设规模的扩大，发电成本将逐渐下降到具有商业价值的阶段。

2.4.2.3 中国空间太阳能电站发展路线图建议（2015 年）

2014 年，由国防科技工业局牵头，联合多家单位组织开展专家论证，经过近一年的论证工作，完成了《太空发电站发展规划及关键技术体系规划论证报告》，提出了我国分两个阶段进行空间太阳能电站研发的总体规划和技术路线建议。

报告建议我国空间太阳能电站的发展，应以能够持续稳定供电的 GW 级大型电站作为最终目标，结合国情中期宜发展用于地面应急供电和轨道间灵活供电的 MW 级空间太阳能电站。微波无线能量传输模式作为对地传输的主要方式，激光无线能量传输模式作为轨道间灵活供电的方式。我国空间太阳能电站分阶段发展路线可以概括为两大步、三小步，总体上分为中期和远期两大步骤（见图 2-27）。

1）中期目标：2030 年，启动建设 MW 级空间太阳能试验电站，满足安全可靠性、模块化可扩展性等要求，并实现应急供电模式试验验证和科学实验研究。中期又按照每 5 年，进一步分为三个阶段：

• 第一阶段：2015—2020 年，实现空间太阳能电站关键技术地面及浮空器试验验证；
• 第二阶段：2021—2025 年，实现空间超高压发电输电及轨道间能量传输试验验证；
• 第三阶段：2026—2030 年，实现空间无线能量对地传输试验验证。

2）远期目标：2050 年具备建设 GW 级商业空间太阳能电站的能力，为我国提供充足的可再生清洁能源，满足国家可持续发展对能源保障和能源安全的战略需求。

报告也提出了空间太阳能电站关键技术体系规划及发展路线，包括空间超大功率高效无线能量转化与传输技术，空间超大功率高效发电与电力管理技术，空间超大型结构模块化、轻量化与控制技术，空间超大型系统在轨组装与维护技术以及空间太阳能电站低成本运输技术共 5 个关键技术领域，其中空间超大功率高效无线能量转化与传输技术和空间超大功率高效发电与电力管理技术发展路线图建议如图 2-28、图 2-29 所示。

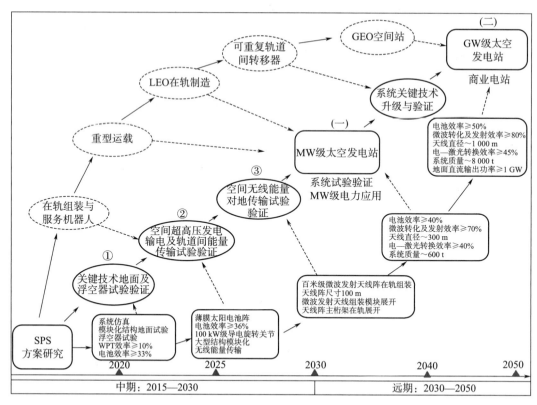

图 2-27　我国空间太阳能电站分阶段发展建议（2015 年）

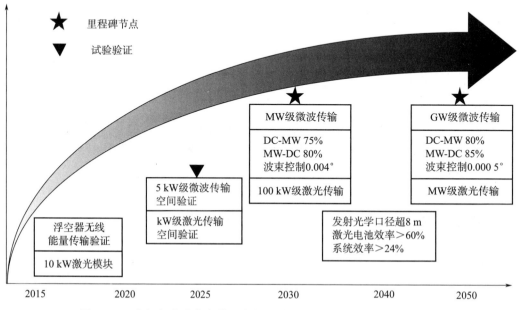

图 2-28　空间超大功率高效无线能量转化与传输技术发展路线图建议

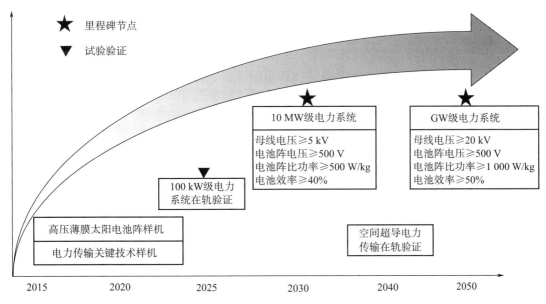

图 2 - 29　空间超大功率高效发电与电力管理技术发展路线图建议

2.5　其他国家

2.5.1　韩国

韩国电子技术研究院（Korea Electrotechnology Research Institute，KERI）从 20 世纪 90 年代开始了 MPT 方面的研究工作，1997 年开展了 100 W 级 WPT 试验，1999 年研制了发射功率达到 10kW 的 WPT 试验系统（见图 2 - 30）。该系统采用 2.45 GHz 磁控管微波源，利用大口径抛物面天线进行微波能量发射，双极化微带接收天线包括了 1 440 个单元，接收功率达到 3 kW。

图 2 - 30　韩国 10kW 级 WPT 试验系统

2016 年 11 月，韩国科技研究院（The Korean Academy of Science and Technology，KAST）在首尔组织了主题为"地球、空间、人类和未来"的国际科学论坛，开始关注空间太阳能电站的发展。2017 年，韩国建立了空间太阳能电站研究学会（Korea Research Society for Space Based Solar Power），作为一个非政府组织，由国会议员、前科学技术部副部长、韩国总统顾问、研究机构院长、大学校长和教授研究员等组成，形成"官产学研"组织，致力于推动空间太阳能电站在韩国的发展，协会主席为韩国航空宇宙研究院（Korea Aerospace Research Institute，KARI）前院长 Seung Jo Kim 教授，共同主席为国会议员 Sang‐Min Lee。

2017 年 11 月，韩国空间太阳能电站研究学会和韩国工程院机械工程委员会联合组办了第一届国际空间太阳能电站研讨会，会议地点在韩国国会大厦，参加人员约 40 人，包括 2 名国会议员和众多研究机构领导人。会议邀请中国和日本专家介绍了中日两国在空间太阳能电站方面的研究进展。

在 2017 年第一次国际研讨会之后，韩国组织开展第一阶段的研究工作，研究周期从 2018 年 4 月到 2019 年 3 月，主要开展空间太阳能电站的概念和发展规划的初步研究。2019 年 2 月，韩国航空宇宙研究院和韩国空间太阳能电站研究学会在韩国国会大厦联合组办了第二届国际空间太阳能电站研讨会，参加人员达到约 100 人，包括了现任执政党主席李海瓒和三位国会议员以及韩国科技界多位重要人员。研讨会特别邀请了 5 位国际专家进行大会报告，介绍了中国、日本、美国和英国在空间太阳能电站领域的研究进展。本次研讨会上，KARI 首次展示了韩国空间太阳能电站概念方案 K‐SSPS，并介绍了韩国在 2020—2029 年的发展计划建议（见表 2‐4）。该计划分为三个阶段。第一阶段将开展空间太阳能电站相关关键技术的研究；第二阶段将开展用于小卫星间无线能量传输技术验证的地面试验，并开始研制小卫星；第三阶段将发射 2 个小卫星开展空间无线能量传输技术验证。韩国的空间太阳能电站研究工作主要由韩国航空宇宙研究院和韩国电子技术研究院负责。

表 2‐4　韩国空间太阳能电站 2020—2029 年发展计划建议

发展周期：2020—2029 年	
第一阶段 （2020—2022 年）	• 研发卷绕式电池阵和展开天线技术； • 研发高压、高功率电力管理系统； • 研发无线能量传输系统； • 研发高压、高功率电力系统与无线能量传输系统的接口
第二阶段 （2023—2026 年）	• 开展用于小卫星间无线能量传输技术验证的地面试验； • 研制小卫星或纳卫星，进行环境测试
第三阶段 （2027—2029 年）	• 发射 2 个小卫星或纳卫星进行空间无线能量传输技术验证，测量传输效率

2.5.2　俄罗斯

俄罗斯作为一个航天大国，也非常关注空间太阳能电站的发展。20 世纪 90 年代初，俄罗斯科迪什研究中心（Keldysh Research Center）开始就空间太阳能电站的建设进行了多方面的研究，包括将接收装置悬挂在气球上的可行性，以及采用低轨航天器集群方式可行性。莫斯科大学的研究小组在天线、微波器件设计和系统设计方面开展研究，并进行了回旋波整流管的研究，2005 年，Istok 电子管公司在 2.45 GHz 得到了 83% 的微波到直流的转换效率。Energia 公司重点开展了激光无线能量传输的研究，特别是高效激光直流转化器件。

2009 年，俄罗斯拉瓦奇金科研生产联合体（Lavochkin Research and Production Association）专家提出了新型的基于激光无线能量传输的混合式空间太阳能电站概念，系统由多个运行在轨道高度约 1 000 km 极轨上的小型空间太阳能电站组成，每一个电站通过激光无线能量传输将能量传输到悬挂在高空飞艇上的接收装置，之后利用微波或电缆将电力向地面传输。此外，还提出了发展路线图建议，包括方案论证、太阳能发电及激光产生模块研发、激光产生模块的浮空器搭载验证、空间太阳能电站演示系统和空间太阳能电站研制等 5 个阶段。2012—2013 年，俄罗斯与中国开展了多次关于空间太阳能电站系统、关键技术和在轨验证的交流与研讨。

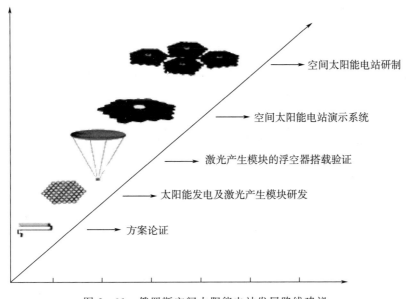

图 2-31　俄罗斯空间太阳能电站发展路线建议

2.5.3　法国

从 20 世纪 80 年代初开始，法国国家太空研究中心（Centre National d'Etudes Spatiales，CNES）支持了与空间太阳能电站相关的研发计划，该计划由法国国家太空研究中心先进概念团队负责。1986 年，第一次国际 SPS 研讨会（SPS 86）在法国巴黎举行。1991 年，第二次国际 SPS 研讨会（SPS91）同样在法国巴黎举行。这些国际会议也促进了国际宇航联合会空间能源委员会的成立。法国的研究重点是微波无线能量传输技术，项目负责人是 M. Guy Pignolet。基于相关的研究成果，在 20 世纪 90 年代后期启动了在印度洋法属留尼旺岛（Reunion）开展 WPT 的原型验证项目。该项目的目标是利用微波无线能量传输技术为交通不便的位于山谷的 Bassin 村庄输送约 10 kW 的电力，传输距离为

700 m，设计的发射天线直径为 6 m，接收端整流天线直径为 17 m，波束收集效率达到95%，投资预算为 100 万美元。2001 年，法国展示了该项目的原型验证系统，采用 2.45 GHz 频率，发射微波 800 W，接收端输出 65 W 的直流电力，整流效率为 50%。但该项目并未能实际实施。

　　总部位于法国的 Astrium 公司在 2010 年提出 10 kW 激光无线能量传输验证项目，计划在 2020 年开展从 GEO 向地面进行 10 kW 电力传输的验证，验证激光无线能量传输技术。该任务以验证卫星（见图 2-32）满足一次 Ariane 5 发射作为约束，对应的地球同步转移轨道（Geostationary Transfer Orbit，GTO）最大运输能力为 11 t。太阳电池阵为两个 310 m^2 的大型高效薄膜太阳电池阵，供电功率可达 125 kW。采用 1.56 μm 高功率激光器，输出激光功率为 28 kW，利用 3.5 m 直径 SiC 望远镜系统进行能量传输。激光发射系统的指向精度需求为 0.1 μrad，最终地面接收电池阵的直径为 27 m，地面接收的最高激光功率密度达到 1 000 W/m^2，激光电池效率假设为 50%，可以接收到 10 kW 电力。

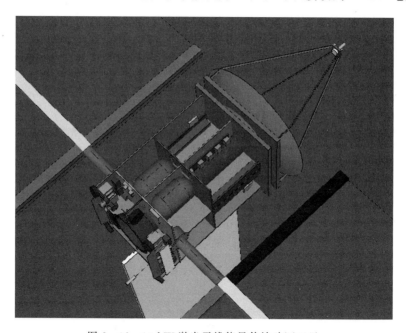

图 2-32　10 kW 激光无线能量传输验证卫星

2.5.4　德国

　　1998 年，欧洲空间局（European Space Agency，ESA）和德国宇航中心（DLR）联合实施了"空间探索及利用的系统概念、结构和技术研究"计划，开展了空间太阳能电站相关的概念设计、MPT、LPT 以及 WPT 的应用研究工作，基于德国宇航中心开展的太阳帆技术研究，在美国太阳塔电站概念基础上提出了名为太阳帆塔（Sail Tower）SPS 的概念设计，这是欧洲提出的第一个空间太阳能电站方案。该计划的参与单位还包括了 Astrium GmbH Bremen、OHB System 以及 University of Bochum。

2.5.5　英国

英国格拉斯哥大学（University of Glasgow）Massimiliano Vasile 教授在 ESA 的支持下开展面向空间太阳能电站应用的空间超大型柔性结构研究。2010 年，Astrium 公司与英国萨里大学（University of Surrey）合作开展激光无线能量传输技术研究。2017 年，英国的 Ian Cash 提出了一种新型的空间太阳能电站方案，名为 CASSIOPeiA，并成立了 International Electric 公司来推动相关技术的发展。

2.5.6　加拿大

加拿大从 20 世纪 80 年代开始关注并开展空间太阳能电站领域的研究工作，重点放在微波无线能量传输技术及其在无人飞行器平台的应用可行性研究，提出了静止高空中继平台（Stationary High Altitude Relay Platform，SHARP）项目。该项目在地面使用一个大型的天线发射系统形成微波束，通过安装在高空飞行无人机下面的整流天线获得直流电，可以为飞行在平流层（21 km 高）的无人飞机提供持续的电力，用于为飞机提供飞行动力以及无线电信号的中继，通信范围达到 600 km，飞机可持续飞行几个月。SHARP 系统可以用于移动通信、宽带广播、电视广播等，还可以用于监视和遥感，如河流监视、环境污染状况遥感等。图 2 - 33 是加拿大提出的 SHARP 系统的示意图。1987 年，1 架 1/8 缩比基于微波无线能量传输的无人机（翼展 4.5 m）进行了验证飞行。由于系统规模较大，后续的项目未能正常实施。

1997 年，加拿大在蒙特利尔组织召开了第三届国际 SPS 会议（SPS97）。2009 年，在 SPACE Canada（Solar Power Alternative for Clean Energy Canada）的支持下，SPS09 国际会议在加拿大多伦多召开，会议的一个重要内容是国际宇航科学院组织的 SPS 专题战略研究讨论。SPACE Canada 建立于 2008 年，是一个非营利性组织，其宗旨是通过教育、研究和商业化，支持、鼓励、促进空间太阳能主题的国际活动，SPACE Canada 的目标是推动作为清洁可再生能源的空间太阳能的发展，减小世界对于化石能源的依赖。SPACE Canada 赞助了 IAA "First International Assessment of SSP" 的研究工作，也赞助了后续的国际太阳能发电卫星设计竞赛及 IAF 空间太阳能电站学生竞赛等国际活动。

2.5.7　印度

印度前总统卡拉姆从 2007 年开始就呼吁并支持 SPS 和空气吸入式可重复运载（air - breathing Reusable Launch Vehicles）的联合发展。印度空间研究组织（India Space Research Organization，ISRO）和印度国防研究和发展组织（Indian Defense Research and Development Organization，DRDO）在 2007—2008 年都表达了对于 SPS 的潜在兴趣，但后续并未开展实质性的 SPS 研究及技术研发。DRDO 在 2007—2008 年与美国 DOD 合作开展 SPS 的系统分析研究。2010 年，印度与美国合作发表研究报告 "Sky's no Limit: Space - Based Solar Power, the Next Major Step in the INDO - US Strategic Partnership?"，建

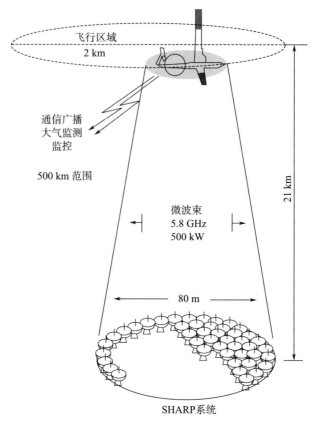

图 2-33　SHARP 系统的示意图

议将发展空间太阳能电站作为印度和美国之间合作的一个潜在的重要组成部分。2010 年，卡拉姆与美国空间学会讨论了 SPS 的发展，发表了著名的空间太阳能电站发展倡议"Kalam - National Space Society Energy Technology Universal Initiative"。2011 年，卡拉姆通过网络视频参加了中国举行的第四届清洁能源与环境高峰论坛。2012 年，卡拉姆访问中国，提出中印联合开展空间太阳能电站研究的建议。2013 年 5 月，卡拉姆参加了在美国加利福尼亚召开的美国空间学会年会，并进行了主旨演讲，建议成立一个新的国际 SPS研究组织开展联合研究。

2.6　相关国际组织

2.6.1　欧洲空间局

欧洲空间局在 1998 年实施了"空间探索及利用的系统概念、结构和技术研究"计划，开展空间太阳能电站研究工作，由 DLR 提出太阳帆塔电站概念。2002 年 8 月，为了形成欧洲统一的空间太阳能电站研究团队，由欧洲空间局先进概念团队（Advanced Concepts Team）组建了欧洲空间太阳能电站网络，团队由 Leopold Summerer 博士负责。2002 年，ESA 发布了欧洲 SPS 研究计划，形成欧洲空间太阳能电站研究机构和技术框架，制定了欧洲 SPS 研究两阶段规划。第一阶段：综合进行空间太阳能电站与地面太阳能电站的比较，开展 SPS 模型参数研究，研究 SPS 相关的法律问题。第二阶段：开始系统结构优化研究，确定最优的概念，明确欧洲的优先发展领域。基于第一阶段研究，主要研究结论包括：SPS 具有很高的技术风险，对于关键技术需要更为深入的研究；SPS 研究成本非常高，相对于地面太阳能电站不具优势；需要将发射成本至少减小一个数量级；SPS 必须通过国际合作进行。

2004 年 6 月，ESA 在西班牙组织了 SPS04 会议。会议讨论的主题包括：1）空间、地面及行星太阳能电站；2）空间太阳能电站制氢经济性；3）大型地面电力供应方案；4）无线远距离能量传输；5）空间应用（科学、研究和探索）；6）近期的验证和试验。

2.6.2　国际宇航联合会

1990 年，国际宇航联合会（International Astronautical Federation，IAF）成立了空间能源委员会（Space Power Committee），在之后每年的国际宇航大会（International Astronautical Congress，IAC）的空间能源分会上均会组织一个或多个与 SPS 相关的专题技术分会，成为空间太阳能电站领域交流最重要的平台。

2.6.3　国际宇航科学院

2007—2011 年，国际宇航科学院（IAA，International Academy of Astronautics）第三委员会组织开展了关于空间太阳能电站的国际评估工作，由超过 10 个国家的专家组成的研究团队实施。该研究工作的总目标是要确定空间太阳能发电在应对未来几十年快速增长的可再生能源需求方面可能扮演的角色，评估与 SPS 概念相关的技术成熟度和技术风险，并且形成一个可能引导这一远景概念实现的合理的国际路线图。2011 年，研究团队完成了《空间太阳能电站——第一次国际评估：机遇、问题及可能的发展途径》报告。这份研究报告明确了空间太阳能电站潜在的市场和发展的政策问题，评估了三种不同的 SPS 架构，包括技术更新的 1979 SPS 参考系统、模块化激光 WPT 系统和超模块化微波 WPT 概念。报告提出了空间太阳能电站发展路线图建议（见图 2 - 34），用 10～15 年开展系统级示范电站验证以实现这一路线图是 IAA 的共识。报告还提出了一系列的研究结论和建议，路线图提出应开展的研发活动主要包括：

1）SPS 先进系统研究和基础技术研究；

2）SPS 相关技术研究和开发；

3）子系统及部件级关键技术飞行试验；

4）SPS 主要子系统及系统级验证，包括地面验证和在轨验证；

5）SPS 系统设计、发展和验证，包括 SPS 示范电站、配套基础设施、辅助空间应用和地面附加收益；

6）空间太阳能电站的研制、部署和运营。

2019 年，国际宇航科学院启动了新一轮的空间太阳能电站国际评估工作。

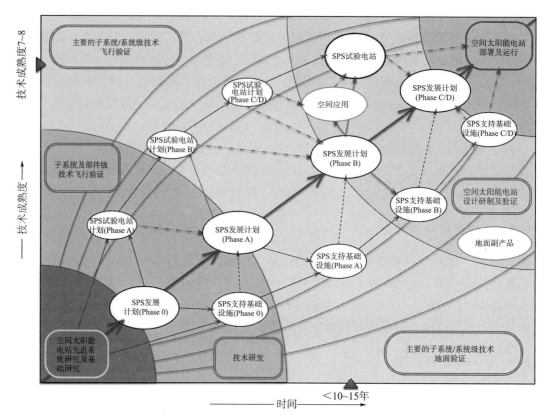

图 2-34　IAA 提出的空间太阳能电站发展路线图建议

2.6.4　国际无线电科学联盟

国际无线电科学联盟（Union Radio Scientifique Internationale，URSI）在国际能源危机和环境问题的大背景下，认识到国际无线电科学联盟有责任提供空间太阳能电站的科学背景，提出问题，并公正地、不带任何偏见地来讨论发展空间太阳能电站的意义与存在的问题。在时任 URSI 主席松本纮教授（Hiroshi Matsumoto）的领导下，2001 年建立了空间太阳能电站国际委员会工作组，经过几年的努力，于 2005 年发表了《空间太阳能电站白皮书》（*URSI White Paper on a Solar Power Satellite*）。该白皮书全面回顾了空间太阳能电站的研究过程，重点结合国际无线电联盟所涉及的专业领域，从无线电专业角度对空间太阳能电站的无线能量传输技术可行性和可能造成的影响进行了评估。国际无线电科学联盟认为：空间太阳能电站可以满足世界的能源需求而不产生明显的负面环境影响，国际无线电科学联盟将在空间太阳能电站技术发展中发挥作用。2007 年，该报告更新为《URSI 空间太阳能电站国际工作组报告》（*Report of the URSI Inter-Commission Working Group on SPS*）。

2.6.5　联合国

第三届联合国全球探索及和平利用外太空会议［The third United Nations Global Conference on the Exploration and Peaceful Uses of Outer Space (UNISPACE III)］于 1999 年 7 月 19—30 日在奥地利维也纳举行。会议主题是 "Space Benefits for Humanity in the Twenty‑first Century"（21 世纪空间造福人类）。

国际宇航联合会空间能源委员会组织了 "清洁和取之不尽的空间太阳能电站研讨会"（Workshop on Clean and Inexhaustible Space Solar Power），本次研讨会得到的结论包括：

1）空间太阳能电站能够为地面提供丰富和清洁的新型电力；

2）空间太阳能电站能够加速全球电气化进程，通过技术进步降低电能成本，减小目前的大规模商业电力系统的污染和不确定性，包括石油、煤、天然气、核、地面可再生能源；

3）目前世界上大约有 20 亿人尚未能用上商业电力，如果不发展新的、丰富、清洁的低成本电力，这一数量还会增加，并且导致更多的贫困和不平等；

4）为了推动新型可再生能源的发展，包括空间太阳能电站，需要国际组织和个人的广泛参与、共同努力。

研讨会提交 UNISPACE 大会宣言的建议包括：

1）联合国和平利用外太空委员会应当关注如何促进清洁和取之不尽的空间太阳能电站的发展和验证；

2）联合国和平利用外太空委员会应当考虑如下一些行动：

・鼓励世界的相关组织进一步研究空间太阳能电站的技术和经济可行性，特别是在地面和空间开展试验以验证技术的进步以及让世界增加对于空间太阳能电站的认识；

・鼓励各国研究空间太阳能电站可能满足国家能源部分需求的路径，分析空间太阳能电站如何能够提高世界各国的生活质量（洁净空气、洁净水、通信以及生活标准）；

・鼓励关于 SPS 的国际合作和信息交流；与相关的国家和国际组织联合努力，研究与空间太阳能电站相关的标准和规则，例如关于健康、环境、频谱管理、轨位及其他；

・组织包括发达国家和发展中国家的 SPS 国际会议；

・建立一个固定的长期关注 SPS 的国际委员会。

在 UNISPACE 的最终宣言中，鼓励全世界：

1）进一步研究空间太阳能电站的技术和经济可行性；

2）开展国际合作与数据共享；

3）分析与空间太阳能电站相关的其他因素，如健康、环境、频谱管理、轨位等。

2.6.6　国际空间大学

国际空间大学（International Space University，ISU）成立于 1987 年，是一个非营利性教育机构，致力于通过教育和研究计划，促进外太空的和平开发。1992 年 6 月，第五届年度 ISU 夏季培训在日本的北九州 Kitakyushu 举行，研究的主题为空间太阳能电站。来自 22 个国家的 97 名学生参加了此次为期两个半月的夏季培训，重点开展了空间太阳能电站发展计划相关的综合研究，完成了关于空间太阳能电站的研究报告 *Space Solar Power Program - Final Report*。本次夏季培训中，中国学者首次参与国际研究活动。

2.6.7 美国国家空间学会

美国国家空间学会是一个致力于推动航天商业开发的非营利组织。该学会的关注领域之一就是空间太阳能电站，其他关注领域包括月球资源开发、地外生存等。美国国家空间学会每年组织一次年会——国际空间开发大会（International Space Development Conference，ISDC），其中的分会之一就是空间太阳能电站。2014 年开始，美国国家空间学会与俄亥俄州立大学联合组织了 "International SunSat Design Competition"，并得到了 SPACE Canada 的赞助。

2.7 相关商业公司

国际上也成立了一些商业公司，致力于推动空间太阳能电站的商业化，代表性的商业公司包括 Solaren Corporation 和 Space Energy 等。

（1）Solaren Corporation

位于美国加利福尼亚州的 Solaren Corporation 成立于 2001 年。2005 年，Solaren Corporation 的 James Rogers 和 Gary Spirnak 申请了一项 SPS 设计专利（US Patent No.7，612，284），并在 2009 年得到授权。2009 年，Solaren 与加州最大的电力公司——太平洋天然气与电力（PG&E）公司签署了首个 SPS 购电协议，PG&E 公司正式向 Solaren Corporation 购买 200 MW 的空间太阳能电力。Solaren Corporation 表示采取创新的方案，整个系统仅需要 4～5 次运载即可建成，组件将在太空实现自主自行装配，预计在 2016 年提供电力，最终该协议未能履行。

（2）Space Energy

Space Energy 公司总部设在瑞士，主要从事地面太阳能电站应用，从 2009 年开始关注空间太阳能电站的应用。2009 年，公司首席执行官 Stephan Tennsel 曾访问中国。2010 年，作为四川国际清洁能源高端论坛的协办方之一，Space Energy 公司邀请了多位国际专家参加，寻求通过前沿技术（包括 SPS）的商业化推动清洁和可持续能源发展的方法。该公司的关注重点并不是技术创新，而是作为系统集成者，寻求投资方和用电方，并为 SPS 的设计、制造、部署和运行提供综合管理。

第 3 章　空间太阳能电站设计基础

3.1　空间太阳能电站的运行轨道

空间太阳能电站的运行轨道由其应用目标确定，除考虑电站的运行、电站的规模外，需要重点考虑的因素还包括：空间太阳能电站太阳电池阵的光照情况、轨道高度以及空间太阳电站与地面接收站之间的相对位置。太阳电池阵的光照情况决定了空间太阳能电站是否能够连续发电；轨道高度决定了无线能量传输的距离，直接影响发射天线和接收天线的尺寸，也影响发射的成本；空间太阳能电站与地面接收站之间的相对位置决定了能量传输的连续性以及波束扫描角度范围要求。

目前考虑的空间太阳能电站运行轨道主要包括：近地赤道轨道、太阳静止轨道、地球同步轨道、日地 L1 点轨道，月球及行星环绕轨道。

1）近地赤道轨道（Low Earth Equation Orbit，LEEO）。近地赤道轨道是指轨道倾角为 0°的、位于赤道上方的、轨道高度在 200～1 000 km 的圆形轨道。近地赤道轨道的主要优点包括：轨道高度低，运输成本低，便于进行在轨组装和维护；无线能量传输距离近，因此发射天线和接收天线面积小；地面接收站布置于赤道附近范围。近地赤道轨道的缺点包括：轨道周期内要经历较长的阴影期，无法实现连续发电；电站与接收天线之间的相对位置变化，经过接收站的时间短，如需保证持续供电，则需要在轨道上布置多个电站组成星座以及在地面布置多个接收站；要求微波波束的扫描角度大；太阳电池阵和发射天线间保持相对转动以保证太阳电池阵的对日定向和发射天线的对地定向。该轨道较适合用于关键技术验证和小型系统级验证。

2）太阳同步轨道（Sun Synchronous Orbit，SSO）。由于地球的非均匀特性，太阳同步轨道平面绕地球的旋转方向和角速度与地球绕太阳公转的方向和角速度一致，即轨道平面与太阳始终保证相对固定的方向，对应的轨道倾角接近 90°，轨道高度在几百千米到几千千米，常用于遥感卫星。太阳同步轨道的主要优点包括：轨道高度较低，运输成本低，便于进行在轨组装和维护；无线能量传输距离较近，因此发射天线和接收天线面积较小；对应特定的晨昏太阳同步轨道，可以较好地保持太阳电池阵的对日定向和发射天线的对地定向，两者间无须相对转动，且全年的大部分时间均可连续发电。太阳同步轨道的缺点包括：电站与接收天线之间的相对位置变化，经过接收站的时间短，如需保证持续供电，则需要在地球空间布置多个电站组成复杂的星座；要求微波波束的扫描角度大，整体的运行控制较为复杂；为了更好地接收电力，地面需要全球布置接收站，数量将远远大于近地赤道轨道的需求。该轨道较适宜于关键技术验证和小型系统级验证，也可用于特定地区的非连续供电。

3）地球静止轨道。地球静止轨道是指位于赤道上方的轨道周期与地球自转周期（23小时56分4秒）和运行方向完全相同的圆形轨道，该轨道与地球保持相对静止，即星下点不变，对应的轨道倾角为0°，轨道高度为35 786 km，常用于通信卫星。地球静止轨道是空间太阳能电站的最佳运行轨道，全年的大部分时间均可保证太阳电池阵的连续光照；无须采用电站星座和多接收站方式，可实现发射天线与地面接收天线间的定点连续能量传输，且不需进行大范围的波束扫描。地球静止轨道的缺点是：轨道高度高，运输成本高，在轨组装和维护困难；距离地球远，能量传输距离远，因此发射天线和接收天线面积大；太阳电池阵和发射天线间保持相对转动以保证太阳电池阵的对日定向和发射天线的对地定向。

4）日地L1点轨道（Sun-Earth Largrange 1 Orbit）。日地L1点是太阳和地球间的一个引力平衡点，距离地球的距离大约为1.5×10^6 km，航天器正常运行轨道为一个垂直于日地连线的近圆形的晕轨道（Halo Orbit），该轨道常用于对太阳监测的科学卫星。日地L1点轨道的优点包括：该轨道容易实现太阳电池阵的对日定向和发射天线的对地定向，太阳电池阵和发射天线之间无须进行相互旋转，仅通过波束方向调整即可保证能量的连续传输；运行轨道无阴影期，可以连续发电；轨道上可以布置多个电站。日地L1点轨道的缺点包括：距离地球远，运输成本高，组装维护困难；能量传输距离远，发射天线和接收天线面积大；由于地球的自转，地面需要配置多个接收站进行能量接收。

5）月球及行星环绕轨道。主要指环绕月球和其他行星的轨道，可用于月球和行星（火星）表面设施的供电，包括为行星表面移动目标、极地阴影区探测器和行星基地的供电。其优缺点根据不同的应用类似于上述提到的几种轨道，但由于电站距离地球远，如果采用基于地面发射的部署和构建方式，成本和技术难度极大。

空间太阳能电站运行轨道的比较见表3-1。

表3-1 空间太阳能电站运行轨道的比较

轨道	能量传输距离	连续发电	连续供电	电站星座	多接收站	运输组装
近地赤道轨道	近	否	否	需要	需要	相对容易
太阳同步轨道	中等	基本连续	否	需要	需要	中等
地球静止轨道	远	基本连续	基本连续	不需要	不需要	困难
日地L1点轨道	极远	连续	连续	不需要	需要	非常困难

3.2 空间环境影响分析

空间太阳能电站与地面太阳能电站最大的区别之一在于空间太阳能电站需要长期工作在空间环境中，其设计寿命一般需达到30年以上，对空间太阳能电站具有较大影响的环境要素主要包括真空与冷黑环境、微重力环境、太阳辐射环境、原子氧环境、空间等离子体环境、空间带电粒子辐射环境、空间碎片与微流星环境等。这些空间环境要素单独地或共同地对空间太阳能电站发生作用。空间太阳能电站从运载发射到在轨运行会经历LEO

和 GEO 等轨道，不同轨道上的空间环境各有特点，其影响也不同。典型空间环境因素如图 3-1 所示。

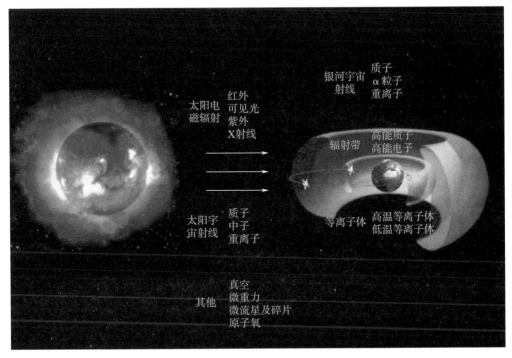

图 3-1　典型空间环境因素

3.2.1　空间环境特点

（1）真空环境

航天器运行的轨道位于高真空环境内，轨道高度不同，真空度也不同，轨道越高，真空度越高。在 600 km 高度，大气压力在 10^{-7} Pa 以下，1 200 km 处约为 10^{-9} Pa，10 000 km 处约为 10^{-10} Pa。

（2）冷黑环境

在不考虑航天器附近天体对于航天器的红外辐射情况下，整个太空可以被看作是一个温度极低的理想黑体。冷黑环境主要是指空间的 3K 背景辐射环境，太空相当于一个接近绝对零度的热沉环境。

（3）微重力环境

航天器以一定的速度运行在空间轨道上，航天器受到的引力与离心力相平衡，因此，航天器处于无重力状态。但由于轨道并非正圆形以及一些空间扰动力的存在，航天器实际处于微重力状态，对应的重力加速度为 $(10^{-3} \sim 10^{-6})g$。

（4）太阳辐射环境

太阳是一个巨大的辐射源，太阳发射波长从 γ 射线的 10^{-14} m 到无线电波的 10^2 m，主要的几个波段范围为：软 X 射线波段，波长小于 10 nm；远紫外波段，波长范围在 $10 \sim$

200 nm；近紫外波段，波长范围在 200～400 nm；可见光波段，波长范围在 400～760 nm；红外波段，波长范围在 760～2 500 nm。

地球轨道距离太阳为一个天文单位处的太阳电磁辐射功率密度约为 1 353 W/m²，这一数值也被称为太阳常数，其中可见光、红外波段辐射通量密度约为太阳常数的 91.3%，为 1 235 W/m²。

（5）原子氧环境

原子氧是在近地轨道上（200～700 km）以原子态氧存在的残余气体环境。原子氧是太阳辐射中波长小于 240 nm 的紫外光与大气中的氧分子相互作用、对氧分子光致解离所致，在近地轨道中原子氧的体密度约为（10^6～10^9）/cm³。

（6）空间等离子体环境

等离子体是指部分电子被剥离后的原子以及原子团被电离后产生的正负离子所组成的离子化物质（也包括部分中性粒子），在电磁力作用下表现出集体行为的一种准中性物质，被称为物质的第四态。

日地空间主要受太阳的辐射影响，在太阳的电磁辐照、粒子辐射、地球磁场和地球热层残余大气的综合作用下，会在地球空间形成电离层等离子体和磁层等离子体环境。其中，地球高层大气中的分子和原子，在太阳紫外线、X 射线和高能粒子的作用下发生电离，产生自由电子和正、负离子，形成电离层等离子体区域。而来源于太阳风的等离子体以及电离层以上到磁层边界的等离子体受到太阳风和地球磁场的相互作用，会形成磁层等离子体区域。

①电离层等离子体

电离层是地球空间中的一个电离区域，从约 60 km 至几千千米高度，地球高层残余大气处于部分电离或完全电离状态，在宏观上呈现出准电中性，粒子能量较低，低于 1 eV，但是等离子体密度高，大约在 300 km 高度附近密度达到最高。

太阳射线对不同高度的空气分子电离形成不同的分层，这种等离子体层在垂直方向上一般划分为 D 层、E 层和 F 层，F 层又分为 F1 层和 F2 层（见表 3 - 2）。

表 3 - 2　电离层分层结构

	D 区	E 区	F1 区	F2 区
高度范围/km	60～90	90～150	150～200	200 以上
电子密度/cm⁻³	10^3～10^4	10^3～10^5	10^5	10^5～10^6
大气成分	N_2,O_2,NO,NO^+,O_2^+	N_2,O,O_2	N_2,O,O_2,O^+	
电离成因	X 射线光电离、高能粒子碰撞电离	X 射线及紫外线光电离	紫外线光电离	

电离层 D 层位于最下层，海拔高度 60～90 km，该层中来自太阳的高能射线电离空气中的氮气和氧气分子，但由于该层离子对自由电子的捕获率较高，因此电离效应较低。E 层处于高度 90～150 km 范围，该层主要是 X 射线和紫外线对氧气分子的电离，电离层 F 层位于距地面 150 km 以上的电离区域，该层主要是太阳辐射紫外线对于氧原子的电离。

电离层分层只是理想状态下的分层模型，实际电离层由块状、云团状、不规则的电离区域组成，会随纬度、经度呈现复杂的空间变化，受太阳活动影响较大，并且随昼夜、季节、年份等变化。

②磁层等离子体

在电离层以上到磁层边界，残余大气处于完全电离状态，带电粒子运动受地磁场控制，形成磁层。磁层边界由地磁场和太阳风相互作用形成。在地球向阳面，受到太阳风压力的影响，磁层边界会被压缩，距离地球更近。在地球背阳面，太阳风拉伸磁场，形成一个很长的柱状拖尾，可延伸到 10^6 km 的地方。该区域的空间等离子体环境非常复杂。粒子能量范围很宽，几乎涉及所有能量的等离子体，粒子的能谱也不完全一样；在不同的地磁活动条件下，其构成也不完全相同。在太阳平静期，该区域充满冷等离子体（$E \leqslant$ 10 eV），密度较高（$>1/cm^3$）；在太阳活动期，太阳风和行星际磁场的扰动将使磁层发生大的变化，产生磁暴和磁层亚暴，将电子和粒子的能量加速到 keV 级以上，被加速的高能带电粒子会在磁尾电场的作用下从磁尾注入磁层内部，被地磁场捕获，磁层等离子体的粒子能量和密度都会大大增加，形成恶劣的空间带电粒子环境。

（7）空间带电粒子辐射环境

空间带电粒子辐射环境主要是指在轨道上航天器遇到的各种能量的带电粒子环境。空间粒子辐射环境主要包括高能电子、质子及少量重离子，主要来自地球辐射带、太阳宇宙射线和银河宇宙射线。

①地球辐射带

由于地球存在磁场，空间的带电粒子被磁场捕获并聚集在地球周围空间中，形成高强度带电粒子区域，这一存在着大量地磁捕获的带电粒子的区域被称为地球辐射带，也称为范·艾伦（Van Allen）辐射带。地球辐射带的形成与地球磁场密切相关。地球磁场近似于一个偏心偶极子磁场，在太阳风的压缩作用下，地球磁层的形状发生变形，从近似对称变成对日面和背日面明显不对称的形状，如图 3 - 2 所示。

图 3 - 2　地球磁层示意图

从太阳而来的带电粒子进入地球磁层后，在地球磁场中受到洛伦兹力作用，不同能量的带电粒子被地磁场稳定捕获在地球周围的相应区域，从而形成如图3-3所示的分布不均匀的地球辐射带，主要集中于两个空间区域，即内辐射带和外辐射带。

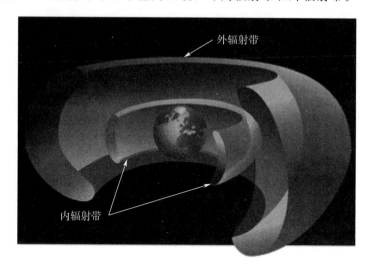

图3-3　地球辐射带结构示意图

1）内辐射带。内辐射带是最靠近地球的捕获粒子区域，在赤道平面上的高度范围为$600 \sim 10\,000$ km［$(0.01 \sim 1.5) R_e$］，纬度范围约为$\pm 40°$，带电粒子中心强度位置高度约为$3\,000$ km。中心位置随粒子能量大小而异，一般是低能粒子中心位置离地球远，高能粒子中心位置离地球近。内辐射带主要由能量为$1 \sim 400$ MeV的捕获质子和能量为几百千电子伏的捕获电子组成，还有少量重核离子存在。内辐射带受地球磁场控制，相对稳定。

2）外辐射带。外辐射带的空间范围很广，在赤道平面上的高度范围为$10\,000 \sim 60\,000$ km［$(3.0 \sim 10.0) R_e$］，带电粒子中心强度位置高度为$20\,000 \sim 25\,000$ km，纬度范围为$\pm (55° \sim 70°)$。外辐射带主要由$0.1 \sim 10$ MeV的高能电子和少量质子组成，质子能量通常在几兆电子伏以下。外辐射带受剧烈变化的地球磁尾影响较大，粒子密度波动巨大。

②行星际空间粒子

1）太阳宇宙射线。太阳经常会发生局部区域短时间增亮的现象，这个现象称为太阳耀斑。当发生太阳耀斑时，会从日面向行星际空间喷射出高能、高通量带电粒子流，称为太阳宇宙射线，常常伴随着大量高能质子发射，又称为太阳粒子事件或太阳质子事件。太阳宇宙射线的能量范围一般从10 MeV到几十GeV，主要由质子组成，He含量比质子小2个数量级，还有原子序数$Z > 2$的重核存在，重离子的含量很少，且随着原子序数增加而减少，其中$Z = 6, 7, 8$的重核通量占总粒子通量的0.05%。能量在10 MeV以下的太阳粒子称为磁暴粒子，能量低于500 MeV的太阳宇宙射线称为非相对论事件，能量高于500 MeV的太阳宇宙射线称为相对论事件。

太阳质子事件的发生和强度与太阳活动周期有关。太阳活动极大年期间质子事件出现较多，由于其偶发性，有时几个月没有 1 次，有时一个月中出现多次。在太阳活动极小年期间，太阳质子事件出现较少，一般一年只有 3～4 次，甚至更少。

2) 银河宇宙射线。银河宇宙射线来自太阳系以外的银河系星际空间，其主要成分为通量很低、能量极高的质子和重离子，是近地空间高能粒子的主要来源之一。由于行星际磁场对于银河宇宙射线粒子传播的屏蔽作用，银河宇宙射线能谱与行星际磁场的强弱有着密切的联系，而行星际磁场的强弱又受到太阳活动性的强烈影响，因此银河宇宙射线也受到太阳活动性的影响。银河宇宙射线在空间中的分布是单一和各向同性的，其强度与太阳活动性之间存在负相关，即太阳活动极大年期间，银河宇宙射线强度具有极小值，而太阳活动极小年期间，银河宇宙射线强度具有极大值。

银河宇宙射线几乎包含元素周期表中所有元素粒子，但各种粒子的能谱各不相同。银河宇宙射线的成分是通量极低但能量极高的带电粒子，粒子能量范围一般是 $10^2 \sim 10^9$ GeV，大部分粒子能量集中于 $10^3 \sim 10^7$ MeV，在自由空间的通量一般仅有 0.2～0.4（cm^2 · sr · s）$^{-1}$。银河宇宙射线的主要成分是质子，约占总数的 84.3%，其次是 α 粒子，约占总数的 14.4%，其他重核成分约占总数的 1.3%。

在极区，少数宇宙射线粒子会沿磁力线沉降到磁层内；极区以外，绝大部分宇宙射线粒子被地磁场所屏蔽，只有极少数粒子能够穿透地磁场屏蔽。

3) 其他来源高能粒子。空间高能粒子的其他来源还包括异常宇宙线、高能粒子、暴粒子、扇形磁场加速粒子以及行星际弓激波加速粒子等。

（8）空间碎片与微流星体环境

空间碎片主要是指由于人类的航天活动遗留在空间并已丧失功能的人造物体，包括失效的卫星、运载火箭的末级、弹射的物体、爆炸或碰撞等产生的碎片等。随着航天活动的增加，空间碎片的数量也在不断增加，空间碎片的分布与人类发射的航天器轨道密切相关，主要分布在近地轨道和地球同步轨道附近。轨道高度较低的碎片由于大气的阻力影响，会再入大气烧毁，大部分轨道较高的碎片则会长期停留在轨道上。空间碎片按其大小可以分为 3 类：大空间碎片——即 10 cm 以上的空间碎片；小空间碎片——即 1 mm 以下的空间碎片；中等碎片——即介于大、小空间碎片之间的碎片，数量比大空间碎片多，航天器躲避困难，是十分危险的碎片。空间碎片和航天器撞击时的平均相对速度是 10 km/s。

微流星主要来源于彗星和解体的小行星，它们具有各种不规则的外形，并在太阳引力场的作用下沿椭圆轨道运动，相对于地球的速度为 11～72 km/s，平均速度约为 20 km/s，在空间的分布极不均匀。彗星主要由混合了较高密度矿物质的冰粒组成，平均密度为 0.5 g/cm^3；小行星主要由高密度矿物质组成，平均密度为 8 g/cm^3。近地轨道的微流星体粒子直径大多在 50 μm～1 mm。

3.2.2　空间环境对空间太阳能电站的影响

（1）真空环境

真空环境对于航天器的主要影响包括压力差效应，真空放电效应，真空出气效应，材料蒸发、升华和分解效应，粘着和冷焊效应以及辐射传热效应等。

对于空间太阳能电站来说，真空环境提供了一个非常洁净的太空环境，太阳能电池表面不会受到太空物质的污染。但是真空环境引起的航天器材料的真空出气以及材料的蒸发、升华和分解等所产生的物质会沉积在太阳能电池表面和激光器光学器件上，造成太阳电池阵的转换功率下降和能量传输的损耗增加。

空间的高真空环境对于电磁辐射传播不会产生影响，因此空间的无线能量传输不会发生能量损耗。但是，真空环境对于航天器的散热影响很大，可以完全忽略对流换热，只能依靠辐射换热与外界环境进行热交换。另外，高真空环境引起的表面间的粘着和冷焊效应对于空间运动部件（如导电旋转关节）会产生较大的影响。同时，从地面到空间的运载发射过程会经历 $10^3 \sim 10^{-1}$ Pa 的低真空环境，电极之间容易引发低气压放电。

（2）冷黑环境

冷黑背景环境对于航天器的温度影响很大。由于空间冷黑背景的存在，航天器产生的热量得以通过表面的热辐射进行排散，从而维持合适的温度。但由于冷黑背景环境温度极低，对于几乎没有输入热源的表面，长期向冷黑背景环境的辐射会导致表面温度极低。另外，对于没有热控措施的部位，冷黑环境与太阳光照的交替作用所引起的高低温交变环境对于材料及结构具有较大的影响。

（3）微重力环境

空间微重力条件对于航天器的结构设计具有很大的影响。由于空间的重力很小，结构上基本不用考虑由于重力引起的强度问题，主要考虑发射部件在发射状态的力学条件以及在空间进行姿态和轨道控制等所需的力学条件。微重力环境对于空间太阳能电站的组装操作影响很大。另外，微重力环境下的自然对流基本消除，对于散热流体回路的设计以及液体推进剂的储存和利用会产生影响。

（4）太阳辐射环境

太阳辐射环境是空间太阳能电站发电系统的主要能源来源，通过太阳能电池可将太阳能转化为电能，主要利用的谱段是可见光和红外辐射。太阳辐射也是航天器的主要热量来源，材料表面吸收太阳光并转化为热能。太阳辐射中的紫外辐射对于航天器表面的有机材料影响很大，会通过破坏材料的化学键造成材料的分解、变色、弹性和抗张力降低等现象，引起航天器表面材料性能退化，改变材料的光透过率、热控涂层的光学性能以及表面高聚物薄膜的力学性能，对于航天器的性能和寿命造成很大影响。另一方面，由于空间太阳能电站的面积巨大，太阳辐射产生的光压力，对于整个电站的姿态和轨道控制会产生一定的影响。

（5）原子氧环境

运行在地球静止轨道的空间太阳能电站不存在原子氧效应问题。但是对于运行在近地轨道的空间太阳能电站，以及空间太阳能电站的发射部署过程中需要较长时间在低轨停留的部分，要充分考虑原子氧带来的材料侵蚀效应。由于原子氧的化学活性比分子氧高的多，氧化作用非常严重，原子氧撞击表面材料会导致材料厚度损失、表面状态改变，使材料的光学、热学、电学及机械参数退化，造成太阳电池阵、粘结剂、外露线缆、外露有机材料等的严重侵蚀，从而导致性能下降。

（6）电离层等离子体环境

空间太阳能电站的微波无线能量传输过程与电离层等离子体会发生相互作用。一方面，微波束加热会影响电离层，微波与电离层的非线性相互作用可能引起电离层参数的不稳定变化、等离子体密度降低以及微波束热自聚焦等。同时，电离层变化产生的闪烁又会对微波波束反向导引波束产生不利影响，可能影响导引波束的特性。根据计算，对于2.45 GHz微波，由于电离层等离子体波动引起的相位计算误差为波长的 2.78 倍，对于5.8 GHz微波，为波长的 1.16 倍。微波能量传输与电离层的相互影响需要通过空间实验来验证。

（7）空间等离子体环境

对于不同的轨道，等离子的密度和温度会有较大变化。对于低轨航天器，等离子体能量较低，但由于低轨空间的等离子体密度较高，对于裸露在空间的太阳电池阵电路将会产生电流泄漏，影响电力系统的发电效率。而对于地球静止轨道航天器，在地磁亚暴等恶劣情况下，大量能量较高的等离子体与航天器的作用将会使航天器表面充电到较高的负电位（相对周围的等离子体达到万伏以上）。同时，由于航天器各表面的光照条件和材料特性不同，也会造成航天器各表面间存在较大的电位差，从而使得航天器表面发生静电放电。发生在高压太阳电池阵的静电放电有可能引起太阳电池阵发生持续性短路（二次放电），造成整个太阳电池阵的功能失效，产生致命的危害。而一般的表面静电放电的发生也会产生电磁干扰，可能对电子设备产生影响、导致敏感器件损坏并使得表面材料性能退化。

（8）空间带电粒子辐射环境

空间太阳能电站在轨运行需要充分考虑带电粒子辐射环境引起的电离总剂量效应、位移损伤效应、单粒子效应和内带电效应等。

1）电离总剂量效应主要来自地球辐射带的电子和质子以及太阳宇宙射线质子，这些带电粒子入射到材料或器件内部，产生电离作用。较高通量带电粒子的累积将对元器件或材料造成电离总剂量损伤，从而导致元器件或材料的性能退化和失效，主要表现在：热控涂层的性能变化；高分子绝缘材料的强度降低和性能退化；晶体管的性能变化；MOS器件的电压漂移、漏电流升高等。

2）位移损伤效应主要来自地球辐射带高能捕获质子及太阳耀斑质子，高能质子入射到航天器材料或器件后，会引起晶格原子发生位移，产生晶格缺陷，从而产生位移损伤。位移损伤对于光电器件的影响很大，特别会对太阳能电池半导体材料产生作用，降低太阳能电池的发电效率，对于空间太阳能电站的发电系统影响非常大。

3）单粒子效应主要来自地球辐射带高能质子、银河宇宙线和太阳宇宙线的高能重离子和质子。空间重粒子和质子会在电子器件的灵敏区产生大量带电粒子，导致半导体器件的软错误、短暂失效或永久失效，主要的效应包括单粒子翻转、单粒子锁定、单粒子栅击穿和单粒子烧毁等，对于电子设备、特别是高功率的空间电力系统设备影响非常大。

4）内带电效应主要来自高能电子，高能电子能够穿透材料表面，会在介质材料的内部沉积。当长时间的高能电子入射产生的电荷沉积达到一定水平，将形成可能击穿介质材料的电场，引发材料内部的放电。轻微的内部放电对于电子系统会产生干扰，严重的放电将破坏介质材料，降低绝缘强度，甚至引起严重的短路和电子设备的破坏，对于空间太阳能电站所需的高压电力传输电缆、高压导电旋转关节和电力变换设备等具有较大的影响。

（9）空间碎片与微流星体环境

一般的航天器尺寸较小，受到较大尺寸微流星体和空间碎片撞击的概率很小，所带来的危害相对较小。但对于空间太阳能电站，由于其太阳电池阵、聚光系统和发射天线面积巨大，因此受到微流星体及空间碎片撞击的概率很高，且基本无法进行防护。微流星体和空间碎片撞击太阳电池阵，会引起电池和电路损伤，也有可能发生由于碎片撞击效应引起的电池阵局部放电，造成电池阵模块的失效。大面积充气展开聚光系统受到微流星体及空间碎片的撞击，可能会造成聚光镜的撕裂，降低聚光系统的整体效率。发射天线受到微流星体及空间碎片的撞击，会造成局部天线单元的损伤和失效，对于系统效率产生一定的影响。

3.3　空间太阳能电站系统分析

3.3.1　空间太阳能电站工程系统组成

空间太阳能电站是一个非常巨大的系统，为了利用空间太阳能为地面提供 GW 级电力，其建造、运行、管理都是非常宏大的工程。根据空间太阳能电站的系统功能需求，可以将整个空间太阳能电站工程分解为 6 大部分（见图 3 - 4）。

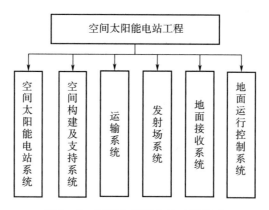

图 3 - 4　空间太阳能电站工程组成

（1）空间太阳能电站系统

空间太阳能电站系统主要运行在 GEO，功能是将空间太阳能转化为电能，并将电能高效地转化为微波能，连续地向地面接收系统进行定点能量传输。

（2）空间构建及支持系统

空间构建及支持系统主要用于支持空间太阳能电站空间构建所需要的模块在轨组装和维护，并为电站系统的正常运行维护提供必要的物资储备，主要包括空间组装平台和组装机器人等。

（3）运输系统

运输系统主要用于将空间太阳能电站的模块运输到目标轨道位置（GEO），并为空间太阳能电站的运行和维护提供必要的设备和物资补给，主要包括地面到 LEO 的运载火箭和 LEO 到 GEO 的轨道间运输器。

（4）发射场系统

发射场系统主要满足运载火箭的组装、测试、发射需求，并且要满足空间太阳能电站组成模块的发射场组装和测试需求等。

（5）地面接收系统

地面接收系统负责连续地接收空间太阳能电站系统传输的能量，并以尽可能高的效率转化为电能，经过汇集调节后接入电网。

（6）地面运行控制系统

地面运行控制系统包括两部分功能，一方面为空间太阳能电站系统的发射、在轨构建等提供必要的测控和遥操作支持；另一方面，空间太阳能电站系统稳定运行后，用于为空间太阳能电站提供波束导引信号，并且监测空间太阳能电站系统和地面接收系统的各种工作状态，发送必要的控制指令，确保空间太阳能电站系统和地面接收系统的稳定运行。

空间太阳能电站系统和地面接收系统是整个空间太阳能电站工程的最核心系统，而运输系统、发射场系统、空间构建及支持系统、地面运行控制系统是实现这一宏大工程的不可或缺的重要组成部分，各系统的具体组成需要根据技术途径和具体实施方案确定。

3.3.2 空间太阳能电站系统组成

为了满足空间太阳能电站在空间发电，并且向地面进行能源传输的功能需求，空间太阳能电站需要由多个部分组成，主要包括空间太阳能收集、空间太阳能发电、空间电力传输与管理、微波无线能量传输（激光无线能量传输）、结构、姿态与轨道控制、热控、信息与系统运行管理（见图 3-5）。各组成部分主要功能如下。

1）空间太阳能收集：有效地收集太阳能，并将太阳能传输到光电转化装置；

2）空间太阳能发电：将空间收集的太阳能高效地转化为电能；

3）空间电力传输与管理：将大功率电能传输到无线能量传输部分，并且为其他电子设备供电；

4）微波无线能量传输：将电能转化为大功率微波，利用大口径天线向地面进行能量传输；

5）激光无线能量传输：将电能转化为大功率激光，利用大口径光学系统向地面传输能量；

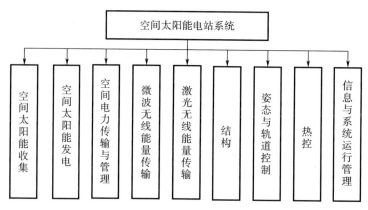

图 3-5　空间太阳能电站系统组成

6）结构：作为整个电站的支撑，将各组成部分连接在一起，提供姿态和轨道控制所需的刚度和强度；

7）姿态与轨道控制：根据电站需求实现太阳能收集部分的对日定向和无线能量传输装置的对地定向，并且维持电站的轨道位置和轨道高度；

8）热控：主要用于对整个电站产生的热量进行管理和排散，保证各部分的合理温度范围；

9）信息与系统运行管理：收集整个电站各部分的工作数据和信息，并对整个系统进行统一的运行控制和管理。

3.3.3　空间太阳能电站能量传输链路

典型的空间太阳能电站的能量转化及传输过程主要包括：1）接收太阳光并将太阳能转化为电能；2）空间电力传输；3）电能转化为微波或激光；4）空间到地面的无线能量传输；5）微波或激光能量转化为电能等，如图 3-6 所示。

因此，对于空间太阳能电站，地面能够接收到的直流电功率如下

$$P_E = \eta_1 \eta_2 \eta_3 \eta_4 \eta_5 \eta_6 SA \qquad (3-1)$$

式中　P_E——地面系统接收的直流电功率；

η_1——空间太阳能收集与电力转化的效率；

η_2——空间电力传输、变换及分配的效率（考虑电力传输损耗和电站平台运行的电力消耗）；

η_3——空间电能转化为微波或激光以及能量发射的效率；

η_4——电磁辐射从空间穿过大气到达地面接收装置的传输效率（包括大气损耗及波束截获效率）；

η_5——地面能量接收及转化的效率（包括地面天线的接收效率和能量转化效率）；

η_6——地面电力变换调节入网效率；

A——空间太阳能有效收集面积，m^2；

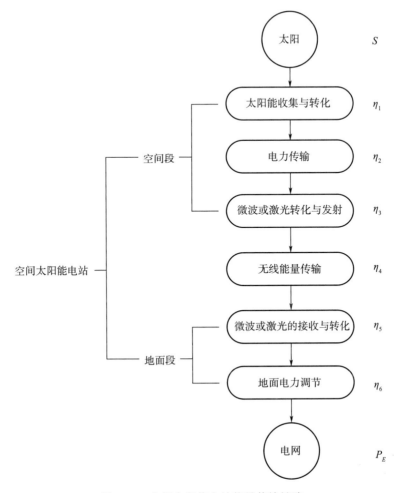

图 3 - 6　空间太阳能电站能量传输链路

S ——地球轨道上的太阳辐射强度，约为 1 353 W/m^2。

与系统效率相关的主要参数包括：

（1）太阳能收集与转化

1）太阳电池阵对日定向的姿态偏差；

2）太阳能电池转化效率；

3）太阳电池阵布片率；

4）太阳电池阵电路损耗；

5）空间环境引起的效率变化；

6）太阳聚光效率（聚光型）；

7）太阳聚光镜反射率（聚光型）；

8）热机发电效率（热电转化型）。

（2）电力传输与管理

1）电力传输效率；

2）电压变换效率；

3）电力调节分配效率。

（3）能量转化与发射

1）频率选择；

2）发射天线口径；

3）电/微波或电/激光转化效率；

4）波束指向控制精度；

5）波束合成效率；

6）天线损耗及发射效率。

（4）能量传输

1）能量传输的大气损耗；

2）能量传输的空间损耗（与发射天线和接收天线尺寸直接相关）。

（5）地面能量接收与转化

1）接收天线口径；

2）能量吸收效率；

3）能量转化效率；

4）电力变换及传输效率。

3.4　空间太阳能电站的关键技术

空间太阳能电站是一项宏大的航天工程，涉及广泛的技术领域，对技术创新的需求和牵引巨大，包括 5 个主要核心技术方向，对应的关键技术如图 3 - 7 所示。

（1）空间超大功率高效发电与电力管理技术

①空间超大功率高效发电技术

空间太阳能发电是空间太阳能电站最重要的技术，是影响整个系统效率、体积和重量的最主要因素之一，是系统截面积的决定性因素。提高空间发电系统的效率、降低质量，以及提高电压和使用寿命（超过 30 年）是空间太阳能发电技术的关键，需要发展高效率、空间环境适应性好的薄膜太阳能电池，同时需要发展在轨展开的超大面积柔性太阳电池阵，为了减小电力损耗，需要发展超高压太阳电池阵技术。

②空间超大功率电力传输与管理技术

空间太阳能电站是一个功率巨大的空间系统，功率等级要高出目前卫星 4～6 个数量级，使得空间太阳能电站的电力传输与管理变得异常复杂。由于空间太阳能电站系统非常大，需要长达数十千米的电力传输电缆，为了减小损耗，需要采用超高电压输电，因此需要发展超大功率的空间高压变换器用于电力转换，同时根据不同负载的需求提供所需的工作电压。电力传输中的另外一个重要部件是超大功率导电关节，传输功率达到 MW 级以上，技术难度非常大。空间超高压大功率电力系统的安全防护也是一个核心技术问题，由于直流系统的特殊性，如何保证空间高压电力系统的安全性也面临着巨大的技术挑战。

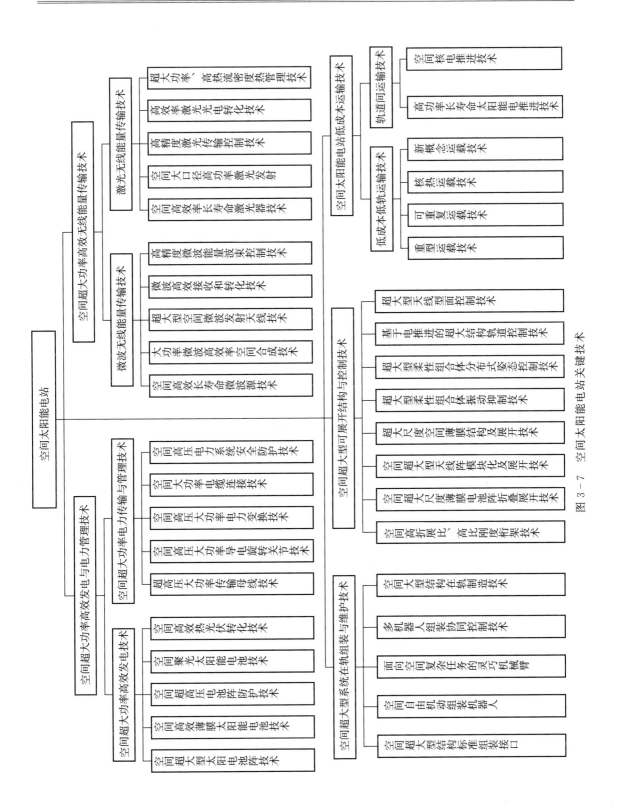

图 3 - 7　空间太阳能电站关键技术

（2）空间超大功率高效无线能量传输技术

无线能量传输技术是空间太阳能电站的核心技术，也是影响整个系统效率、体积和重量的最主要因素之一，主要选择微波和激光两种传输方式。微波传输的优点是传输效率较高、大气透过性好、技术成熟度略高，且波束密度较为安全；缺点是受到微波传输特性的限制，发射天线尺寸巨大，存在工程上的巨大挑战，技术验证难度大。激光传输的优点是发射天线孔径较小，可以实现从小规模逐渐扩大的技术验证；缺点是大气透过性差、效率较低、难以实现大功率传输、热控难度大、技术成熟度略低、波束密度较大，存在安全隐患。空间太阳能电站超过 30 年的寿命要求也对无线能量传输的相关器件提出了很高的要求。对于 GW 级超高功率能量传输，优选微波无线能量传输方式，需要重点发展高效长寿命微波源、超大尺度微波发射天线、高效微波接收与整流技术和高精度微波波束控制技术。

（3）空间超大型可展开结构与控制技术

空间太阳能电站是一个巨大的空间系统，对于结构和在轨控制提出了巨大的挑战。结构系统作为这个巨型系统的支撑框架，对于整个系统的建造和运行具有重要的影响。结构的主要作用是支撑空间太阳能电站的巨大太阳电池阵或者聚光系统、支撑巨大的微波转化及发射天线系统，安装整个空间太阳能电站的服务系统设备，提供整个系统足够的刚度用于姿态和轨道调整。而太阳电池阵、发射天线等本身也是巨大的结构系统。同时，空间太阳能电站的结构要充分考虑在轨组装和在轨维护的可行性，结构模块需要在地面进行尽可能的收拢，发射入轨后进行在轨展开，通过在轨组装形成整个结构，对于结构模块的设计带来巨大的挑战。

（4）空间超大型系统在轨组装与维护技术

空间太阳能电站巨大的空间结构从尺寸和重量上都不可能采用整体发射的方式，甚至不可能在地面进行整体装配和测试，所以必须分成单独的模块，分次发射到轨道进行在轨组装。需要发展具有高度自主能力的、功能强大的空间机器人，还需要空间组装服务平台的支持，完成结构、电力、电子设备以及电缆等的组装工作。同时由于空间太阳能电站运行寿命超过 30 年，需要进行长期的在轨维护和推进剂补给。

（5）空间太阳能电站低成本运输技术

①低成本低轨运输技术

运输技术是制约空间太阳能电站发展最主要的技术瓶颈。由于空间太阳能电站是一个巨型的空间系统，质量达到数千吨以上，比目前的航天器高出 2～4 个数量级，再考虑空间太阳能电站的建设、维护所需的支持设备的运输需求，对于地面到空间的运输能力、运输频率和运输成本提出巨大的挑战。

②轨道间运输技术

为了降低运输到 GEO 的规模和成本，考虑首先采用可重复使用重型运载器将电站模块运输到 LEO，之后采用可在 LEO 和 GEO 间进行往返运输的轨道间运输器实现将载荷运输到 GEO。为了减少推进剂消耗，需要发展超大功率电推进系统，利用多个大功率电推力器的组合实现所需的推力。

3.5　空间太阳能电站设计的核心问题

空间太阳能电站作为一个巨大的空间系统，其主要技术特点是超大面积、超大质量、超高功率以及超长寿命，空间太阳能电站设计中需要考虑的核心问题主要包括以下几个方面。

（1）降低系统质量

空间太阳能电站的质量主要集中在几个方面：空间太阳能电站主结构、太阳电池阵、聚光镜（聚光型电站）、电力传输电缆及电力管理设备、能量转化装置及发射天线等。减小系统质量重点考虑如下几个方面：

1）降低单位面积的质量，主要包括降低太阳电池阵、聚光镜和发射天线的面密度；

2）提高转化效率，主要包括提高太阳能电池、微波转化器件、电压变换设备等的效率，以降低整个系统的规模；

3）降低结构、机构的质量，主要包括降低结构体积和材料密度；

4）降低传输电缆的质量，主要包括降低传输电缆长度，提升电压以减小电缆截面积，降低电缆材料密度。

（2）降低系统面积

空间太阳能电站的面积主要由两部分决定。一是太阳能发电部分的面积，即太阳电池阵面积或聚光器面积，不论是否采用聚光的形式，提高太阳能电池的光电转化效率都是减小太阳能发电部分面积最有效的措施。对于聚光形式，聚光器的面积与太阳能电池的发电功率和聚光效率直接相关，所以提高聚光器的聚光效率也是减小面积的有效方法。二是微波发射天线面积，在选定的轨道和微波频率下，微波发射天线尺寸与地面接收尺寸成反比，需要优化确定发射天线的面积。

（3）降低系统的收拢体积

空间太阳能电站是一个巨大的空间系统，在空间所占的体积非常大，考虑运载器的包络限制，要求每个模块在发射阶段为收拢状态，进入空间后展开。要尽可能地提高每个模块的收拢率，使得一次运载发射可以将尽可能多的载荷运输到空间。需要重点发展：折叠展开桁架结构、折叠展开薄膜结构、折叠展开天线模块和收拢展开电缆等。未来可考虑采用在轨原位制造的方式降低结构设计的复杂性，提升运载能力。

（4）旋转机构问题

为了保证空间太阳能电站的高效率工作，需要太阳电池阵（或聚光器）对日定向、发射天线对地面接收装置定向。在一个轨道周期内，太阳电池阵（或聚光器）与发射天线间的相对位置变化为 $360°$，必须采用大型旋转机构。由于空间太阳能电站体积、质量、功率巨大，给旋转机构技术带来很大的挑战。目前的空间太阳能方案一般考虑如下几种情况：

1）采用大功率导电旋转关节实现太阳电池阵与发射天线间的相对转动；

2）采用聚光方案，通过整个聚光系统的旋转实现将太阳光反射到太阳电池阵，无须采用大功率导电旋转关节；

3）采用微波反射方式，通过大型微波反射器的旋转实现将微波反射到地面，无须采用大功率导电旋转关节；

4）无旋转机构，发射天线与电池阵相对位置固定，以非连续的发电和系统效率损失为代价。

（5）提高运输发射能力

运输能力和成本是制约空间太阳能电站发展的主要技术因素。不仅要求运载火箭具有较大的运输质量，还需要具有足够大的运载包络，同时要考虑大规模可重复使用运载火箭的可行性及大幅降低运输成本的可行性。为了实现在 GEO 的部署，可重复使用的超大功率电推进轨道间运输器也是电站建设所必须发展的空间设施。

（6）在轨组装与维护的可实现性

受到运载质量和包络的限制，空间太阳能电站必须分解为数千个模块，分次发射到轨道上进行在轨组装，组装规模巨大，远远超出了国际空间站的组装规模。由于在低轨组装再运输到高轨对于轨道间转移能力的要求极大，而且转移过程受到的空间辐射环境影响大，整个系统组装的最佳轨道位置为 GEO，电站维护的轨道也是在 GEO。在 GEO 采用航天员组装和维修的难度和风险较大，必须采用组装机器人集群进行协同组装和维修方式，目前还缺乏能够在空间进行大规模组装的空间机器人技术，在轨组装与维护也是制约空间太阳能电站发展的关键技术。

3.6　空间太阳能电站无线能量传输技术比较

空间太阳能电站需要采用无线能量传输技术将能量从空间传输到地面，传输距离约 36 000 km，且传输过程经过地球大气层，需要综合考虑能量发射和接收装置的规模以及穿过大气的损耗。目前考虑的远距离无线能量传输方式主要包括三种：太阳光直接反射方式、微波无线能量传输方式和激光无线能量传输方式。

太阳光直接反射方式是指在空间布设大面积的太阳聚光镜，将太阳光直接从空间反射到地面。太阳光直接反射方式的优点是无须进行多次的能量转化，直接在地面采用太阳电池阵即可实现将空间的太阳光转化为地面上可用的电能。太阳光直接反射方式除了反射的太阳光会受到天气影响以外，最大的问题在于由于太阳是一个面光源（对应地球附近的视角为 32″），受到几何光学的限制，无法将整个太阳的入射光进行聚焦，经过聚光镜以后在接收端实际上得到的是太阳的成像，其参数与太阳的直径、日地距离以及能量传输距离等参数相关，理想光学反射情况下在地面的光斑直径为 360 km，与聚光镜的尺寸无关，聚光镜的尺寸只决定反射光的光照强度。显然采用太阳光直接反射的方式，对应的空间聚光镜和地面的太阳电池阵的尺寸都极其巨大，工程实现不现实。

微波无线能量传输方式和激光无线能量传输方式类似，都是首先利用空间的太阳电池阵将太阳能转化为电能，之后将电能转化为电磁波，再利用发射装置将电磁波传输到地面，最后将电磁波重新转化为电能。微波方式和激光方式的主要不同在于波长的巨大差异，根据电磁波传输原理，发射口径和接收口径的乘积与波长成正比。假设微波频率采用 5.8 GHz，对应波长为 5 cm，激光波长采用 1 064 nm，两者波长之间相差 50 000 倍，因此对应的装置规模也相差巨大（见图 3-8）。微波无线能量传输和激光无线能量传输是目前空间太阳能电站方案重点考虑的两种传输方式。除了装置规模以外，微波和激光无线能量传输还要重点考虑穿过大气的损耗。为了使微波能更高效地在大气中传输，一般选用基本不受云、雨等气象条件影响的工业、科学和医疗（ISM）频段，主要采用了 2.45 GHz 或 5.8 GHz 的微波频率。激光能量传输则主要选用可见光或近红外频谱大气透明窗口（见图 3-9），最终还需要综合考虑能量转换效率、光束质量等因素来选定频率。

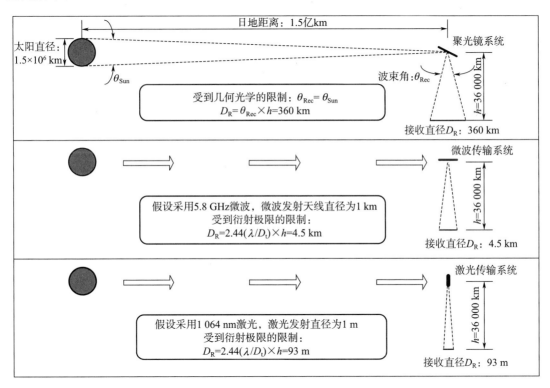

图 3-8　三种无线能量传输的比较示意图

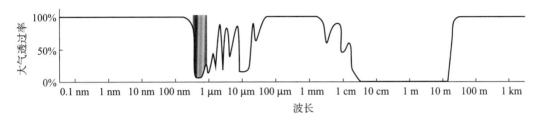

图 3-9　电磁波大气透过率（见彩插）

　　微波能量传输与激光能量传输的比较见表 3 - 3。激光能量传输波束窄，对应的发射和接收装置小，因此功率密度高，从安全性角度需要限制波束的功率密度。微波能量传输的优点是大气和云雨等对传输的影响较小，发射端和接收端的转化效率较高，安全性好，适合于空间到地面的能量传输。

表 3 - 3　基于微波和激光的无线能量传输技术比较

	微波	激光
发射装置尺寸	大	小
接收装置尺寸	大	小
穿越大气的损耗	小	较小
受天气影响	小,可穿透云层和小雨	大
发射端转化效率	高	较低
接收端转化效率	高	较高
发射端热控	热流密度较低,热控难度小	热流密度高,热控难度大
接收端技术	整流天线,仅用于微波接收转化	光伏技术,也可用于太阳光转化
干扰	干扰通信和电子设备	干扰天文观测
安全性	波束功率密度低,相对安全	需要限制激光功率密度低于地面太阳光功率密度
军事用途	很小	可用于军事,需要限制功率密度
传输方式	适于集中式无线能量传输	可实现分布式无线能量传输

第4章　典型空间太阳能电站方案

空间太阳能电站概念已经提出超过 50 年，由于规模巨大，电力管理、热控、控制等变得十分困难。由于需要在空间建造，重量、体积和面积等都受到发射能力的严格限制，装配也变得十分困难，建设难度极大。同时，由于运行轨道的特性，空间太阳能电站需要保证太阳能收集系统对日定向以及能量发射装置对地定向，给空间太阳能电站的设计带来很大的困难。国际上已经提出几十个不同的方案设想，但目前还没有一个方案是最优的，仍需要结合空间太阳能电站关键技术的进步开展深入的研究，空间太阳能电站方案创新仍然是国际空间太阳能电站领域研究的热点。

4.1　典型空间太阳能电站方案

4.1.1　1979 SPS 参考系统

基于 Glaser 的 SPS 概念，美国能源部和美国国家航空航天局联合波音公司和罗克韦尔公司于 1977—1981 年间开展了系统的空间太阳能电站方案研究，完成单个电站发电能力达到 5GW 的 "1979 SPS 参考系统" 详细方案设计（如图 4 - 1～图 4 - 3 所示）。整个系统的能量效率链如图 4 - 4 所示。

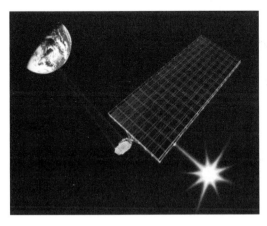

图 4 - 1　1979 SPS 参考系统效果图（太阳能发电卫星及地面接收天线）

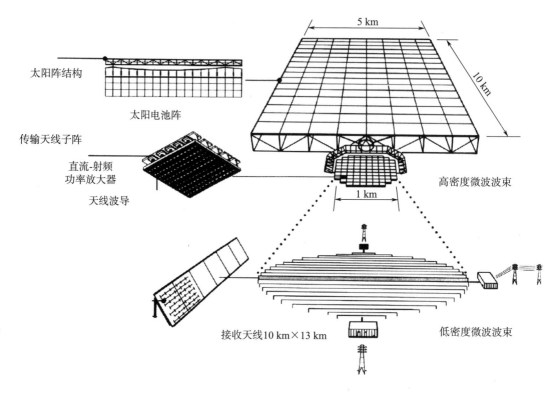

图 4 - 2　1979 SPS 参考系统方案

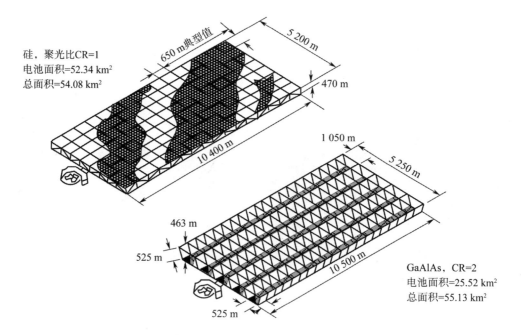

图 4 - 3　两种太阳电池阵设计

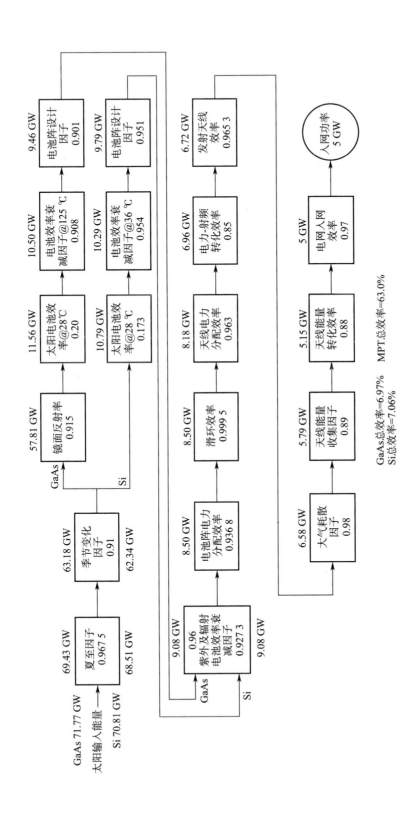

图 4 - 4　1979 SPS 参考系统的能量效率链

电站运行在地球静止轨道，面积达 50 km² 的太阳电池阵可接收约 70 GW 的太阳能，该方案分别考虑了两种太阳能电池方式，一种为不聚光的硅电池，一种为聚光比为 2 的砷化镓电池。电站采用 1 km 直径的微波发射天线，微波频率为 2.45 GHz，地面整流天线的直径约为 10 km（赤道区域），而对于纬度 35°的地区，天线的形状为 10 km×13.2 km 的椭圆，最终获得的电能为 5 GW，整个系统的效率约为 7%。根据设计，微波波束到达地面时的功率密度较小，波束中心大约为 230 W/m²，边缘只有 10 W/m²，对人、动物和植物不会造成危害。系统的主要设计指标见表 4-1，对应两种太阳能电池方案的质量预估见表 4-2，总质量为 30 000～50 000 t。1979 SPS 参考系统设计采用可完全重复使用的两级入轨（TSTO）系统发射进入近地轨道，利用近地轨道和地球静止轨道的大型空间设施进行在轨组装，组装过程要航天员的全面参与。基于 1979 SPS 参考系统，美国提出多种改进电站方案，并对不同的技术路径进行了分析。

表 4-1 1979 SPS 参考系统设计指标

	轨道	地球静止轨道
系统指标	发电功率	5GW
	工作寿命	至少 30 年
	质量	$3×10^4～5×10^4$ t
太阳电池阵	太阳能电池	硅或砷化镓
	尺寸	10 km×5 km×0.5 km
	材料	碳纤维复合材料
能量传输	微波转化	调速管
	发射天线直径	1 km
	频率	2.45 GHz
	地面接收天线尺寸	13 km×10 km（椭圆）
	最大功率密度	中心 230 W/m²，边缘 10 W/m²

表 4-2 1979 SPS 参考系统质量预估（$×10^6$ kg）

分系统	GaAs(2 倍聚光)	Si（无聚光）
太阳电池阵	13.798	27.258
· 主结构	4.172	3.388
· 次级结构	0.581	0.436
· 太阳能电池	6.696	22.051
· 聚光器	0.955	
· 电力分配与管理系统	1.144	1.134
· 信息管理与控制系统	0.05	0.05

续表

分系统	GaAs（2 倍聚光）	Si（无聚光）
天线	13.382	13.382
· 主结构	0.25	0.25
· 次级结构	0.786	0.786
· 传输子阵	7.178	7.178
· 功率分配系统	2.189	2.189
· 热控系统	2.222	2.222
· 信息管理与控制系统	0.63	0.63
· 姿态控制系统	0.128	0.128
天线阵/天线接口（旋转关节、滑环等）	0.147	0.147
· 主结构	0.094	0.094
· 次级结构	0.003	0.003
· 机构	0.033	0.033
· 电力分配系统	0.017	0.017
合计	27.327	40.787
余量（25%）	6.832	10.197
总重	34.159	50.984

4.1.2　太阳塔

20 世纪 90 年代中期，美国国家航空航天局在 1995—1997 年期间组织来自 NASA 各研究中心、学术界和工业界的专家，开展了名为"Fresh Look Study"的新一轮空间太阳能电站可行性论证。优选出两种方案，太阳塔方案是其中一种。

太阳塔方案是一个中等规模的发电卫星星座，每个空间太阳能电站由多个太阳能发电阵模块、主构架和发射天线组成。太阳塔电站采用重力梯度稳定方式，使中央结构自动垂直于地面，保证末端的发射天线对准地面（如图 4-5 和图 4-6 所示）。

图 4-5　太阳塔电站效果图（采用聚光太阳电池阵及非聚光太阳电池阵）

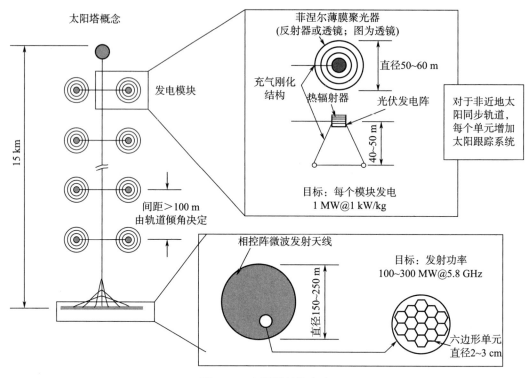

图 4-6 太阳塔结构方案

太阳塔电站可以运行于低轨太阳同步轨道（1 000 km）、中轨赤道轨道（6 000 km 和 12 000 km）或地球静止轨道等不同的轨道上，覆盖范围不同，对应的天线尺寸也不同。对于低轨太阳同步轨道，发射天线尺寸小，太阳发电阵可以较好地保持对日定向，但是发射天线对接收天线的覆盖性差，需要多个电站组成星座，地面也需要多个接收站配合。对于中轨赤道轨道，发射天线尺寸需要增加，波束覆盖范围也会增加，但由于太阳发电阵之间在轨道周期内会发生相互遮挡，因此发电不是连续的，要保证对于接收天线的覆盖性，也需要多个电站组成星座。对于地球静止轨道，发射天线尺寸更大，由于发电阵之间的遮挡，发电是不连续的，但可以保证对于接收天线的连续覆盖，不用采用星座方式。

太阳塔电站的太阳发电阵由数十个到数百个发电阵模块组成，每个发电阵模块的直径为 50～100 m，可以采用充气式展开聚光电池阵结构，也可以采用非聚光电池阵结构，一个发电阵模块的典型输出功率约 1 MW，根据总发电量的需求配置发电阵模块的数量。发电阵模块成两列安装在中央构架上，整个太阳塔电站全长为 6.5～13 km，在构型设计上，也可以采用多构架方式（见图 4-7），每个构架均安装两列发电阵模块。发出的电力通过安装在主构架上的中央超导电缆传输到构架末端的微波发射天线。微波频率选 5.8 GHz，对于运行于 12 000 km 高度赤道轨道的方案，发射天线直径约为 260 m，厚度为 0.5～1.0 m，地面接收天线的直径约为 4 km。发射天线的波束控制能力为 ±15°，可以覆盖南北纬 30°的范围，需要 6 个 SPS 组成星座，潜在的供电市场包括中南美、非洲和亚洲等。

一座发电能力为 250 MW 的太阳塔电站所需投资为 80～150 亿美元。对于 GEO 方案，对应的发射天线直径需要增加一倍达到 500 m，无须采用星座的方式。表 4-3 给出多种太阳塔方案的对比。

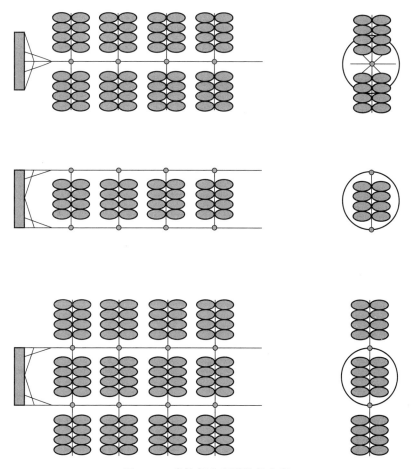

图 4-7　多构架太阳塔结构方案

太阳塔方案的最大特点是发电阵和发射天线间没有相对转动，因此无须采用导电旋转关节，但是带来的缺点是发电阵模块的相互遮挡所造成的发电不连续性。太阳塔方案利用重力梯度稳定，大幅度减小姿轨控的难度。太阳塔方案的另一个优点在于它的高度模块化设计，主要优势包括：模块化部件适合于批量生产，能显著降低研制和生产成本；模块化部件接口规范，可以采取机器人在轨组装或航天员辅助下的半自主组装；模块化设计有利于未来电站规模的扩展；模块化部件体积小、重量适中，不需要专门研制重型运载器和新建发射场。

基于太阳塔结构及其模块化电池阵提出的高功率、高推力的太阳快船（Solar clipper）轨道转移器概念如图 4-8 所示。

表 4-3 多种太阳塔方案的对比

概念	卫星数量	接收站数量	质量/t		成本/×10⁶ $				发电量及成本（40 年寿命）		
			发射	入轨	空间段	地面段	运输	运行/维护	日发电量/(kW·h)	总发电量/(kW·h)	$/(kW·h)
GEO 太阳塔-1.2 GW	1	1	26 458	20 063	14 649	4 771	10 583	2 073	2.84E+07	4.146E+11	0.077 4
GEO 太阳塔-3×400 MW	3	1	27 657	20 973	14 877	6 250	11 063	2 073	2.84E+07	4.146E+11	0.082 6
GEO 太阳塔双龙骨-1.2 GW	1	1	24 100	18 273	13 945	4 771	9 640	2 073	2.84E+07	4.146E+11	0.073 4
GEO 刚性阵（单翼）-1.2 GW	1	1	18 138	13 754	9 538	4 771	7 255	2 073	2.84E+07	4.146E+11	0.057 0
GEO 刚性阵（双翼）-1.2 GW	1	1	18 088	13 714	9 524	4 771	7 235	2 073	2.84E+07	4.146E+11	0.056 9
GEO 太阳塔单阵-1.2 GW	1	1	21 625	16 398	12 205	4 771	8 650	2 073	2.84E+07	4.146E+11	0.066 8
GEO 太阳塔刚性阵-1.2 GW	1	1	19 455	14 751	10 407	4 771	7 782	2 073	2.84E+07	4.146E+11	0.060 4
GEO 太阳塔刚性阵-2.4 GW	1	1	39 964	30 305	20 176	4 444	15 986	4 146	5.68E+07	8.291E+11	0.054 0
MEO 太阳塔 12 000 km, 30°倾角, 400 MW	8	8	98 720	81 720	54 624	12 856	39 488	5 308	7.27E+07	1.062E+12	0.105 8
MEO 太阳塔 12 000 km, 0°倾角, 400 MW	6	6	74 047	61 293	41 332	9 648	29 619	3 619	4.96E+07	7.237E+11	0.116 4
LEO 太阳塔 1 800 km, 400 MW	25	400	186 950	186 950	115 975	218 400	74 780	19 225	2.63E+08	3.845E+12	0.111 4
LEO 太阳塔 1 800 km, 100 MW	25	400	54 100	54 100	33 150	73 200	21 640	4 806	6.58E+07	9.613E+11	0.138 1

图 4 - 8　太阳快船轨道转移器效果图

4.1.3　太阳盘

太阳盘方案是"Fresh Look Study"中优选出的另外一种方案（见图 4 - 9）。太阳盘电站设计运行于地球静止轨道，其主要特点是采用圆形的巨型高效薄膜太阳电池阵，可在轨组装进行扩展，典型的直径为 3～6 km，采用自旋稳定，并维持对日定向。整个太阳电池阵面产生的电流汇集到太阳电池阵中心，通过中心的类似于自行车前轮的分叉结构将电力传输到位于太阳电池阵最下部的微波发射天线，微波发射天线相对于分叉结构进行旋

图 4 - 9　太阳盘电站效果图

转，以保证轨道周期内的对地定向（见图 4 - 10）。对于 5.8 GHz 微波频率，发射天线直径为 1 km，波束扫描范围±5°，可以发射 2～8 GW 的微波能量，地面接收天线直径 5～6 km。据估算，一座发电能力为 5 GW 的太阳盘电站所需投资为 300～500 亿美元。太阳盘方案设计采用了双旋转方式，即太阳电池阵围绕中心的旋转以及微波发射天线围绕分叉结构的旋转，需要配置两个大功率导电旋转机构，技术实现上具有极大的难度。

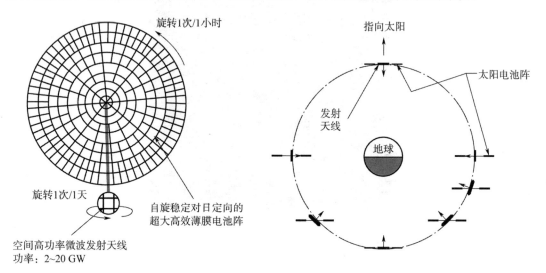

图 4 - 10　太阳盘电站方案

4.1.4　算盘反射器

算盘反射器概念是由喷气推进实验室的 Richard Dickinson 提出的。其主要技术特点是：为了消除 1979 SPS 参考系统中的大功率导电旋转关节，采用了特殊的可旋转的微波反射器设计，该方案的运行轨道为地球静止轨道。

算盘反射器电站方案如图 4 - 11 所示，主要包括四部分：支撑结构、太阳电池阵、微波发射天线和微波反射器。支撑结构采用棱柱形结构，用于支撑整个太阳电池阵、微波发射天线和微波反射器，以及其他的服务系统。太阳电池阵采用 ENTECH 公司的透镜聚光电池阵，电池阵的质量比功率为 1 500 W/kg，面积比功率为 600 W/m²，电池单元和电池阵模块的发电效率分别可以达到 48% 和 44%。每个电池阵模块功率为 4 285 kW，阵列面积为 7 295 000 m²，由 918 个 40 m×200 m 的电池阵模块组成，阵列电压达到 1 kV。考虑到从低轨到高轨的运输，需要额外增加一定的电池阵面积。每个电池阵模块通过电力接口接入 100 kV 电力管理系统。电力管理系统也包括了微波转化器供电开关和太阳能电推进供电开关，电缆质量估计为 164 t。比冲为 2 000 s 的太阳能电推进系统用于姿态控制、轨道维持以及轨道转移。微波发射天线与主结构固联，不需要单独的导电旋转关节，微波发射天线发射的微波通过微波反射器反射到地面。微波反射器通过旋转机构控制与发射天线间合理的方位，保证微波向地面的定向传输，反射器表面的微波能量反射率为 90.5%，无线能量传输效率约为 33%。系统的质量为 29 261 t，各部分的质量估算见表 4 - 4。

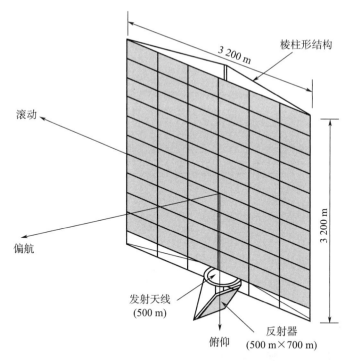

图 4-11　算盘反射器电站方案

表 4-4　1.2 GW 算盘反射器质量估算

	质量/t
微波发射天线	4 013
·发射单元	1 143
·平面阵列	1 612
·发射阵结构	281
·反射器及支撑结构	860
·结构余量	117
太阳能转化系统	6 656
·太阳聚光器	2 918
·结构余量	88
·遥测遥控系统	3
·集成结构	3 647
电力管理与分配系统	7 980
·电缆	164
·电池阵	3 490
·供电电源	4 326
姿态控制系统	970
·干重	373
·推进剂	586
·余量	11

续表

	质量/t
太阳能电推进系统	9 642
· 干重	2 489
· 推进剂	6 492
· 余量	75
· 增加的太阳阵	586
系统发射质量	29 261
系统在轨有效质量	22 183

4.1.5　集成对称聚光系统

在空间太阳能探索研究与技术计划中，马歇尔航天飞行中心的 Whit Breantley 提出了集成对称聚光系统的电站设计方案。该方案主要包括两个太阳聚光镜、两个太阳电池阵和一个发射天线，聚光镜、太阳电池阵与发射天线之间通过桁架进行连接。两个太阳聚光镜通过旋转机构整体旋转实现对日跟踪，将太阳光聚集到太阳电池阵，如图 4-12 所示。太阳电池阵和天线阵相对固定，发射天线对地定向。

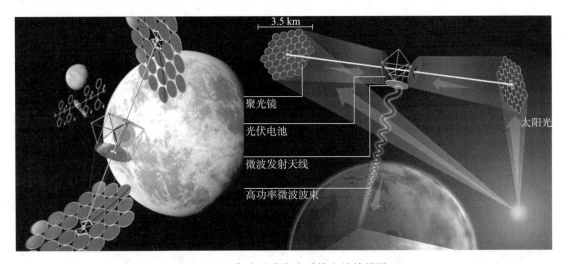

图 4-12　集成对称聚光系统电站效果图

2 个大型太阳聚光镜对称布置形成蛤壳式结构，每个太阳聚光镜的尺寸约为 3 559 m×3 642 m，焦距超过 10 km，由 24 个或 36 个反射镜模块组成（见图 4-12）。每个反射镜模块为直径约 500 m（455.5 m）的平面镜，镜面为 0.5 mm 厚的聚酰亚胺（Kapton）材料，表面平面度为 0.5°，镜面反射率为 0.9，利用一个环形充气式结构和一个充气式结构背板支撑，安装在聚光镜主结构上。ISC 不是一个光学成像系统，对于光学精度要求不高，只需将太阳光从每个反射镜模块反射到太阳电池阵，尽可能减小太阳光的损失，保证一定的聚光均匀性。

太阳电池阵位于结构中央的聚光镜焦点附近，直径为 1 070～1 770 m，平均聚光比大约为 4.25。预期可能达到的技术指标为 1 kW/kg 和 550 W/m²，太阳能电池光电转化效率达到 39%。每个太阳电池阵由 40 m×25.6 m 的子阵组成。早期方案采用了三明治结构（Sandwich Panel），即将太阳能电池、微波转换装置和发射天线集成在一起组成的夹层结构，以降低传输电缆的复杂性。考虑到三明治结构的散热难题，最终方案将三明治结构分解成两个夹角为 10°的分离的太阳电池阵和布置在太阳电池阵下方的发射天线阵，太阳电池阵输出的电力通过与发射天线阵的连接处为发射天线供电。太阳电池阵输出电压为 1 kV，为了减小从电池阵到微波转换器的远距离电力传输带来的能量损失和电缆质量增大，从电池阵到发射天线采用的电压为 100 kV，需要进行高压变换。传输的电力在发射天线端需要根据微波转换器的电压需求进行降压变换，电压变换装置是影响电力管理与分配部分质量的主要因素。发射天线的直径约为 1 km，采用 2.45 GHz 或 5.8 GHz 的微波，电力/微波转化效率预期可达 80%，地面接收天线接收效率约为 90%，接收天线的微波/电力转化效率预期可达 85%，最终发电量达到约 1.2 GW。2 个太阳聚光镜与太阳电池阵通过长度约 10 km 的复合材料桁架结构进行连接，桁架总质量约为 174 t。整个系统的质量为 22 463 t，各部分的质量估算见表 4-5。

表 4-5　1.2 GW 集成对称聚光系统质量估算

	质量/t
微波发射天线	3 127
• 发射单元	1 143
• 平面阵列	1 612
• 发射阵结构	281
• 结构余量	91
太阳能转化系统	3 927
• 太阳聚光器	752
• 结构余量	23
• 遥测遥控系统	3
• 集成结构	3 149
电力管理与分配系统	7 291
• 电缆	85
• 电池阵	3 225
• 射频电源	3 981
姿态控制系统	780
• 干重	323
• 推进剂	447
• 余量	10
太阳能电推进系统	7 340
• 干重	1 895
• 推进剂	4 942
• 余量	57
• 增加的太阳阵	446
系统发射质量	22 463
系统在轨质量	17 076

4.1.6　圆柱形空间太阳能电站

为了消除超高功率旋转关节的技术难题，提出了圆柱形空间太阳能电站方案。该方案采用了两个巨大的圆柱形太阳电池阵结构，两个圆柱形太阳电池阵结构的中心为微波发射天线。由于采用了圆柱形太阳电池阵，可以保证在轨道的任意一个位置，都可以接收到稳定的太阳光，从而保证整个轨道周期内的稳定发电。对于一个典型的 GW 级电站，每一个圆柱形太阳电池阵的直径为 3.5 km，高度为 5 km，发射天线的直径为 500 m，如图 4-13 所示。

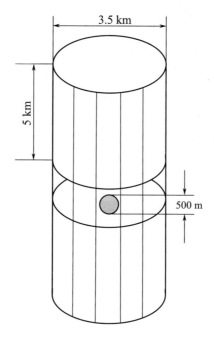

图 4-13　圆柱形空间太阳能电站方案

该方案的主要问题是太阳电池阵面积巨大，相当于平面电池阵的 3 倍，因此所带来的结构、质量和电力传输的规模都变得十分巨大。

4.1.7　SPS2000

日本的宇宙科学研究所于 1987 年 3 月组建日本 SPS 工作组，从 1987 年开始开展全面的研究，于 1991 年提出 SPS 2000 空间太阳能电站方案，是日本提出的最早的电站方案，根据该方案撰写的论文在 SPS91 国际会议上获最佳论文奖。

SPS2000 采用了固定结构方案，其外形为一个三棱柱，边长 336 m，高 303 m（见图 4-14）。三棱柱的底面安装微波发射天线，指向地球，其他的两个柱面用于安装太阳能电池。SPS2000 运行在高 1 100 km 的赤道上方的近地轨道，选择该轨道可以最大程度地减小地面到空间的运输成本，并且减小从空间进行能量传输的距离。SPS2000 方案专门设计为赤道地区提供服务，特别是发展中国家和在地理上比较孤立的地区，选取了 11 个赤道国家的 19 个地点作为项目的候选接收天线安装位置，包括：坦桑尼亚、巴布亚新几内亚、巴西、印度尼西亚、厄瓜多尔、马尔代夫、马来西亚、哥伦比亚、基里巴斯、瑙鲁和加蓬。拟通过向赤道发展中国家供电的示范扩展到为全世界供电。

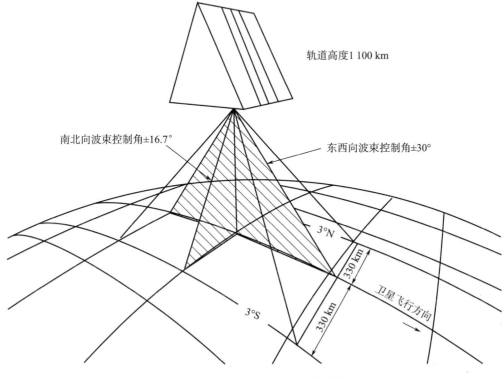

图 4 - 14　SPS2000 电站工作示意图

SPS2000 设计采用薄膜非晶硅电池，由四个太阳阵（东北、东南、西北、西南）组成，每一个太阳阵包含 45 个电池阵模块，每一个模块作为装配的基本结构单元，输出电压 1 kV、电流 180 A，质量为 270 kg。SPS2000 的微波发射天线为一个 132 m×132 m 的巨大正方形相控阵天线，具有波束调控的能力，均匀安装 1936 个子阵，呈正方形，边长为 3 m，一个子阵作为相位控制的基本单元。每个子阵包括缝隙天线和微波源，共包括 1 320 个单元，发射天线总共包含大约 260 万个天线单元。选择的微波频率为 2.45 GHz，波束扫描角范围是纵向±30°、横向±16.7°，发电功率为 10 MW。地面段接收部分为硅整流二极管天线，接收天线直径为 2 km，每一个接收站的平均发电功率约为 300 kW。SPS2000 的系统参数见表 4 - 6。

表 4 - 6　SPS2000 的系统参数

电站形状	三棱柱
电站尺寸	336 m×303 m
质量	134.4 t
运行轨道	赤道圆轨道，高度 1 100 km

续表

电站形状	三棱柱
微波频率	2.45 GHz
波束控制方式	反向波束控制
波束扫描角	$-30°\sim30°$（东西向） $-16.7°\sim16.7°$（南北向）
天线尺寸	132 m×132 m
天线单元数	2 547 776
微波发射功率	10 MW
接收天线直径	2 km
地面接收功率	300 kW
太阳能电池类型	薄膜非晶硅电池
太阳电池阵母线电压	1 000 V
发电功率	32 MW
姿态控制方式	重力梯度稳定

SPS2000 考虑采用俄罗斯的质子火箭发射并进行在轨组装，运载能力为 12 t，发射次数约 20 次，每次发射成本 30 亿日元，总发射成本 600 亿日元，而电站自身的成本为 200～300 亿日元。为了实现地面接收站的尽可能连续能量接收，需要多个电站形成星座，总建造成本为 2 000～2 500 亿日元，整个建设周期约为 10 年，期望的发电成本不超过 10 日元/度。

4.1.8　NEDO 电站

1994 年，日本新能源开发组织、三菱研究所和通商产业省提出了一个太阳发电卫星方案，类似一个大型的卫星（见图 4-15）。发电部分由两个 2 km×3.2 km 的太阳电池阵组成，中间为一个 1 km 直径的微波发射天线。太阳能电池采用单晶硅或多晶硅，对应的发电效率为 22% 和 17.3%，微波频率选择 2.45 GHz 或 5.8 GHz，微波源采用固态功率放大器或速调管。空间发电功率为 2 GW，地面输出功率为 1 GW，总质量为 21 000 t。

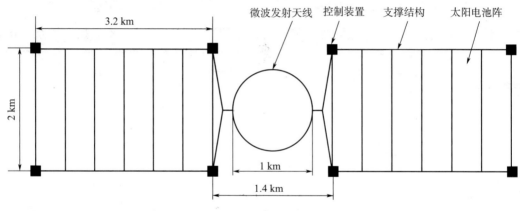

图 4-15　NEDO 电站方案

4.1.9　太阳帆塔

德国宇航中心基于太阳帆研究成果，在 1998—1999 年 ESA/DLR 开展的空间探索及利用的系统概念、结构和技术研究中提出了太阳帆塔概念。该方案参考了美国提出的太阳塔概念，但是采用了许多新技术。最主要的是采用了可展开的轻型结构——太阳帆电池阵，以大大降低系统的总重量、减小系统的装配难度。每一个太阳帆电池阵为一个薄膜电池阵模块，尺寸为 150 m×150 m，质量比功率为 225 W/kg，对应的面积比功率为170 W/m²。共有 120 个太阳帆电池阵模块（60 对）对称安装在 15 km 长的中央结构和电缆上，在轨发电功率为 450 MW。每一个太阳帆电池阵模块发射入轨后自动展开，在近地轨道进行系统组装，再通过电推力器送入地球静止轨道。微波发射天线直径为 1 020 m，微波频率为 2.45 GHz，采用磁控管作为微波源，地面接收天线直径约10 km，发电功率为275 MW。整个系统尺寸为 15 km × 0.35 km × 0.05 km，总质量约 2 100 t。太阳帆塔电站的主要参数见表 4-7。

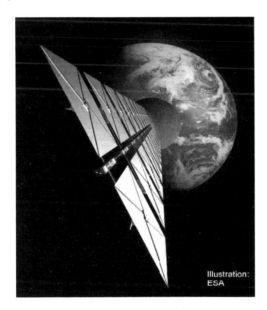

图 4-16　太阳帆塔电站效果图

表 4-7　太阳帆塔电站的基本参数

轨道		GEO
SPS Tower	长度	15 km
	质量	2 140 t
	发电功率	450 MW
太阳帆电池阵	模块数量	120
	模块尺寸	150 m×150 m
	模块质量	2.5 t

续表

轨道		GEO
中央结构和电缆	质量	240 t
	电缆	超导电缆
发射天线	磁控管数量	400 000
	频率	2.45 GHz
	直径	1 020 m
	质量	1 600 t
	发射功率	400 MW
接收天线	天线尺寸	11 m×14 km
	包括安全区域的尺寸	27 m×30 km
	发电功率	275 MW

4.1.10   NASDA C60 太阳塔

日本宇宙开发事业团于 1999 年提出几种空间太阳能电站方案，其中一种类似于美国提出的太阳塔电站方案，名为 C60 太阳塔方案。C60 太阳塔将太阳电池阵模块设计成 C60 结构的球形电池模块，每一对电池模块在轨道交错布局，尽可能减小相互遮挡的影响（见图 4 - 17）。

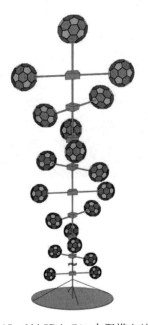

图 4 - 17   NASDA C60 太阳塔电站方案

主要技术特点包括：

1）采用 C60 结构形式的可替代太阳能电池模块；

2）太阳能电池模块成对交错布置，以增加接收太阳光的面积；

3）可通过增加太阳能电池模块增加发电量；

4）采用重力梯度稳定姿态控制。

主要技术参数包括：

1）微波频率：5.8 GHz；

2）发射天线直径：2.6 km；

3）太阳能电池模块直径：50～60 m；

4）总长度：15 km；

5）发电功率：250 MW。

4.1.11　NASDA 聚光电站

日本宇宙开发事业团于 1999 年提出的另一种方案为聚光型电站，也是后续 SPS2001、SPS2002、SPS2003 等方案的基础。该方案采用了复杂的聚光系统设计，利用直径 2.6 km 的主反射镜将太阳光反射到三明治发电及能量传输结构，整体采用充气式结构减重（见图 4-18）。其主要参数包括：

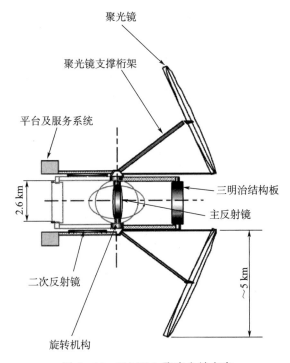

图 4-18　NASDA 聚光电站方案

1）聚光镜直径：4～6 km；

2）反射镜直径：2.6 km；

3）发射天线直径：2.6 km；

4）微波频率：5.8 GHz；

5）发电功率：250 MW。

4.1.12　SPS2001 系列

日本宇宙开发事业团在 1999 年聚光电站方案基础上，提出了多种改进方案，包括 SPS2001、SPS2002、SPS2003 和 SPS2004 等。

SPS2001 类似于美国提出的集成对称聚光系统，但是采用了二次聚光系统方案，并将关键的太阳能电池、微波转换装置和发射天线集成为三明治结构，其上层为太阳能电池、中间夹层为微波转换装置、下层为微波发射天线。三明治结构布置在聚光系统的下方，二次聚光系统将太阳光聚集在三明治结构上表面的太阳能电池上，单个主镜尺寸约为 3 km× 4 km，三明治结构直径为 2.6 km。该方案最大的难题在于高聚光比下的三明治结构散热问题。

SPS2002 重点针对 SPS2001 的散热问题进行了改进，将太阳能电池、发射天线布置在同一面，三明治结构的另一面作为辐射散热面，聚光设计复杂。SPS2003 针对热控问题和系统控制问题，进一步提出通过增加遮阳屏减小照射到三明治结构辐射散热面的太阳光，同时采用编队飞行的方式，使主聚光镜和二次聚光镜在不连接的情况下保持所需的位置和姿态。

SPS2001、SPS2002、SPS2003、SPS2004 电站如图 4-19～图 4-21 所示

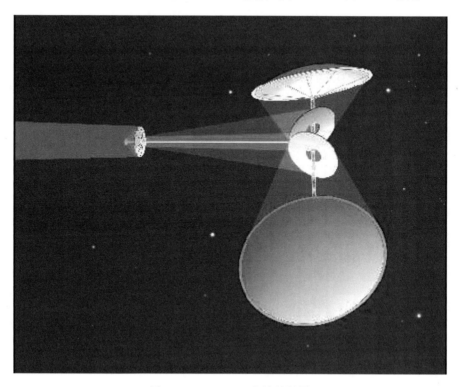

图 4-19　SPS2001 电站效果图

SPS2004 重新回到了美国提出的集成对称聚光系统方案，取消了遮阳屏，将太阳电池阵与微波发射天线分离，各自的背面均可以作为散热面，电池阵的太阳聚光比控制在

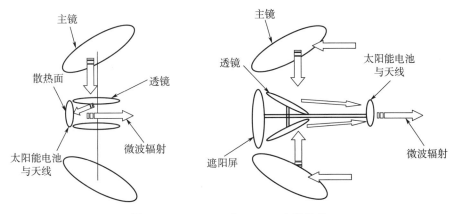

图 4 - 20　SPS2002/SPS2003 电站结构

 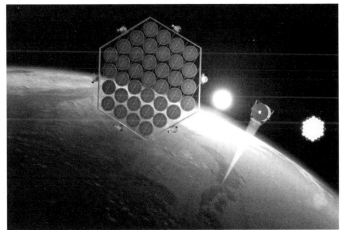

图 4 - 21　SPS2004 电站效果图

2~4，考虑采用波长选择性反射涂层，对于发电不起作用的光谱进行反射，可以进一步增加聚光比。两个主镜分离进行编队飞行，利用光压产生升力，利用电推力器抵消水平力，不需要中心桁架和旋转机构。对应的主要系统参数包括：

- 主镜尺寸：2.5 km×3.5 km；
- 主镜质量：1 000 t×2；
- 太阳电池阵直径：1.25 km（聚光比为 2~4）；
- 微波发射天线直径：1.8 km；
- 电力传输电压：10 kV；
- 总质量：约 10 000 t。

SPS2001、SPS2002 和 SPS2003 三种聚光电站对应的微波发射天线尺寸不同，对应的参数也不同，表 4 - 8 给出三种聚光 SPS 方案微波发射部分参数比较。

表 4-8　日本提出的三种聚光 SPS 方案微波发射部分参数比较

模型	SPS2001	SPS2002	SPS2003
微波频率	5.8 GHz	5.8 GHz	5.8 GHz
发射天线直径	2.6 km	1 km	1.93 km
发射功率	1.3 GW	1.3 GW	1.3 GW
最大功率密度	63 mW/cm^2	420 mW/cm^2	114 mW/cm^2
最小功率密度	6.3 mW/cm^2	42 mW/cm^2	11.4 mW/cm^2
天线间距	0.75λ	0.75λ	0.75λ
发射单元数量	35.4 亿个	5.4 亿个	19.5 亿个
单元发射功率	最大 0.95 W	最大 6.1 W	最大 1.7 W
接收天线直径	2.0 km	3.4 km	2.45 km
收集效率	96.5%	86%	87%

4.1.13　太阳光直接泵浦激光空间太阳能电站

激光能量传输空间太阳能电站（L-SPS）是空间太阳能电站的发展方向之一，由于减少了能量转换环节，太阳光直接泵浦激光方式是重点发展方向之一。JAXA 提出的太阳光直接泵浦激光空间太阳能电站（见图 4-22）采用太阳聚光镜或透镜（如菲涅耳透镜）进行太阳光的高聚光比聚焦，聚集的太阳光照射到激光介质，利用直接泵浦激光方式产生激光，激光调整后用于能量传输，地面采用与激光频率相匹配的特定光伏电池接收激光并转化为电力，激光也可直接用于制氢。

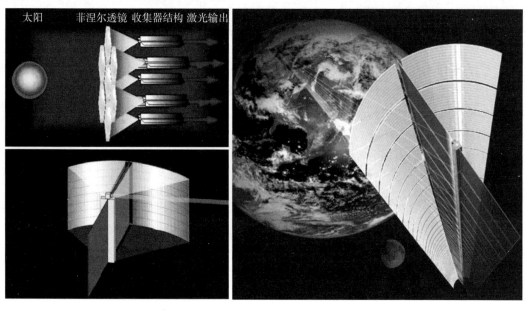

图 4-22　太阳光直接泵浦激光太阳能电站效果图

一个 GW 级 L－SPS 由 100 个 10 MW L－SPS 单元组成。每个 10 MW L－SPS 单元由一对太阳聚光镜、一个包含激光介质的激光器、热辐射器和支持系统组成，激光器可采用的激光介质包括蓝宝石和 YAG（钇铝石榴石）激光晶体，输出激光波长为 1 064 nm。主太阳聚光镜为对称结构，为了获得所需的太阳光强度，其宽度达到 200 m，高度为 100 m，通过线聚焦聚光到 100 m 长的激光器上，通过激光介质产生激光。激光介质采用液体冷却组合热辐射方式，通过流体回路吸收激光器产生的废热，被加热的流体通过热辐射器进行散热，热辐射器的尺寸为 100 m×200 m。由于聚光比达到几百倍，激光器的转化效率和系统的散热成为关键要素。

4.1.14　绳系空间太阳能电站

2000 年，日本无人宇宙实验系统研究开发机构提出一种简化技术难度的空间太阳能电站概念——绳系空间太阳能电站，作为日本微波无线能量传输型电站的基本方案，是目前日本发展的重点。

该方案的主要特点是采用了非聚光系统设计和三明治结构（即将太阳能电池、微波转换装置和发射天线集成在一起组成的夹层结构），并利用绳系连接电站平台与三明治结构，形成重力梯度稳定的姿态，维持三明治结构的天线面对地球定向（见图 4－23）。GW 级电站的三明治结构尺寸约为 2.5 km×2.375 km，绳系长度为 5～10 km。方案的主要技术特点包括：不采用传统空间太阳能电站方案的旋转机构，大幅简化了控制；不采用聚光系统，简化了热控和控制；采用三明治结构设计，简化了电力传输与管理。但该系统无法实现在轨道周期内的太阳能电池对日定向，因此发电呈现周期性变化。即使考虑在三明治结构两面铺设太阳能电池，系统的利用率也只能提升到 63% 左右。周期性的发电对于地面的实际应用带来很大的问题。

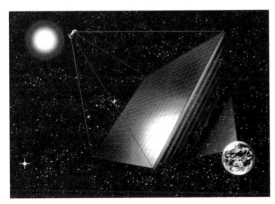

图 4－23　绳系空间太阳能电站效果图

在最初的 Tether－SPS 设计中，整个三明治结构为一个整体，通过四根绳与平台系统连接。在改进方案中，对于三明治结构进行了模块化设计。基本结构单元为尺寸 100 m×95 m 的三明治结构单元板，每个三明治结构单元板包含 3 800 个天线模块，总质量约为

42.5 t，微波能量传输功率为 2.1 MW，每个单元板对应一个基本发射结构单元。25 个基本结构单元（5×5）组装形成三明治结构的子板，尺寸为 500 m×475 m，微波发射功率为 52.5 MW，每个子板对应一个卫星平台，子板与平台间采用四根绳连接在一起组成一个基本结构单元。25 个子板（5×5）拼接成完整的空间太阳能电站系统，系统的主要技术参数见表 4-9，整个系统采用无线方式进行信息传输与控制。Tether-SPS 方案的模块化设计有利于系统的组装、维护。基本结构单元通过一次发射实现，入轨后自主展开，并进行组装形成子板，最终形成整个系统（见图 4-24），系统的扩展能力大幅提高。

表 4-9　绳系空间太阳能电站主要技术参数

系统结构	结构 三明治结构板尺寸 绳长度 平台单元间距	绳系结构,利用 100 根绳(每块子板 4 根)悬挂三明治结构板 2.5 km×2.375 km×0.02 m 5~10 km 356 m
轨道		GEO
地面输出功率		1 GW
系统质量	总质量 三明治板质量 平台(包括绳)质量	26 600 t 25 200 t 1 400 t
微波频率		5.8 GW
效率	太阳能电池	35%
	微波源	85%
子板	尺寸、质量 子板总数 发射功率	500 m×475 m×0.02 m,1 010 t 25(5×5) 52.5 MW
单元板	尺寸、质量 每个子板的单元板总数 发射功率	100 m×95 m×0.02 m,40 t 25(5×5) 2.1 MW
模块	尺寸、质量 每块单元板的模块数 发电功率 发射功率	5 m×0.5 m×0.02 m,10.625 kg 3 800(20×190) 1 181 W 555 W

4.1.15　二次反射集成对称聚光系统

2007 年在美国国防部组织的空间太阳能电站论证中，提出二次反射集成对称聚光系统方案（Modular Symmetrical Sandwich Microwave SPS），如图 4-25 所示，该方案类似于日本提出的 SPS2001 方案。

二次反射集成对称聚光式空间太阳能电站包括两个主反射镜、两个二次反射镜和一个三明治结构。主反射镜与 ISC 构型的聚光镜相似，采用多个充气式展开聚光镜模块组成。二次反射镜为平面镜，位于主反射镜焦点附近两侧。太阳电池阵和发射天线阵集成为一体

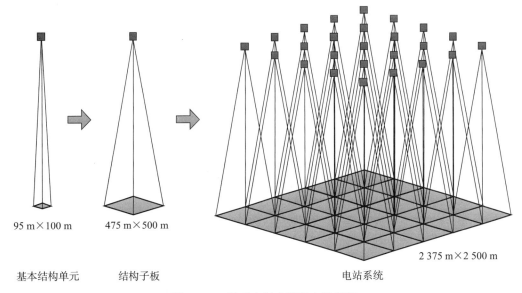

95 m×100 m　　　　　475 m×500 m　　　　　　　　　　2 375 m×2 500 m

基本结构单元　　　　结构子板　　　　　　　　　　电站系统

图 4 - 24　绳系空间太阳能电站组装

的三明治结构，太阳电池阵位于三明治结构上方，接收二次反射镜反射的太阳光，发射天线位于三明治结构下方并保持对地定向。主反射镜与二次反射镜、聚光系统与三明治结构通过桁架进行连接。主反射镜在轨道周期内整体旋转进行对日跟踪，将入射光线聚集在二次反射镜平面处，利用平面镜的反射作用将太阳光反射到太阳电池阵上。二次反射镜也将根据主反射镜对日指向的不同进行相应的角度调节。根据科勒混合照明原理，利用两个二次反射镜将使得聚光能流分布相对均匀。三明治结构采用分布式电力管理，大大简化了电力传输与管理的难度。对于这一方案，如何进行聚光系统的控制以保证整个轨道位置内相对均匀的聚光分布以及高聚光比下的三明治结构的散热问题是最大的技术难题。

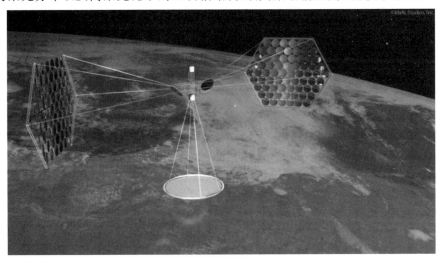

图 4 - 25　二次反射集成对称聚光系统效果图

　　作为一种针对散热难题的改进方案，美国海军研究实验室提出一种阶梯型三明治结构方案（见图 4-26）。该方案将平面的三明治结构改进为圆锥形阶梯状结构，每一个阶梯的上表面用于安装太阳能电池、外侧面用于安装微波源和电路、下表面用于安装发射天线单元，通过将太阳能电池和微波源分离以及增加散热面积，可将最高温度降低 63%。该方案增加了三明治结构的复杂性和重量，而且由于太阳光入射方向不是完全垂直于太阳能电池面，入射太阳光会发生遮挡，降低聚光能流的均匀性，发射天线单元发射的微波也会受到阶梯结构的影响，对于波束发射产生影响。

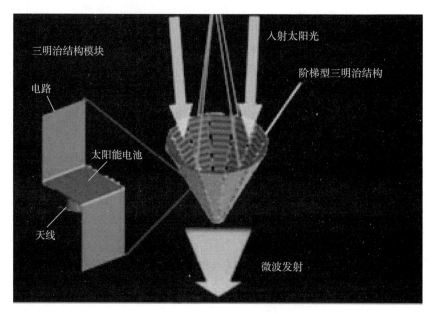

图 4-26　美国海军研究实验室阶梯型三明治结构

4.1.16　激光能量传输空间太阳能电站

　　由于激光的大气透过性、效率和安全等问题，目前提出的空间太阳能电站方案基本以微波为主。但由于激光传输波束窄、方向控制灵活、可以进行分布式能量传输，因此适合于进行地面小规模的供电应用以及空间能量传输应用（包括深空探测），并可以与分布式的发电系统很好地集成，简化了系统设计。

　　2002 年，波音公司在太阳塔电站概念基础上，基于国际空间站的太阳电池阵设计，提出名为天光（Skylight）的激光能量传输空间太阳能电站概念（见图 4-27）。该方案的整体构型类似太阳塔，由 10 组激光发射单元并联而成。每一组激光发射单元包括一对类似国际空间站采用的太阳电池阵、一套激光器及发射装置和相关的平台装置。太阳电池阵长度为 170 m，整个电站可以产生 2.7 MW 电力，考虑 30% 的激光转化效率，总的发射激光功率接近 1 MW。

　　对于 GW 级空间太阳能电站概念，整个系统将由 1 530 个模块组成，总长度达到 55 km。每一个激光发射单元对应的电池阵的尺寸为 260 m×36 m（见图 4-28）。

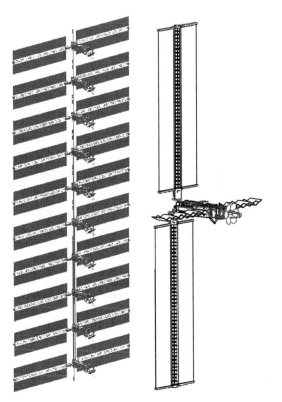

图 4 - 27　Skylight 激光能量传输空间太阳能电站概念

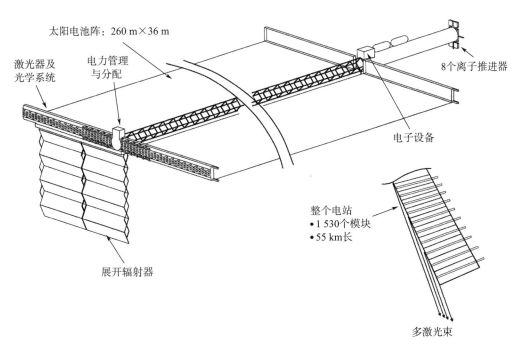

图 4 - 28　GW 级激光能量传输空间太阳能电站方案

2010 年，欧洲宇航公司 Astrium 宣布联合英国的 Surry 大学开展基于激光无线能量传输技术的空间太阳能电站研究，提出如图 4 - 29 所示的概念。并计划发射一颗试验卫星，将 10 kW 的电力传输给地面。

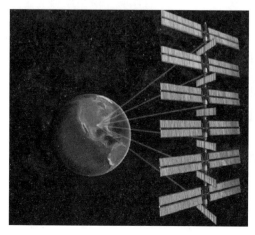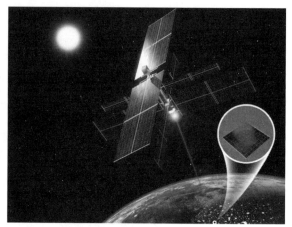

图 4 - 29　激光能量传输空间太阳能电站方案效果图

4.1.17　混合能量传输空间太阳能电站

俄罗斯拉瓦奇金科研生产联合体于 2012 年提出一种基于激光与微波混合无线能量传输的空间太阳能电站方案（见图 4 - 30）。该方案将充分利用激光传输波束窄、便于实现分布传输的特点，考虑发展空间激光无线能量传输太阳能发电卫星，每个卫星的主体是由太阳能电池和半导体激光器组成的三明治结构，利用多个分离的太阳能发电卫星编队飞行，将激光发射到距地面数千米高度的通过飞艇支撑的激光接收平台上，利用激光电池阵将激光转化为电力，从而减小大气对于激光传输的影响。在此基础上，考虑两种从激光接收平台到地面的能量传输方式。一种是直接通过连接激光接收平台和地面的电缆将电能传输到地面；另一种是将电力转化为微波，再以微波无线能量传输的方式将电力从接收平台传输到地面，需要在平台上安装微波发射天线，地面布置微波整流天线。在天气良好的情况下，也可以直接将激光传输到地面的激光接收站。

4.1.18　任意相控阵空间太阳能电站

2011 年，在 NASA 创新先进概念项目支持下，美国的 John C. Mankins 提出了一种新的方案，名为任意相控阵空间太阳能电站。

SPS - ALPHA 方案是一种聚光型空间太阳能电站，采用了一个无须特别调控的特殊聚光系统，通过桁架结构与下方的三明治结构板相连接，形成重力梯度稳定姿态。其中最具特色的聚光系统的外形类似一个大酒杯或者一把伞（见图 4 - 31），其核心思想是通过多个类似太阳帆的反射镜模块组成一个巨大的无需整体调整的聚光系统，实现将太阳光聚集

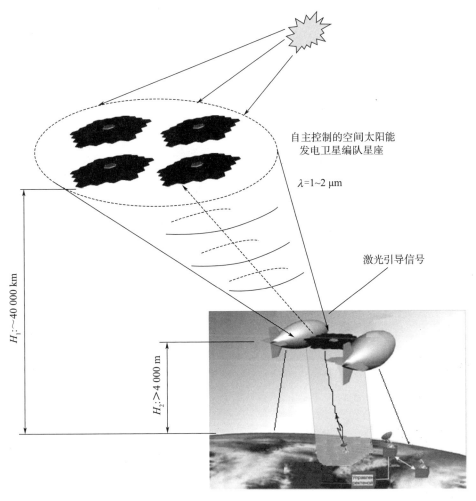

图 4 - 30　混合能量传输空间太阳能电站方案

在三明治结构表面的太阳电池阵上。由于其聚光系统复杂，设计了多种可能的构型（见图 4 - 32），对日跟踪过程中每个镜面模块将单独调节以改变太阳光的方向，使太阳光入射或反射到底部电池阵上，但其聚光的有效性仍然有待进一步分析。整个聚光系统的尺度将达到约 5 km。

　　整个系统采用了模块化设计，包括了多种典型的模块：六边形框架模块、框架连接模块、桁架模块、反射镜模块、太阳能电池模块、无线能量传输模块、机器人和姿轨控模块（见表 4 - 10）。三明治结构与二次反射集成对称聚光方案相同，太阳能电池位于上表面面向聚光镜一侧，下表面为发射天线，指向地面。三明治结构的基本单元为六边形模块，由六边形框架模块、太阳能电池模块和无线能量传输模块组成，六边形模块之间采用框架连接模块进行连接，最终形成直径达到 1 km 的三明治结构。三明治结构上布设部分姿轨控模块，用于整个系统的轨道控制。

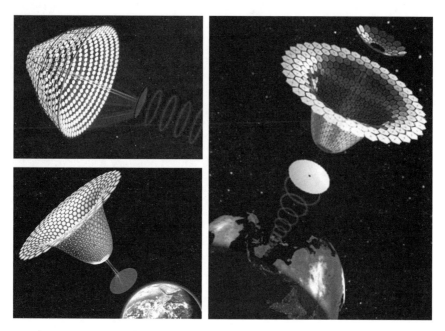

图 4 - 31　SPS - ALPHA 方案效果图

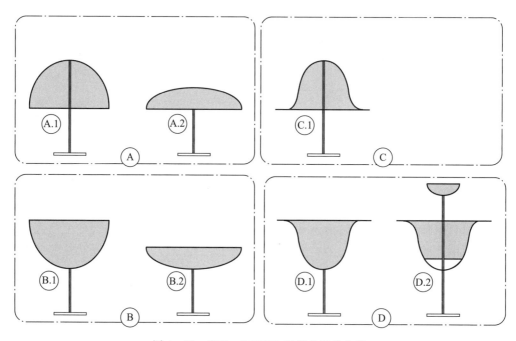

图 4 - 32　SPS - ALPHA 可能的聚光方案

　　桁架模块组成连接聚光系统和三明治结构的主桁架结构，相互之间位置固定。整个系统利用多个机器人模块实现模块间的协同组装。对于 2 GW 发电功率的 ALPHA 方案，对应的模块数量和质量见表 4 - 11。

表 4 - 10　SPS - ALPHA 的主要模块

模块	描述	图片	单个质量
六边形框架模块	直径 4 m,是传输模块的主结构(包括无线通信等)		～25 kg
框架连接模块	将六边形模块连接在一起		～1 kg
桁架模块	反射面模块的主结构		～50 kg
反射镜模块	薄膜展开结构		75～100 kg
太阳能电池模块	太阳能电池		15～20 kg
无线能量传输模块	WPT 单元		～50 kg
机器人模块	用于系统组装		～10 kg
姿轨控模块	用于系统姿轨控		50～500 kg

表 4 - 11   2 GW SPS - ALPHA 概念的主要模块数量及质量

模块	数量	质量/kg	总质量/kg
六边形框架模块	392 341	24	9 438 210
框架连接模块	2 353 662	1	2 353 662
桁架模块	18 444	54	1 002 186
反射镜模块	4 305	79	340 095
太阳能电池模块	383 619	8	3 068 952
无线能量传输模块	383 419	47	18 020 693
姿轨控模块	200	578	115 600
机器人模块	4 888	10	48 884
推进剂			425 600
总质量			34 813 882

4.1.19   多旋转关节空间太阳能电站

为了解决平台式空间太阳能电站的超高功率导电旋转关节难题，中国空间技术研究院在 2014 年提出了多旋转关节空间太阳能电站方案（Multi - Rotary joints SPS，MR - SPS）。该方案的主要技术特点是采用了特殊的构型设计，在不增加系统复杂性的前提下，实现了将整体式太阳电池阵分解为多个可独立旋转的太阳电池分阵，通过采用多个旋转关节的设计方式解决了传统非聚光太阳能电站存在的极大功率导电旋转关节技术难题，还避免了导电关节的单点失效问题。同时整个系统采用模块化的设计，也便于系统的组装构建。该设计方案获得了 2015 年由美国 OHIO 大学与美国空间学会组织的太阳能发电卫星设计竞赛第一名。

整个太阳能电站系统总质量约为 10 000 t，采用模块化设计，利用在轨组装方式进行构建。整个系统的主要参数指标详见第 5 章。

4.1.20   SSPS - OMEGA 空间太阳能电站

2015 年，西安电子科技大学在 SPS - ALPHA 方案基础上提出了一种基于球反射面聚焦的新型聚光电站方案——SSPS - OMEGA（Space Solar Power Station via Orb - shape Membrane Energy Gathering Array）。系统主要包括球面聚光系统、太阳电池阵和发射天线阵三部分（见图 4 - 33）。

球面反射镜为一个由多个薄膜聚光模块组装成的球形结构，去除无法进行聚光的南北极部分，设想采用单向薄膜材料，即太阳光从正面入射、从反面反射。当太阳光从任意一个方向入射时，一部分太阳光将透过聚光镜并通过球形聚光系统的内表面反射到太阳能电池结构表面。为了减小聚光比，太阳能电池设计成一个锥形结构，并沿着球形聚光系统相

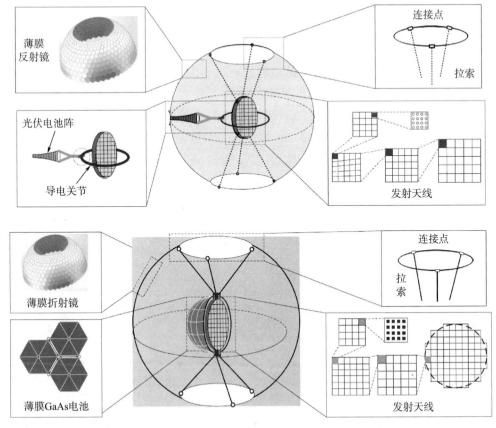

图 4 - 33　SSPS - OMEGA 方案及改进方案

对于聚光镜和发射天线阵做匀角速度旋转，旋转周期为一天 360°。太阳能电池发出的电力通过超导电缆和导电滑轨传输到发射天线（在改进方案中，将环形滑轨改为天线上下两侧的两个导电旋转关节）。微波频率选 5.8 GHz，微波天线阵为平面阵，直径为 1.2 km，位于球面中心，指向地面，天线阵通过六根索连接于聚光系统的南北区域以进行天线的指向调整。根据估算，2 GW 电站的总质量约为 23 000 t，具体分解见表 4 - 12。

表 4 - 12　2 GW 级 SSPS - OMEGA 电站主要质量参数

组成	质量/t	说明
球形聚光器	～957	包括了薄膜反射镜和框架，比质量为 0.051 kg/m²
太阳能发电系统	～1 903	采用 GaAs 电池，目标效率 60%，质量比功率为 3 kW/kg
电力管理与分配系统	～59	采用超导电缆，线密度为 15 kg/m
微波发射天线	～19 634	包括固态功放、功分网络、移相器、天线单元和支撑结构，面密度为 25 kg/m²
姿态控制系统	～400	包括推进剂
总质量	～22 953	

4.1.21 微波蠕虫空间太阳能电站

2015 年，诺格公司委托加州理工大学（California Institute of Technology，CalTech）开展新型空间太阳能电站技术研究，提出一种称为"微波蠕虫"（Microwave Swarm）的电站概念。其基本单元［称为瓦片（Tile）］为由薄膜聚光镜、高效太阳能电池和发射天线组成的 10 cm×10 cm 结构。多个瓦片单元组成 1.5 m 宽的柔性条带组件。多个条带组件按照太阳帆的模式折叠成 60 m×60 m 的一个基本航天器单元，包含 300 000 个瓦片单元。最终由 2 500 个基本航天器单元形成一个 3 km×3 km 的 GW 级电站（见图 4-34）。

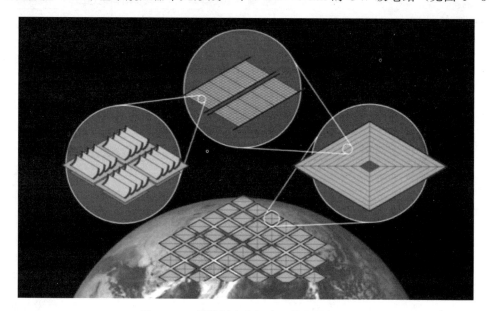

图 4-34 微波蠕虫空间太阳能电站概念

瓦片单元的设计非常独特，每个瓦片单元包括五组抛物面聚光镜、五组与聚光镜相匹配的薄膜太阳能电池条带，薄膜太阳能电池条带安装在聚光镜一侧的边缘上。展开前，聚光镜和薄膜电池条带压紧在基板上，之后随着航天器单元的展开而展开。瓦片单元基板上安装微波电路和信号电路等，基板下表面为发射天线。整个航天器单元的设计目标是面密度达到极低的 100 g/m²，对应整个电站的质量为 900 t。

4.1.22 CASSIOPeiA 空间太阳能电站

2017 年，英国的 Ian Cash 在 WISEE2017 会议上提出一种新型的空间太阳能电站方案，名为 CASSIOPeiA（Constant Aperture，Solid State，Integrated，Orbital Phased Array）。该方案采用多层结构组成类似于生物学 DNA 的双螺旋结构，并且在层与层之间采用了特殊的可以在 360°方向控制波束的特殊天线设计，在不采用旋转部件的情况下实现在轨道周期内太阳能电池持续接收太阳光，同时微波发射天线持续对地进行能量传输（见图 4-35）。

图 4 - 35　CASSIOPeiA 的概念效果图（左：2017 版方案；右：2018 版方案）

　　CASSIOPeiA 设计成一个异型的曲面结构体，结构直径约为 1.43 km。太阳能收集部分采用了基于菲涅耳透镜和科勒光学系统的局部聚光系统，一方面为了提高光电转化效率，另一方面可以节约太阳能电池的用量。如采用目前的四结砷化镓电池技术，在 508 个太阳常数光照下可以达到 46% 的转化效率。在最初的 2017 版设计中，局部聚光系统安装在每一层的侧边上，保持对日定向，通过反射将太阳光汇聚到安装在层状结构表面的太阳能电池上。在 CASSIOPeiA 运行轨道的不同位置，经过重新电力分配，根据需求为微波发射天线单元进行供电，由于存在遮挡和远距离电力传输分配的需求，技术上存在一定的难度。在 2018 版设计中，进行了改进，在整个结构的上方和下方各增加了一套聚光系统，具体聚光系统的规模根据太阳能电池的聚光比确定。聚光系统与电站主体结构保持固定连接，聚光系统维持对日定向，并且将太阳光从上下两个方向向电站主体结构进行反射，反射光到达每一层结构的上下表面，可照射到太阳光的表面均安装局部聚光系统和太阳能电池，这样可以保证发电的稳定性，产生的电力可以直接传输给对应部位的微波发射天线（见图 4 - 36）。

　　CASSIOPeiA 结构层与层之间安装微波发射天线，可以 360°方向控制波束使得波束保持对地指向。采用 5.8 GHz 频率，相应结构对应的发射天线口径为 1.43 km，地面接收天线直径取 3.16 km。对于 1 倍聚光结构，整个结构截获太阳光功率约为 1.77 GW，按照太阳光光电转化效率 40%、电/微波转化效率 85% 分析，产生的总微波功率约为 600 MW。按照微波/电的转化效率 85% 设计，地面可产生电功率为 430 MW，平均单位面积功率为 55 W/m²，系统总质量约 900 t。基于该设计模型的结构也可用于临近空间，对应的系统指标为：直径 34 m，质量 200~400 kg，接收天线直径 74 m，发电功率 100~200 kW。

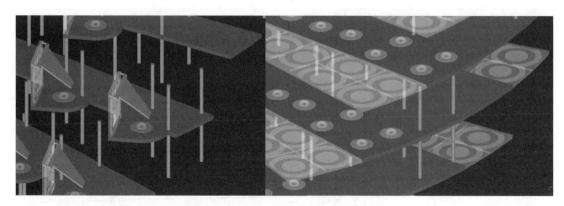

图 4 - 36 CASSIOPeiA 聚光电池阵及发射天线（左：2017 版方案；右：2018 版方案）

4. 1. 23 K - SSPS

韩国在 2018 年启动空间太阳能电站概念和发展规划的研究。在 2019 年 2 月举办的第二届空间太阳能电站国际研讨会上，KARI 介绍了韩国提出的 K - SSPS 概念方案（见图 4 - 37）。

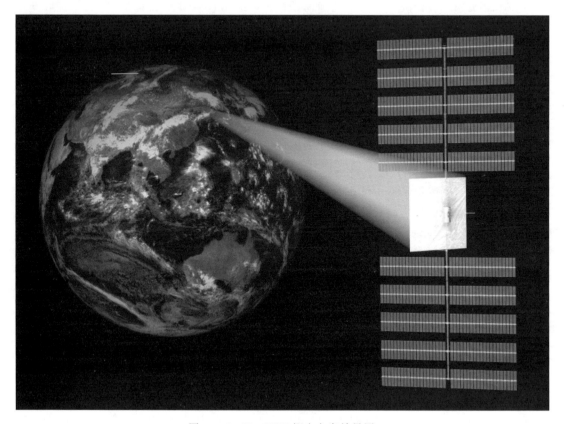

图 4 - 37 K - SSPS 概念方案效果图

该方案属于传统的非聚光电站方案，设计发电功率为 2GW，整个系统效率设计为 13.5%。系统采用 11.2 km² 的铜铟镓锡（CIGS）柔性太阳电池阵，包括 4 000 个可卷绕式展开的太阳电池阵模块。结构的中央为边长 1 km 的正方形发射天线，微波频率为 5.8 GHz，接收天线直径约为 4 km。整个系统将在近地轨道进行组装，之后整体利用电推进系统运输到地球静止轨道。在近地轨道，只有部分的太阳电池阵展开，用于为电推进系统供电（见图 4 - 38）。达到地球静止轨道后，所有的太阳电池阵展开，整个发电系统开始工作。K - SSPS 主要参数见表 4 - 13。

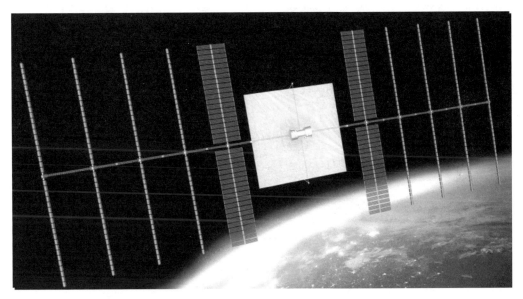

图 4 - 38　K - SSPS 在近地轨道状态

表 4 - 13　K - SSPS 主要参数

地面供电功率	2 GW
尺寸	2 km × 5.6 km
太阳电池阵(CIGS 或钙钛矿太阳能电池)	薄膜可卷绕式
整个系统效率	13.5 %
太阳电池阵尺寸	2 km × 2.7 km × 2
太阳电池阵模块尺寸	10 m × 270 m
太阳电池阵模块数量	4 000
正方形发射天线面积	1.0 km²
运行轨道	GEO
微波频率	5.8 GHz
地面接收天线直径	4 km

4.1.24 地球轨道太阳光反射器方案

20 世纪 70 年代，曾提出地球轨道太阳光反射器概念——Solares（见图 4-39），其思想是在地球轨道布置巨大的轻型太阳光反射镜，直接将太阳光反射到地面的太阳电池阵列。采用该种方式，只需要在地面进行一次能量转换，空间段没有能量转换环节，不需要光电转换、电力传输、电/微波转换等，系统最为简单。但是，除了由于大气透过性对于光传输的影响以外，太阳发散角的存在对于这种方案影响巨大。

由于太阳是面光源，因此太阳光不是绝对的平行光，而是以一定锥角入射（32″），反射器上任意一点所反射的太阳光在地面上所形成的光斑直径大约为 360 km（对应 GEO）。为了在地面获得一个太阳常数的反射太阳光，即使考虑绝对的镜面反射，位于地球静止轨道的反射器直径至少要达到 360 km，实际尺寸远大于这一数值。同时，在空间实现如此巨大的高精度反射器的技术挑战极大。

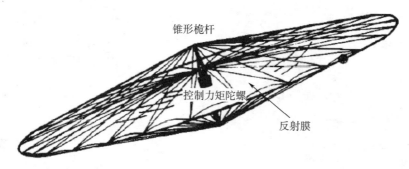

图 4-39　地球轨道太阳光反射器概念

4.1.25 月球太阳能电站

除地球空间太阳能电站外，另外一种可能的大功率空间能源利用方式是月球空间太阳能电站。利用月球资源建立月表太阳能电站，能一周 7 天、一天 24 小时不间断产生清洁能源，实现向地球输电。1986 年，美国的 David R. Criswell 博士提出这一概念（见图 4-40）。

图 4-40　月球太阳能电站概念

月表环境非常适合于开展大面积太阳能发电。月表为真空环境，不受大气的影响，太阳光照条件稳定；月表面积巨大，可以布设极大面积的太阳电池阵；月球表面非常宁静，不受月尘的影响，太阳能电池表面不会受到尘埃污染；月球的一面始终面对地球，适合安装能量传输装置。同时，月球的物质十分丰富，月表的月尘和岩石材料包含了至少 20% 的硅、40% 的氧、10% 的金属，适合于月表太阳能电站的建设。可以利用原位资源利用技术生产太阳能电池（硅电池）、传输电缆、结构、甚至电路和装置等。存在的问题主要包括：月球的光照期和阴影期很长，如果需要连续的发电并进行能量传输，则需要在月球的一圈内均铺设太阳能电池，之后利用远距离的电力传输电缆将电力传输到能量发射装置（微波发射天线和激光发射装置）；由于地球的自转，需要在地球上或地球轨道上建设多个接收站，以实现能量的连续传输；另一方面，月球的真空和辐射环境对于月球太阳能电站相关装置的散热和材料特性会造成较大的影响，需要特别设计。

2009 年，日本的清水建筑公司（Shimizu Corporation）提出了一个在月球建设太阳能电站的宏伟计划——"月环"（Luna Ring）。该计划设想围绕月球赤道（全长约 1.1 万千米）建一条太阳能发电带，然后将电能转化为微波或激光发送回地球，最终再由地面发电站将微波或激光重新转换为电能，通过这种方式传输的电力可以满足全世界的用电需要。

清水建筑公司设想最大程度上利用月球上的资源，按照清水建筑公司的规划，"月环"太阳能发电带的最初宽度为千米级，之后可以逐渐扩展至 400 km。太阳电池阵生成的电力通过电缆输送至面向地球的多个能量发射装置，以激光或微波（微波传输天线直径约 20 km）的形式向地面的多个接收站进行传输。"月环"工程巨大，通过原位利用技术来建设，部分材料需要从地球进行运输。"月环"工程的建设主要由各种自主设备进行，包括自主机械装置和机器人，需要少量的航天员进行现场支持。

4.2　空间太阳能电站方案比较

4.2.1　空间太阳能电站方案分类

国际上已经提出几十种空间太阳能电站设计概念，不考虑直接反射型电站和月球太阳能电站，对于各种空间太阳能电站方案从运行轨道、姿控及指向方式、旋转机构、是否聚光和电力传输等几个核心方面进行比较，见表 4 - 14。

表 4 - 14　空间太阳能电站方案比较

序号	概念方案	运行轨道	姿控及指向	旋转机构	聚光式系统	电力传输
1	1979 SPS 参考系统	GEO	三轴稳定 天线对地定向 电池阵对日定向	全向大功率 导电旋转机构	否	集中式＋远距离传输
2	太阳塔	GEO/MEO/LEO	重力梯度稳定 天线对地定向	不需要旋转机构	否	集中式＋远距离传输

续表

序号	概念方案	运行轨道	姿控及指向	旋转机构	聚光式系统	电力传输
3	太阳盘	GEO	三轴＋自旋稳定 天线对地定向 电池阵对日定向	全向大功率 导电旋转机构	否	集中式＋远距离传输
4	算盘反射器	GEO	三轴稳定 微波反射器对地定向 电池阵对日定向	反射器机械 旋转机构	否	集中式＋远距离传输
5	集成对称 聚光系统	GEO	三轴稳定 天线对地定向 聚光镜对日定向	聚光系统机械 旋转机构	是	集中式＋远距离传输
6	圆柱形空间 太阳能电站	GEO	三轴稳定 天线对地定向	不需要旋转机构	否	集中式＋远距离传输
7	SPS2000	低赤道轨道	重力梯度稳定 天线对地定向	不需要旋转机构	否	集中式＋远距离传输
8	NEDO 电站	GEO	三轴稳定 天线对地定向 电池阵对日定向	大功率导电 旋转机构	否	集中式＋远距离传输
9	太阳帆塔	GEO	重力梯度稳定 天线对地定向	不需要旋转机构	否	集中式＋远距离传输
10	NASDA C60 太阳塔	GEO	重力梯度稳定 天线对地定向	不需要旋转机构	否	集中式＋远距离传输
11	NASDA 聚光电站	GEO	三轴稳定 天线对地定向 聚光镜对日定向	聚光系统机械 旋转机构	是	分布式
12	SPS2001 系列	GEO	重力梯度稳定 天线对地定向 聚光镜对日定向	聚光系统机械 旋转机构	是	分布式
13	太阳光直接 泵浦激光空间 太阳能电站	GEO	三轴稳定 聚光镜对日定向	激光发射系统 机械旋转机构	是	—
14	绳系空间 太阳能电站	GEO	重力梯度稳定 天线对地定向	不需要旋转机构	否	分布式
15	二次反射集成 对称聚光系统	GEO	重力梯度稳定 天线对地定向 聚光镜对日定向	聚光系统机械 旋转机构	是	分布式
16	激光能量传输 空间太阳能电站	GEO	三轴稳定 激光器对地定向 电池阵对日定向	中等功率导电 旋转机构	否	平台式
17	混合能量传输 空间太阳能电站	GEO	重力梯度稳定 激光器对地定向	不需要旋转机构	否	分布式
18	任意相控阵 空间太阳能电站	GEO	重力梯度稳定 天线对地定向	需要镜面旋转机构	是	分布式

续表

序号	概念方案	运行轨道	姿控及指向	旋转机构	聚光式系统	电力传输
19	多旋转关节空间太阳能电站	GEO	三轴稳定 天线对地定向 电池阵对日定向	中等功率导电旋转机构	否	集中式＋远距离传输
20	SSPS - OMEGA 空间太阳能电站	GEO	三轴稳定 天线对地定向	大功率导电旋转机构	是	分布式
21	微波蠕虫空间太阳能电站	GEO	天线对地定向	不需要旋转机构	否	分布式
22	CASSIOPeiA 空间太阳能电站	GEO	三轴稳定 天线对地定向	不需要旋转机构	否	分布式＋远距离传输
23	K - SSPS	GEO	三轴稳定 天线对地定向 电池阵对日定向	大功率导电旋转机构	否	集中式＋远距离传输

对于多种空间太阳能电站进行比较，总体上可以分为两大类型，一类是非聚光式空间太阳能电站，另一类是聚光式空间太阳能电站。非聚光式空间太阳能电站也可根据是否对日定向分为对日定向型和非对日定向型，非对日定向型空间太阳能电站又可分为三明治结构型和非三明治结构型。而聚光式空间太阳能电站可根据是否对日定向分为对日定向型和非对日定向型，如图 4 - 41 所示。

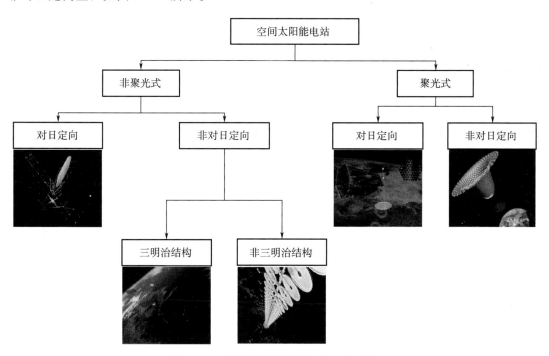

图 4 - 41　空间太阳能电站概念方案分类

4.2.2 典型空间太阳能电站技术特点

4.2.2.1 对日定向非聚光空间太阳能电站

对日定向非聚光空间太阳能电站代表方案包括"1979 SPS 参考系统""太阳盘""算盘反射器""NEDO 电站""多旋转关节空间太阳能电站"等。主要技术特点包括：太阳电池阵和微波发射天线分离，需要维持太阳电池阵指向太阳和发射天线指向地球；需要远距离的高压大功率电力传输和电力分配，需要大功率导电旋转关节；通过增加太阳电池阵列模块数量容易实现功率的扩展；需要采用三轴稳定姿态控制；发电功率稳定。

（1）构型特点

太阳电池阵与微波发射天线结构相互独立，通过导电旋转关节进行连接，保持相对转动。

（2）发电波动性

发电功率稳定。

（3）太阳能收集与转换

1）太阳电池阵面积大；

2）适合采用柔性薄膜电池，可采用聚光电池；

3）利用导电旋转关节保持太阳电池阵对日定向。

（4）电力传输与管理

1）需要大功率导电旋转关节；

2）需要远距离电力传输；

3）需要高压电力变换。

（5）微波无线能量传输

采用大型平面微波发射天线。

（6）姿态轨道控制

三轴稳定，太阳电池阵对日定向，发射天线对地定向。

（7）热控

被动热控为主，主要考虑电力管理设备及微波设备的散热。

（8）可扩展性

可通过增加太阳电池阵的面积提高系统功率（发射天线需增加微波源功率容量）。

4.2.2.2 三明治结构非对日定向非聚光空间太阳能电站

三明治结构非对日定向非聚光空间太阳能电站代表方案包括"绳系空间太阳能电站""混合能量传输空间太阳能电站""微波蠕虫空间太阳能电站"等。主要技术特点包括：太阳电池阵和微波发射天线集成三明治结构，其中发射天线面保持对地定向；不需要远距离的电力传输和电力分配，不需要导电旋转关节；通过增加三明治结构模块容易实现功率的扩展；可采用重力梯度稳定方式；发电功率波动性大。

（1）构型特点

太阳能电池与微波发射天线集成为三明治结构。

（2）发电波动性

每天呈现从 0 到最大之间的周期性波动变化。

（3）太阳能收集与转换

1）与微波发射天线共用结构，面积相同；

2）可采用聚光电池。

（4）电力传输与管理

1）不需要大功率导电旋转关节；

2）不需要远距离电力传输；

3）不需要高压电力变换。

（5）微波无线能量传输

1）与太阳电池阵共用结构，面积相同；

2）天线尺寸需要综合考虑功率和地面天线尺寸优化确定；

3）适合采用固态微波源。

（6）姿态轨道控制

重力梯度稳定，发射天线对地定向。

（7）热控

被动热控为主。

（8）可扩展性

可通过增加三明治结构的面积提高系统功率。

4.2.2.3　非三明治结构非对日定向非聚光空间太阳能电站

非三明治结构非对日定向非聚光空间太阳能电站代表方案包括"太阳塔""SPS2000"
"太阳帆塔""NASDA C60 太阳塔"等。主要技术特点包括：太阳电池阵和微波发射天线
分离，两者相对位置保持固定，发射天线指向地球；需要远距离的高压大功率电力传输和
电力分配，不需要导电旋转关节；通过增加太阳电池阵列模块容易实现功率的扩展；适合
采用重力梯度稳定方式；发电功率波动性大。

（1）构型特点

1）太阳电池阵与微波发射天线结构相互独立，相对位置保持不变；

2）太阳电池阵结构的最下端为微波发射天线，指向地面。

（2）发电波动性

每天呈现从 0 到最大之间的周期性波动变化。

（3）太阳能收集与转换

采用多个薄膜电池阵模块，对称安装在主桁架上。

（4）电力传输与管理

1）需要远距离电力传输；

2）不需要大功率导电旋转关节；

3）需要高压电力变换。

（5）微波无线能量传输

采用大型平面微波发射天线。

（6）姿态轨道控制

重力梯度稳定，发射天线对地定向。

（7）热控

被动热控为主，主要考虑电力管理设备及微波设备的散热。

（8）可扩展性

可通过增加太阳电池阵模块的数量提高系统功率（发射天线需要增加微波源功率容量）。

4.2.2.4　对日定向聚光空间太阳能电站

对日定向聚光空间太阳能电站代表方案包括"集成对称聚光系统""NASDA 聚光电站""SPS2001 系列""二次反射集成对称聚光系统"等。主要技术特点包括：采用聚光系统确保发射天线对地球定向的同时，入射太阳光可以反射到太阳能电池表面；消除了高功率导电旋转关节并很好地解决了远距离电力传输问题；采用高效率聚光电池，减小电池阵的面积；增加了复杂的聚光系统，构型和方向控制变得复杂，系统难以扩展；高聚光比下系统的散热成为一个重要的问题，需要采用高温部件；需采用三轴稳定姿态控制；发电功率有一定的波动性。

（1）构型特点

1）聚光系统采用对称结构的一级聚光或二级聚光方式；

2）太阳聚光系统通过桁架结构连接对地定向的三明治结构发射天线。

（2）发电波动性

可维持一定波动范围的运行，受黄道夹角和光路控制的影响大。

（3）太阳能聚光系统

1）一级聚光镜由多块平面镜组成；

2）二级聚光镜可由单块或多块平面镜组成；

3）采用展开或充气式薄膜结构；

4）利用旋转机构控制一级聚光镜的指向。

（4）太阳能电力转化

1）与微波发射天线共用结构，面积相同；

2）可采用聚光电池；

3）适合选择高温性能好的电池。

（5）电力传输与管理分系统

1）不需要远距离的电力传输；

2）不需要大功率导电旋转关节；

3）聚光部分需要单独供电。

（6）微波无线能量传输分系统

1）与太阳电池阵共用结构，面积相同；

2）天线尺寸需要综合考虑功率、聚光比和地面天线尺寸优化确定；

3）适合采用固态微波源；

4）适合选择高温工作器件。

（7）姿态轨道控制分系统

1）重力梯度稳定；

2）发射天线对地定向、一级聚光镜对日定向。

（8）热控

1）主结构及聚光系统以被动热控为主；

2）三明治结构部分需要采取特殊热控措施以排散较高功率的废热。

（9）可扩展性

难以扩展。

4.2.2.5　非对日定向聚光空间太阳能电站

非对日定向聚光空间太阳能电站代表方案为"任意相控阵空间太阳能电站"。主要技术特点包括：采用特殊的聚光系统设计，在无须对聚光系统进行整体旋转的情况下，实现发射天线对地球定向的同时，入射太阳光可以反射到太阳能电池表面；消除了高功率导电旋转关节并很好地解决了远距离电力传输问题；采用高效率聚光电池，减小电池阵的面积；聚光系统的控制变得简单，聚光面积大，系统难以扩展；高聚光比下系统的散热成为一个重要的问题，需要采用高温部件；适合采用重力梯度稳定方式；发电功率有一定的波动性。

（1）构型特点

1）采用环形或球形的半封闭聚光系统，通过一次或多次反射进行聚光；

2）太阳聚光系统通过桁架结构连接对地定向的三明治结构发射天线。

（2）发电波动性

可维持一定波动范围的运行，受黄道夹角和光路控制的影响大。

（3）太阳能聚光系统

1）聚光系统由多块薄膜平面反射镜形成半封闭聚光系统；

2）可能需要控制每一块反射镜的角度。

（4）太阳能电力转化

1）与微波发射天线共用结构，面积相同；

2）可采用聚光电池；

3）适合选择高温性能好的电池。

（5）电力传输与管理分系统

1）不需要远距离的电力传输；

2）不需要大功率导电旋转关节；

3）聚光部分需要单独供电。

（6）微波无线能量传输分系统

1）与太阳电池阵共用结构，面积相同；

2）天线尺寸需要综合考虑功率、聚光比和地面天线尺寸优化确定；

3）适合采用固态微波源；

4）适合选择高温工作器件。

（7）姿态轨道控制分系统

1）重力梯度稳定；

2）发射天线对地定向；

3）无须控制整个聚光系统的对日定向。

（8）热控

1）主结构及聚光系统以被动热控为主；

2）三明治结构部分需要采取特殊热控措施以排散较高功率的废热。

（9）可扩展性

难以扩展。

第5章　多旋转关节空间太阳能电站方案

多旋转关节空间太阳能电站利用持续对日定向的多个相互独立旋转的太阳电池阵接收太阳能并转化为电能，电能通过多个独立的导电旋转关节传输到主结构，再通过供电母线传输到微波发射天线，采用微波源将电能转化为微波能量，利用对地定向的微波发射天线以微波无线能量传输的方式向地面接收天线进行大功率的能量传输，接收天线接收微波并将微波能量转化为电能，通过地面的输电设施将电能接入地面电网，实现连续的供电。

多旋转关节空间太阳能电站主要技术特点是采用了特殊的构型设计，通过采用多个导电旋转关节的设计方式解决了传统非聚光太阳能电站存在的极大功率导电旋转关节技术难题，避免了导电关节的单点失效问题。同时整个系统采用模块化的设计，也便于系统的组装构建。

5.1　系统组成

多旋转关节空间太阳能电站采用了太阳光电转化和微波无线能量传输方式，并且采用了非聚光构型。为了满足空间太阳能电站的功能，多旋转关节空间太阳能电站由太阳能收集与转换分系统、电力传输与管理分系统、微波无线能量传输分系统、结构分系统、姿态与轨道控制分系统、热控分系统、信息与系统运行管理分系统组成（见图 5-1）。

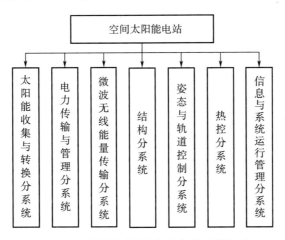

图 5-1　多旋转关节空间太阳能电站组成

太阳能收集与转换分系统的主要功能是收集入射太阳光并将太阳光转化为电能；电力传输与管理分系统主要负责将大功率电能传输到微波无线能量传输分系统，并且为其他分系统的设备工作提供所需电能；微波无线能量传输分系统是空间太阳能电站的核心组成部分，将大功率电能转化为大功率微波能，利用大口径天线向地面传输能量，为了描述微波无线能量传输过程的完整性，将地面接收天线和地面导引波束发射也归入微波无线能量传输分系统进行统一考虑；结构分系统将各分系统连接在一起，提供必要的刚度和强度，为电站设备提供安装接口，并且为系统的维护提供平台；姿态与轨道控制分系统的功能是实现太阳能收集与转化分系统的准确对日定向和微波天线的准确对地定向，保证系统的安全性和高效性，并且维持系统的合理轨道位置和高度；作为一个超大功率的空间系统，热控分系统起到至关重要的作用，热控装置分散到每一个分系统中，负责保证各分系统设备和部件的正常工作温度；信息与系统管理分系统负责整个系统的工作信息收集，并且对各个系统进行统一的运行管理。在本章中，各分系统方案均定位于空间太阳能电站正常运行状态，不考虑电站组装过程涉及的相关功能。

5.2 GW 级电站主要技术指标

（1）地面接收站

空间太阳能电站地面接收站选取地势较为平坦、无人居住且较易接入电网的地区，假设位于北纬 40°。

地面接收站区域（包括安全缓冲区域）：6 km（东西）×8 km（南北）。

（2）轨道参数

空间太阳能电站运行于中国上空的地球静止轨道，与地面接收站相对应的轨道参数设定为：

1）平均轨道高度：35 800 km；

2）东西漂移范围：0.05°，约 36 km；

3）南北漂移范围：0.05°，约 36 km。

（3）工作时间

空间太阳能电站在轨道装配测试完成后，在光照情况下连续工作，持续地将能量传输到地面接收天线。在阴影期及必要的系统维修期间，将中断能量传输。

（4）电站尺寸

装配完成后的空间太阳能电站整体外形尺寸为：1 000 m（X）×11 800 m（Y）×620 m（Z）。

（5）电站质量

电站系统功率比质量不大于 10 kg/kW（空间太阳能电站干重/地面系统输出功率），对应 1 GW 空间太阳能电站，质量约 10 000 t（不包括推进剂）。

（6）电站寿命

卫星在轨工作寿命：≥30 年。

（7）姿态与轨道控制分系统

1）发射天线对地姿态控制精度：$\leqslant 0.05°$（3σ）；

2）发射天线对地姿态测量精度：$\leqslant 0.001°$（3σ）；

3）发射天线对地姿态控制稳定度：$\leqslant 0.004°/s$（3σ）；

4）太阳电池阵对日指向控制精度：$\leqslant 3°$；

5）轨道控制精度：$\leqslant 0.05°$（3σ）。

（8）太阳能收集与转化分系统

1）太阳能收集与转化分系统：

• 输出功率（寿命初期）：$\geqslant 2.4\,GW$；

• 太阳电池阵面积：$\sim 6\,km^2$。

2）太阳电池子阵：

• 末期输出功率（寿命末期）：$\sim 3.5MW$；

• 太阳电池子阵面积：$\sim 0.01\,km^2$；

• 太阳能电池片效率：$\geqslant 40\%$；

• 太阳电池子阵电压：$\sim 500\,V$。

（9）微波无线能量传输分系统

1）微波频率：$5.8\,GHz$；

2）转化效率（DC/DC）：$\geqslant 50\%$；

• 电/微波效率：$\sim 80\%$；

• 微波传输效率：$\sim 90\%$；

• 微波/电效率：$\sim 85\%$；

3）微波发射天线尺寸：$1\,km$；

4）天线形式：平面阵列天线；

5）波束扫描角度范围：$0.1°$；

6）波束反向控制精度：$\leqslant 4\times10^{-4}°$（$3\sigma$）；

7）波束反向控制响应时间：$\leqslant 0.01\,s$。

（10）电力传输与管理分系统

1）电力传输功率：$\geqslant 2\,GW$；

2）电力传输母线电压：$20\,kV$；

3）电池分阵母线电压：$5\,kV$；

4）主要设备供电电压：

• 固态微波放大器模块：$500\,V$；

• 电推力器：$5\,kV$；

• 服务分系统电子设备：$500\,V/100\,V/28\,V/12\,V/5\,V$。

（11）地面能量接收系统

1）地面微波接收天线占地尺寸：$5\,km$（东西）$\times 7.2\,km$（南北）；

2）电网接入电压：20 kV；

3）电网接入功率：～1 GW；

4）反向导引波束频率：2.9 GHz。

5.3　能量转化效率分配

根据对空间太阳能电站的能量传输各关键技术环节的分析，整个空间太阳能电站系统的效率指标分配见表 5-1。

表 5-1　空间太阳能电站系统的效率指标分配

影响项	效率	总效率
太阳能收集与转换分系统效率(0.29)		
太阳能电池效率	0.40	0.4
太阳指向效率	0.99	0.396
太阳电池阵设计因子	0.85	0.336
太阳夹角变化平均效率	0.958(23.44°)	0.322
空间环境衰减因子	0.90	0.290
电力传输与管理分系统效率(0.857)		
子阵电压变换效率	0.97	0.281
母线电压变换效率	0.98	0.276
电力传输效率	0.95	0.262
母线降压变换效率	0.98	0.256
微波源电压变换效率	0.97	0.249
服务分系统电力消耗效率	0.999	0.247
微波转化及发射效率(0.76)		
电力/微波转化效率	0.80	0.198
微波调节效率	0.95	0.188
微波大气传输效率(0.95)		
微波传输效率	0.95	0.179
地面微波接收转化效率(0.727)		
波束收集效率	0.95	0.170
天线接收效率	0.9(考虑指向误差)	0.153
微波/电转化效率	0.85	0.130
地面电力转化效率(0.96)		
电力汇流效率	0.98	0.127
电力变换效率	0.98	0.124

5.4　电站构型

多旋转关节空间太阳能电站主要由三大部分组成：太阳电池阵（南、北）、微波发射天线、主结构，太阳电池阵和微波发射天线通过主结构进行连接（见图 5-2）。电力传输与管理设备、姿态与轨道控制设备、信息管理与控制设备、热控设备等安装在太阳电池阵、微波发射天线、主结构的结构框架上。

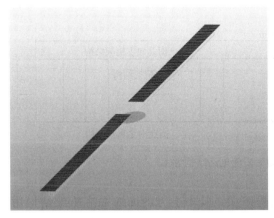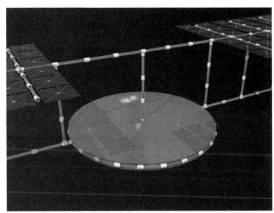

图 5-2　多旋转关节空间太阳能电站总体示意图

空间太阳能电站构型对应的坐标系如下：

1）坐标原点 O：发射天线几何中心；

2）X 轴：过坐标原点，沿着天线面，垂直主桁架结构，沿空间太阳能电站飞行方向为正；

3）Z 轴：过坐标原点，垂直于天线面，指向对地方向为正；

4）Y 轴：过坐标原点，沿着天线面，与 X 轴、Z 轴构成右手系。

太阳电池阵由 50 个太阳电池分阵组成（南北各 25 个），每一个分阵的尺寸为200 m×600 m，分阵之间的间隔为 10 m。每一个太阳电池分阵可以通过安装在主结构上的两个导电旋转关节将电力传输到主结构上的传输电缆，进而将电力传输到微波发射天线，共需要100 个导电旋转关节（见图 5-3）。通过采用独立旋转的太阳电池分阵设计，将单个导电旋转关节的传输电功率从 GW 级大幅降低到 10 MW 级，并且消除了单点失效。为了减少发射天线对于太阳电池阵分阵的遮挡，南北电池阵之间与发射天线对应的位置不布置太阳电池分阵，考虑到黄道夹角的影响，在天线两端各空出约 150 m 的距离不布置太阳电池分阵，这样电站结构的总长度约为 11 800 m。

微波传输频率选择为 5.8 GHz，综合考虑 36 000 km 的空间到地面的传输距离，发射天线和接收天线的尺寸匹配和功率密度等因素，微波发射天线的直径选定为 1 km。

为了得到更好的力学性能，将微波发射天线布置在中间，两侧布置太阳电池阵，三者通过主结构相连。多旋转关节空间太阳能电站采用了特殊的结构构型，整个主结构由

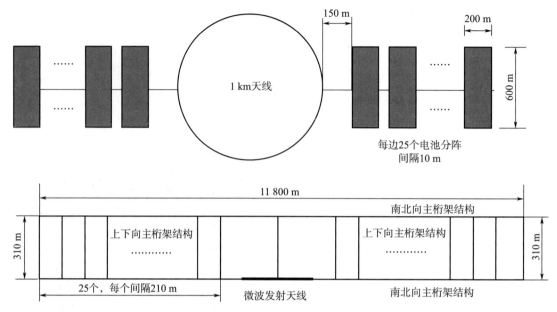

图 5-3　多旋转关节空间太阳能电站结构方案

2 根南北向主桁架结构和多根上下向主桁架结构组成。其中上方的南北向主桁架结构用于支撑太阳电池分阵，利用安装在主桁架上的多个导电旋转关节驱动每个太阳电池分阵，以实现每个太阳电池分阵与主结构之间的独立相互运动。下方的南北向主桁架结构主要用于支撑微波发射天线。两根南北向主桁架结构通过多根上下向主桁架结构连接在一起形成整个结构。其中，上下向主桁架结构和下方的南北向主桁架结构也用于传输电缆的安装，用于为微波发射天线供电。空间太阳能电站结构巨大，将采用在轨组装方式进行构建。

5.5　主要分系统方案

5.5.1　太阳能收集与转换分系统

5.5.1.1　分系统主要功能

太阳能收集与转换分系统的主要功能是高效收集空间太阳能，并将其转换成电能，通过电力传输与管理分系统为微波发射系统和服务系统提供电能输入。综合考虑质量、效率和在轨展开等因素，选择柔性薄膜太阳能电池以及与太阳能电池集成封装的薄膜结构作为空间太阳能电站的电池子阵单元，通过在轨展开和组装的方式以满足大面积、小质量、小包络、高效率、高可靠的设计要求。

5.5.1.2　分系统主要组成

分系统主要组成如图 5-4 所示。

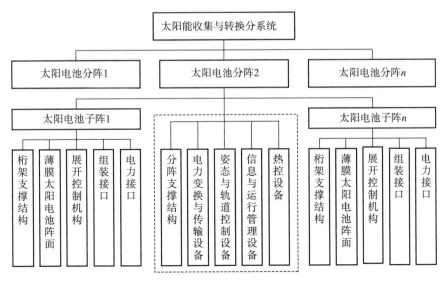

图 5-4　分系统组成示意图

太阳能收集与转换分系统由多个太阳电池分阵组成，每一个太阳电池分阵又由多个太阳电池子阵和分阵支撑结构组成，根据需求，还将安装电力变换与传输、姿态与轨道控制、信息与运行管理、热控等设备。太阳电池子阵由桁架支撑结构、薄膜太阳电池阵面、展开控制机构、组装接口和电力接口组成。其中，桁架支撑结构的作用是保证薄膜太阳电池阵面的整体型面和电池子阵的刚度；薄膜太阳电池阵面负责收集并转换太阳能为电能，通过边缘处的电力接口进行电力输出；展开控制机构是电池子阵在轨展开的重要组成部分，控制电池阵面的有序展开；组装接口用于与相邻的太阳电池子阵以及分阵支撑结构进行组装连接。太阳能收集与转换分系统主要考虑太阳电池子阵，而分阵支撑结构、电力变换与传输、姿态与轨道控制、信息与运行管理、热控等设备分属相关的分系统。

5.5.1.3　分系统方案

5.5.1.3.1　太阳电池阵总体构型

结合空间太阳能电站能量转化效率分析和发电功率需求分析，对应的太阳电池阵面积为：发电功率/能量转化效率/光照强度 $= 1 \times 10^9/0.124/1\ 353/10^6 = 5.94\ \text{km}^2$，太阳电池阵面积取为 $6\ \text{km}^2$。

根据目前的整体构型设计，将整个太阳能收集与转换分系统分为 50 个电池分阵（南北向各 25 个）。每一个电池分阵包括 12 个电池子阵，每个电池子阵的尺寸为 100 m×100 m，分两列布局，每列为 6 个电池子阵，总面积约 0.12 km²。电池分阵相对南北向主桁架结构进行旋转保持对日定向，每一个电池分阵通过连接电池分阵和主结构的两个导电旋转关节将电力传输到主结构上的传输电缆，进而将电力传输到发射天线。太阳电池子阵作为太阳能收集与转换分系统的基本模块，发射入轨后在轨展开，通过组装形成整个太阳能收集与转换分系统（如图 5-5 所示）。

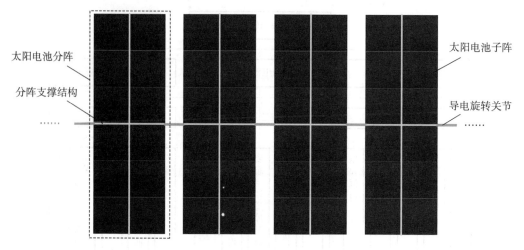

图 5 - 5　太阳电池阵示意图

5.5.1.3.2　太阳能电池的选择

多旋转关节空间太阳能电站采用光伏发电方式，需要综合考虑发电效率、质量和体积、空间环境适应性等因素来选择太阳能电池。太阳能电池需要满足光电转换效率高、抗辐射能力强等要求，而且还需具有高的质量比功率以及柔性可弯曲的技术特点。根据太阳能电池的发展趋势，选择高效率的多结薄膜砷化镓太阳能电池作为候选电池，1 个太阳常数光照强度下的预期效率有望达到 40% 以上。薄膜砷化镓电池受到工艺限制，单体电池尺寸很小，对于近万平方米的电池子阵单元应用，贴片和布线工艺难度大、工作量大。所以，应尽可能增加太阳能电池单体的尺寸，并且通过将多个电池单体进行串并联组合成一个电池组件，之后再通过电池组件的串并联形成整个太阳电池子阵。

考虑到太阳能电池技术的发展，假设可以实现的多结薄膜砷化镓太阳能电池单体尺寸为 0.06 m×0.12 m，太阳能转化效率为 40%（AM0），对应的主要参数见表 5 - 2。

表 5 - 2　多结薄膜砷化镓单体电池参数

面积 S_0 /m²	最佳工作点电压 V_{mp}/V	最佳工作点电流 I_{mp}/A	效率 η/%	面密度/(g/m²)	厚度/μm	质量比功率/(W/kg)
0.007 2 (0.06×0.12)	4.9	0.8	40	160	35	3 400

采用 338 个电池单体布设在 15 μm 厚聚酰亚胺薄膜基板上组成一个电池模块（即电池组件），电池单体间距约为 1 mm，边缘处约为 5 mm，采用 13 并、26 串，不考虑电流损耗，电池模块的输出电压为 127.4 V、输出电流为 10.4 A，对应的尺寸约为 1.6 m×1.6 m，作为太阳电池子阵的贴片和布线的基本单元，如图 5 - 6 所示，通过封装和电极引出形成独立的电池模块，作为太阳电池阵面折叠展开的基本单元，主要参数见表 5 - 3。

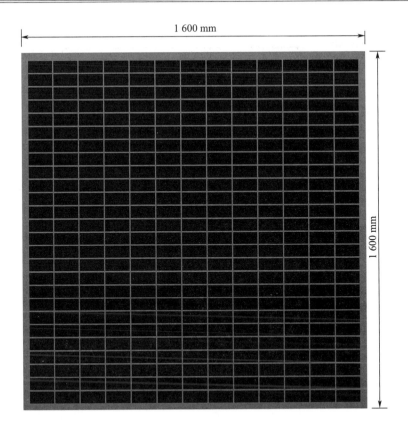

图 5 - 6　多结薄膜砷化镓太阳能电池模块

表 5 - 3　电池组件相关参数

面积 S_0/m^2	电池单体数量	最佳工作点 输出电压 V_{mp}/V	最佳工作点 输出电流 I_{mp}/A	面密度/$(\mathrm{g/m}^2)$	厚度/mm	质量比功率/ $(\mathrm{W/kg})$
2.56 (1.6×1.6)	338	127.4	10.4	180	0.05	2 875

5.5.1.3.3　太阳电池子阵方案

（1）太阳电池子阵整体结构

太阳电池子阵构型方案如图 5 - 7 所示，包括桁架支撑结构、薄膜太阳电池阵面、展开控制机构（阵面张拉机构）、电力接口、组装接口（组装机构）等。阵面张拉机构负责子阵展开后保持电池阵面的平面度，电力接口负责将子阵的电力进行输出，组装机构用于电池子阵与结构桁架以及电池子阵之间的结构连接。整个薄膜太阳电池阵面在发射时采用二维折叠的方式收拢，到达目标轨道后利用周边的桁架实现二维展开。

（2）太阳能电池模块布片方案

太阳电池子阵整体尺寸为 100 m×100 m，考虑周边桁架和张拉机构在展开状态下的宽度为 2 m，则薄膜电池阵面的尺寸可以达到 98 m×98 m。再考虑用于电池阵电缆的布设区域以及二维展开所需的面积，假设薄膜电池阵面的电池模块布片率为 85%，则实际的

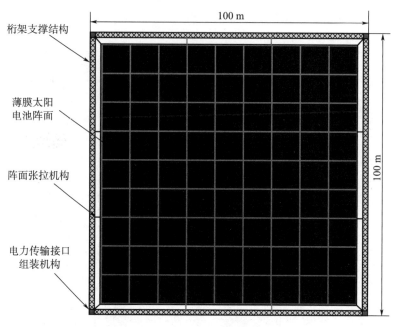

图 5-7　太阳电池子阵构型方案

有效电池阵面的尺寸为 8 163 m²，对应的电池模块总数约为 3 188 个。在两个方向分别布设 57 个（一次展开方向）和 56 个（二次展开方向）电池模块，电池模块的平均间距分别约为 117 mm 和 147 mm，总数为 3 192 个。

（3）太阳能电池模块串并联方案

根据目前的设计，太阳电池阵采用高压发电方式，发电电压为 500 V 左右，考虑一定的线路压降，采用 4 个电池模块串联实现约 500 V、10.4 A 的输出。之后通过 798 路的并联实现约 4 MW（500 V、8 000 A）的电池子阵输出。

（4）太阳电池子阵的基板和封装

3 192 个电池模块安装在具有空间辐射防护功能的薄膜基板上，上表面需要包覆对太阳光高透过率的辐射防护层，上下表面的外表面为导电层，防止空间充放电的发生，如图5-8 所示。假设封装后的薄膜电池阵的厚度为 0.25 mm。

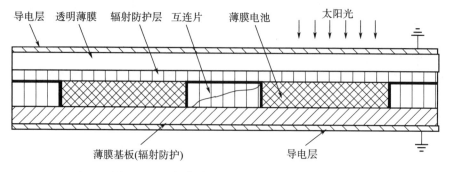

图 5-8　柔性薄膜太阳能电池组件结构模型

（5）薄膜太阳电池阵面的折叠

为了尽可能提高太阳电池子阵的收拢体积，薄膜太阳电池阵面采用二维折叠方式，先沿着 X 方向交替对折，然后再按照 Y 方向交替对折，如图 5-9 所示。X 方向电池阵折叠层数为 56 层，考虑电缆和折叠弯曲半径等因素，假设平均每层厚度为 0.5 mm，折叠厚度为 28 mm，考虑太阳能电池模块的尺寸以及模块的间距，折叠后的尺寸约为 0.028 m×98 m×1.75 m。Y 方向电池阵折叠层数为 57 层，因此折叠厚度为 1.6 m，由于经过一维折叠后厚度增加，因此二维折叠单块尺度将增加，Y 方向折叠后的尺寸约为 1.6 m×1.85 m×1.75 m。

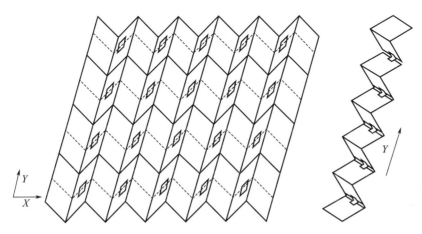

图 5-9　薄膜太阳电池阵面的折叠

（6）太阳电池子阵的桁架收拢

太阳电池子阵模块采用二维桁架作为结构支撑，在 X 和 Y 方向的四边各布置一根桁架，桁架与薄膜太阳电池阵面之间采用阵面张拉机构张紧，保证太阳电池子阵的刚度和薄膜太阳电池阵面的形状。X 和 Y 方向的四个角布置桁架驱动装置和太阳电池子阵间的对接装置。展开桁架的截面尺寸为 0.5 m，收拢长度为 2 m，展开长度为 99 m，如图 5-10 所示。

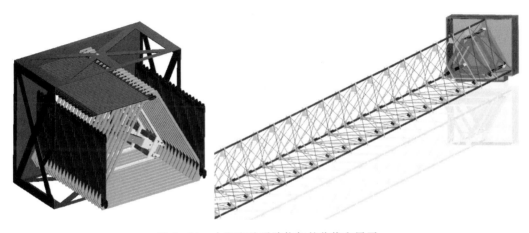

图 5-10　太阳电池子阵桁架的收拢和展开

（7）太阳电池子阵的封装

太阳电池子阵作为火箭发射的基本模块，需要考虑运载火箭的整流罩包络以确定太阳电池子阵的封装折叠尺寸。假设采用 CZ-5 运载火箭发射太阳电池子阵，其整流罩内部直径为 4.5 m，因此太阳电池子阵发射模块的边长不应超过 3.18 m。

根据太阳电池子阵的结构，X 和 Y 方向的四个角布置桁架驱动装置和太阳电池子阵间的对接装置，Z 方向为整个太阳电池子阵的封装结构。太阳电池子阵的封装尺寸主要考虑展开桁架、阵面张拉机构、薄膜太阳电池阵面以及整个封装结构。

其中，每根展开桁架的收拢尺寸为 0.5 m×2 m×0.5 m，太阳电池子阵模块的收拢尺寸为 1.6 m×1.8 m×1.75 m，考虑阵面张拉机构、展开桁架与薄膜太阳电池阵面之间的尺寸约为 0.1 m，假设整个太阳电池子阵模块的四周封装结构与桁架的距离为 0.05 m，则太阳电池子阵封装状态尺寸取最大包络为 3.1 m×3.1 m×2 m，如图 5-11 所示，符合 CZ-5 运载火箭包络的限制。

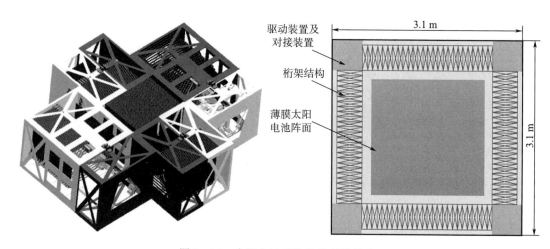

驱动装置及对接装置

桁架结构

薄膜太阳电池阵面

3.1 m

3.1 m

图 5-11　太阳电池子阵收拢封装状态

（8）太阳电池子阵的折叠展开方案

太阳电池子阵在轨展开过程如图 5-12 所示，采用两次展开方案。子阵发射到轨道后，太阳电池子阵由完全收拢状态解锁，与折叠过程相反，先沿着 Y 方向展开，再沿着 X 方向展开。展开到位后，需要对阵面进行多点张拉使阵面处于张紧状态，保证电池阵面的面型，提高整个电池子阵的整体刚度。

5.5.1.3.4　太阳电池子阵总体质量

太阳电池子阵包括四根桁架、四套展开机构、组装结构、太阳电池阵面以及整个子阵封装结构。质量假设如下：

1）支撑桁架线密度约为 1 kg/m，四根桁架总质量约为 400 kg；

2）单套展开机构质量为 30 kg，四套展开机构总质量为 120 kg；

3）薄膜太阳电池阵面密度为 0.25 kg/m²，薄膜太阳电池阵面质量为 2 400 kg；

4）子阵封装结构及组装结构为 80 kg。

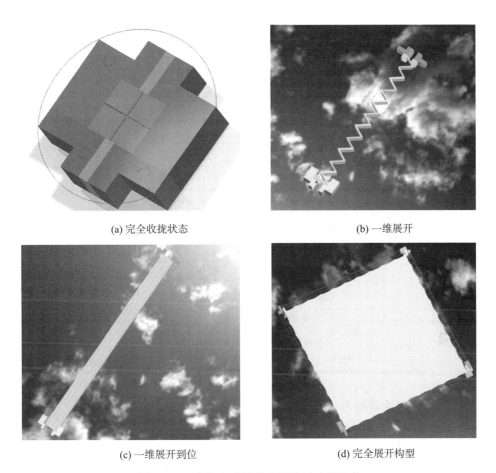

(a) 完全收拢状态   (b) 一维展开

(c) 一维展开到位   (d) 完全展开构型

图 5-12 太阳电池子阵在轨展开过程示意

因此，单个太阳电池子阵总质量约为 3 t。

5.5.1.4 方案小结

太阳能收集与转换分系统由 600 个电池子阵组成。对于 100 m×100 m 的太阳电池子阵，输出功率约为 4 MW，600 个电池子阵总的输出功率约为 2.4 GW，寿命末期的输出功率为 2.16 GW。单个电池子阵的电池阵面质量约为 2 400 kg，单个电池子阵的结构及机构部分质量约为 600 kg，单个电池子阵的总质量约为 3 t，600 个电池子阵总质量约为 1 800 t。

1 GW 空间太阳能电站太阳能收集与转换分系统方案总结见表 5-4。

表 5-4 太阳能收集与转换分系统方案（1GW）

电池类型	多结薄膜砷化镓电池
转化效率	40%
面积	6 km²

续表

总发电功率(寿命初期)		2.4 GW
质量		1 800 t
等效面密度		0.3 kg/m²
质量比功率		~0.75 kg/kW
分阵数量		50
子阵数量		600
太阳电池子阵参数	单阵面积	10 000 m²
	质量	~3 t
	输出功率(初期)	4.0 MW
	输出功率(末期)	3.6 MW
	输出电压	500 V
	输出电流(理论)	8 kA
太阳电池分阵参数	子阵数量	12
	输出功率(初期)	48 MW
	输出电压	5 kV

5.5.2 电力传输与管理分系统

5.5.2.1 分系统主要功能

电力传输与管理分系统接收太阳电池子阵输出的电功率，进行功率组合、变换、传输和分配。部分电功率经过必要的电压变换和分配为整个空间太阳能电站的电池阵服务分系统设备提供电力，主要的电功率将通过导电旋转关节和传输母线传输到发射天线端，通过相应的电压变换和分配，用于为微波无线能量传输分系统和各服务分系统设备提供电力输入。同时，空间太阳能电站配备一定容量的储能装置，主要用于在地影期间、卫星故障期间当太阳电池阵无法对日定向时为电站服务分系统设备供电，以保证除微波发射以外电站系统的基本运行。主要功能包括：

（1）实现太阳电池子阵端的升压变换

太阳电池子阵的输出电压为 500 V，为了减小电力传输的损耗，需要将太阳电池子阵的输出分段进行二次升压，分别升压至分阵母线 5 kV 和主母线 20 kV。

（2）维持太阳电池阵相对于主结构的相对旋转，保证太阳电池阵的对日定向

由于空间太阳能电站正常工作状态要求太阳电池阵对日定向和微波发射天线对地定向，需要通过大功率导电旋转关节实现太阳电池阵与主结构的相对旋转，并将电力从太阳电池分阵传输到主结构。

（3）为空间太阳能电站电力传输提供通道

空间太阳能电站是一个巨大的空间系统，电力传输距离远，通过电力传输母线为整个电站提供电力传输通道。

（4）实现发射天线阵端的电压调节变换

通过母线传输到发射天线端的电压为 20kV 高压，需要在微波发射天线侧根据微波负载需求进行相应的电压变换，同时进行电力分配，为微波源提供稳定的、大功率供电。

（5）为电站所有服务分系统设备供电

空间太阳能电站的服务分系统设备包括姿态与轨道控制设备、电力传输与管理设备、热控设备、信息与运行管理设备等，分布在电站的各个部分。其中用于姿态与轨道控制的电推力器的最高供电电压为 5 kV，其他的服务设备需要相应的低压供电，根据需求进行降压变换和分配，为电站各服务分系统设备供电。

（6）阴影期间为平台服务分系统设备供电

为保证阴影期和故障期为电站服务分系统设备供电，电站需要分散配备一定的蓄电池组，维持阴影期和故障期服务分系统设备供电的稳定。

5.5.2.2　分系统主要组成

对于 GW 级空间太阳能电站，供电功率将达到 2 GW 级以上，且电站尺寸巨大，电力传输距离远，为了降低电力传输电缆的质量和传输损耗，必须提高传输电压、降低电流。受到空间环境的影响，太阳电池子阵输出电压受到很大的限制，超高压电池阵具有很大的技术难度和极高的风险，目前的航天器太阳电池阵母线电压不超过 200 V，预期未来发展可能达到 500 V 以上。因此，空间超高电压供电系统将采用升压变换的方式实现更高电压的电力传输，电力传输与管理分系统由高压大功率电力变换设备、高压大功率导电关节（太阳电池阵驱动机构）、高压大功率传输电缆、高压大功率电力调节设备、电力管理设备、安全保护设备和高比容量储能系统组成，以实现高效、大变比、轻量化、超高压、超大容量和高功率密度的大功率供电。电力传输与管理分系统的主要组成如图 5 - 13 所示。

（1）电压变换设备

电压变换设备主要用于各级电压变换，包括不同等级的低压/高压、高压/低压电压变换，为各级母线、微波载荷和服务设备提供所需的电压，主要包括：子阵高压变换单元、母线高压变换单元和多种降压变换单元等。

（2）电力传输设备

电力传输设备用于将太阳电池子阵发出的电力进行远距离、低损耗的电力传输，主要包括：电池分阵母线、电力传输主母线、导电旋转关节、发射天线主母线、发射天线子母线等。其中导电旋转关节是连接太阳电池分阵和结构本体的关键部位，主要功能为实现太阳电池分阵的连续旋转以保证轨道周期内微波天线对地定向状态下的太阳阵对日定向，并将太阳电池分阵发出的电功率传输到微波发射天线。

（3）电力调节设备

电力调节设备主要用于进行电力的汇流、功率分配、功率切换等，实现功率的调节和

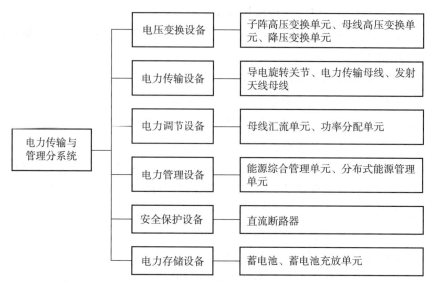

图 5 - 13　电力传输与管理分系统的主要组成

分配。主要包括：母线汇流单元、功率分配单元等。

（4）电力管理设备

电力管理设备用于对整个电力系统进行综合管理，包括各种信息的收集以及所有电力传输与管理设备工作状态的管理，主要包括：能源综合管理单元以及分布式能源管理单元等。

（5）安全保护设备

安全保护设备主要用于整个电力系统的运行安全保护，保证在局部发生重大故障的情况下，能够及时隔离故障，保证整个系统其他部分的正常运行，主要包括各种等级的直流断路器等。

（6）电力存储设备

电力存储设备主要用于地影期间和电站故障期为整个空间太阳能电站的服务分系统设备供电，服务分系统设备主要包括电力传输与管理分系统、姿态与轨道控制分系统、热控分系统、信息与系统运行管理分系统等的设备。电力存储设备主要包括：蓄电池和蓄电池充放单元。

5.5.2.3　分系统方案

根据多旋转关节空间太阳能电站的轨道运行特点和构型特点，整个电力传输与管理分系统采用"分布式＋集中式"方式。分布式是指太阳电池阵由多个太阳电池分阵组成，每个分阵通过独立的导电旋转关节形成独立的电力传输通道，从而形成一个分布式的发电系统；集中式是指多个太阳电池分阵的电力输出均需通过主结构的传输母线集中传输到微波发射天线的两个输入端口。即：太阳电池子阵产生的电力汇聚到电池分阵母线，分别通过独立的导电旋转关节传输到主结构，通过安装在主结构上的电力传输主母线传输到微波发射天线部分，具体示意图见图 5 - 14。

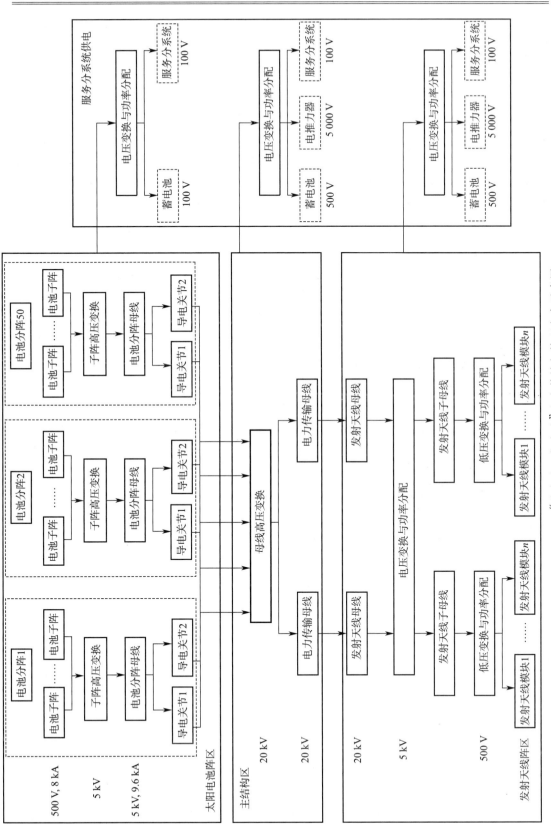

图 5 - 14　"分布式＋集中式"电力传输与管理方案示意图

　　首先，太阳电池子阵产生的电力汇聚到电池分阵母线，分阵电力分别通过两个导电旋转关节传输到主结构，通过安装在导电旋转关节出口端的电缆，以及上下向主桁架结构和南北向主桁架结构的电缆进行汇集并传输到微波发射天线。考虑太阳电池子阵的输出特性、微波源的供电需求以及服务设备的供电需求，太阳电池阵的电力输出为直流，供电载荷的供电需求也为直流，采用直流可以减少中间环节，减少变换过程，直流输电的损耗较低，传输效率较高，有利于降低成本和系统复杂度，对传输电缆的要求低，因此采用直流输电设计。同时，整个系统需要采用多个电压等级的供电母线，太阳电池阵上包括 500 V 中压传输母线、5 kV 高压传输母线和 100 V 供电母线，主结构传输母线为 20 kV，服务分系统供电为 5 kV 高压母线、500 V 中压母线和 100 V 供电母线，微波发射天线部分包括 5 kV 高压母线、500 V 中压母线和 100 V 供电母线。另一方面，整个系统电力的传输分配是一个多网系统，包括了用于为微波发射天线供电的主电网，也包括为服务分系统设备供电的局域电网。整个电力传输与管理系统采用超高压多网混合母线直流输电配电设计，包括三大部分，分别为太阳电池阵区、主结构区和发射天线阵区。

　　太阳电池阵区电力传输与管理的主要功能是将太阳电池子阵的电力进行电压变换、汇流调节，传输到导电旋转关节。太阳电池子阵产生的部分电力直接进行分配用于为太阳电池分阵上的服务分系统设备供电，同时太阳电池分阵上配置蓄电池储存能量用于为阴影期的服务分系统设备供电；

　　主结构区电力传输与管理主要将太阳电池分阵通过导电旋转关节输出的电力进行汇流调节，通过主结构上的电力传输母线将电力传输到发射天线，并且分配一部分电力用于为安装在结构上的相关服务分系统设备供电（包括大功率电推力器等），同时通过蓄电池储存部分能量用于为阴影期的服务分系统设备供电。

　　发射天线阵区电力传输与管理的主要功能是将电力传输母线传输的电力进行功率分配、电压变换，传输到微波发射天线的供电单元为微波源进行供电，并且分配一部分电力用于为安装在微波发射天线上的服务分系统设备供电，同时通过蓄电池储存部分能量用于为阴影期的服务分系统设备供电。

5.5.2.3.1　太阳电池阵区电力传输与管理方案

　　根据电站的总体构型，整个太阳电池阵由南北两大部分的太阳电池分阵组成，每部分各包括 25 个太阳电池分阵，每个太阳电池分阵的输出功率为 48 MW。每个太阳电池分阵由东西两个方向的太阳电池子阵组成，每个方向各包括 6 个太阳电池子阵，共 12 个太阳电池子阵，每个太阳电池子阵的输出功率为 4 MW，输出电压为 500 V。12 个太阳电池子阵的输出电力通过连接太阳电池分阵和主结构桁架的 2 个导电旋转关节输出。太阳电池分阵电力传输与管理方案主要思路为：

　　1）太阳电池子阵发电电压为 500 V，发电总功率为 4 MW，每个太阳电池子阵的输出经过一个子阵高压变换单元将电压升高到 5 kV，之后分多路接入导电旋转关节，单台高压变换单元的失效仅影响独立的子阵，不会引起整个分阵失效；

　　2）电池子阵产生的部分电力接入太阳电池分阵服务母线，并根据需求经过降压变换，用于对太阳电池分阵上的蓄电池充电及太阳电池分阵服务分系统设备供电。

根据太阳电池分阵的构型，电池分阵由 12 个电池子阵组成，形成 2×3×2 的布局形式。将太阳电池分阵东西向的太阳电池子阵分别接入一条分阵母线，对应的 2 条分阵母线分别接入一个导电旋转关节。为了降低导电旋转关节的传输电流，每个电池子阵输出功率需要通过一个子阵高压变换单元升压到 5 kV 输出，具体方案如图 5-15 所示。每个太阳电池分阵上均可能安装电力传输与管理分系统、姿态与轨道控制分系统、热控分系统、信息与系统运行管理分系统的部分设备，需要设置电池分阵服务母线用于服务分系统的供电，由于服务分系统设备功率较小，采用 100 V 低压母线（见图 5-16）。根据设备的安装位置，在电池子阵上设置专门用于服务设备的供电阵。同时，为了保证阴影期及特殊状态下的持续供电需求，每个电池分阵都安装一定的蓄电装置，用于保证阴影期及故障期的基本服务设备的正常工作，蓄电容量与电池阵的服务设备配置直接相关。

5.5.2.3.2　主结构区电力传输与管理方案

主结构与 50 个太阳电池分阵通过 100 个独立的导电旋转关节进行连接，50 个太阳电池分阵输出的电力通过主结构上的电力传输母线将电力传输到位于主结构中部的微波发射天线，通过发射天线两侧接入发射天线母线。

主结构电力传输与管理方案主要思路为：南北 50 个太阳电池分阵的输出对应 100 条电力传输母线，分别通过南北 2 个接入端连接微波发射天线，为微波发射天线一定区域的微波天线模块进行供电。部分母线功率进行分配用于为主结构上的服务分系统设备供电。根据目前的设计，每一路分阵母线电压为 5 kV，电流为 4 800 A，总功率约为 24 MW。经过导电旋转关节后根据需求分配部分功率直接用于电推进系统供电，或者经过一次降压变换将电压从 5 kV 降压到 500 V 用于蓄电池充电，以及通过二次电压变换用于主结构服务分系统设备供电。导电旋转关节输出的主要功率将通过母线高压变换单元再次升压到 20 kV，接入电力传输母线，进而传输到微波发射天线端（见图 5-17）。

5.5.2.3.3　发射天线阵区电力传输与管理方案

发射天线阵区包括 80 个微波天线结构子阵（100 m×100 m），对应 5 个天线组装模块（20 m×100 m），每个天线组装模块由 20 个天线结构模块（20 m×5 m）组成，每个天线结构模块包括 16 个天线子阵（2.5 m×2.5 m）。考虑微波发射天线均匀功率发射情况下，一个天线子阵的平均供电功率约为 15.6 kW，供电电压为 500 V（采用多个固态放大器串联供电的方式）。如果发射天线采用非均匀微波功率设计（见图 5-18），中心部位的辐射单元的供电功率将远高于周围辐射单元的供电功率，见表 5-5。电力传输母线传输的电力需要经过电压变换和分配为所有的天线结构模块和发射天线上布置的服务分系统设备进行供电，发射天线阵区电力传输与管理方案主要思路为：

1）南北各 50 条电力传输母线通过发射天线的两个接口接入发射天线母线，对应的电压为 20 kV；

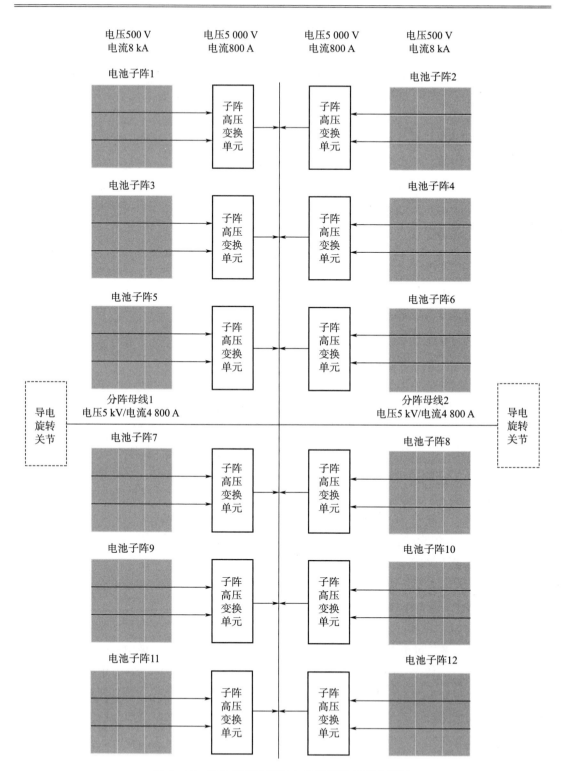

图 5-15 电池子阵功率接入分阵母线方案示意图

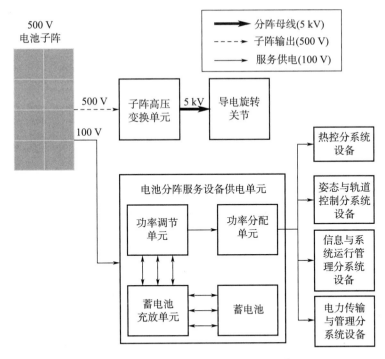

图 5-16　电池分阵电力传输与管理示意图

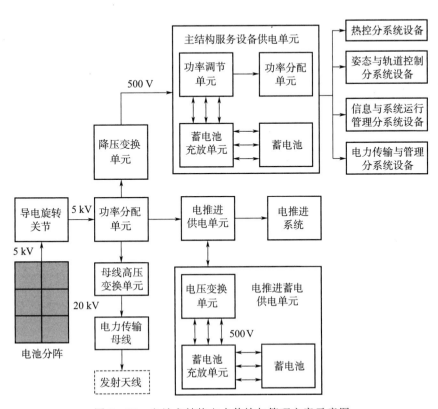

图 5-17　电站主结构电力传输与管理方案示意图

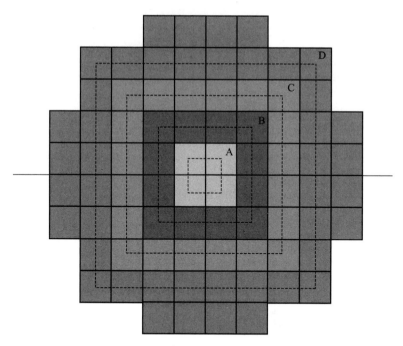

图 5 - 18　微波发射天线非均匀功率分布

2）天线母线传输的电力经过降压变换单元将电压从 20 kV 降压至 5 kV，输出到多条天线子母线（见图 5 - 19）；

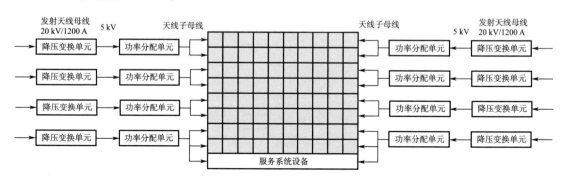

图 5 - 19　发射天线供电拓扑结构

3）天线子母线传输的电力通过功率分配单元分配到多个天线组装模块，再次经过降压变换单元将电压从 5 kV 降压至 500 V，通过多路输出为一定位置的天线子阵进行供电；

4）天线子母线传输的电力通过功率分配单元分配部分功率直接为电推进系统（5 kV）供电，或将电压从 5 kV 进行降压，分别用于蓄电池充电（500 V）以及经过二次电压调节（100 V/28 V/12 V/5 V）后用于为微波发射天线阵的服务分系统设备供电。蓄电装置主要用于保障阴影期及故障期相关的服务分系统设备的正常工作，蓄电容量与天线阵的服务设备配置直接相关（见图 5 - 20）。

表 5 - 5　微波发射天线非均匀供电功率分布

分区	A	B	C	D
结构子阵数量	4	12	20	44
每个结构子阵供电功率/MW	100	50	25	12.5
供电功率密度/(kW/m²)	10	5	2.5	1.25

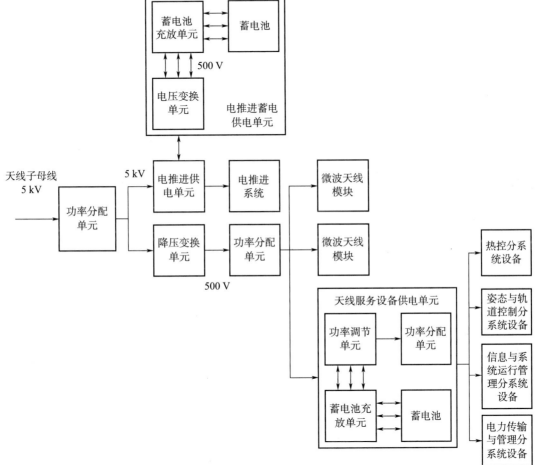

图 5 - 20　微波天线阵端电力传输与管理示意图

5.5.2.3.4　安全防护配置方案

空间太阳能电站电力系统的安全防护策略主要考虑三个层面：系统层面、设备层面以及器件层面。

系统层面的保护主要考虑采用分布式发电及供电方式，即每一个太阳电池分阵的输出到供电负载对应一个独立的发电及供电子系统，对应的功率为 24 MW，整个电站包括 100 个分布式发电及供电子系统。一个发电及供电子系统内部发生的故障不会影响到其他的发电及供电子系统的正常工作，以提高整个供电系统的可靠性和安全性。

设备层面的保护考虑采用安全保护设备的组合配置，在子阵高压变换单元前端和天线阵降压变换单元前端分别配置高压直流断路器，依托高压直流断路器以及 DC/DC 电压变换器的保护功能实现整个供电系统各种故障情况的保护（见图 5-21）。

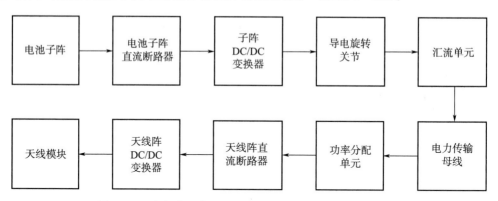

图 5-21 空间太阳能电站电力系统直流断路器配置示意图

器件层面的保护主要是针对服务分系统设备，防止服务设备的短路对于服务母线的影响，在每台设备的入口端均配置熔断器。

5.5.2.3.5 质量估算

电力传输与管理分系统的质量占空间太阳能电站总质量的比例很大，主要由传输电缆、导电旋转关节、各种电力设备和蓄电池的质量组成。

考虑功率损耗和散热等，假设电缆导体的截面积与电流成正比，对应电流密度为 2 A/mm²。首先分析 24 MW 供电系统对应的电缆质量。

24 MW 电池分阵母线传输电流为 4 800 A，电力传输母线传输电流为 1 200 A，发射天线子母线传输电流为 4 800 A，对应的电缆导体截面积分别为 2 400 mm²、600 mm² 和 2 400 mm²。考虑整个电站的构型，对应的电池分阵母线（电池子阵到导电旋转关节）、电力传输母线（导电旋转关节到微波发射天线中心）和发射天线子母线（微波发射天线中心到每个天线模块）的平均长度分别约为 300 m、3 600 m 和 300 m。

采用铝电缆，铝的密度为 2.7 t/m³，对应电池分阵母线、电力传输母线和发射天线子母线电缆导体质量分别为：

$$2\ 400 \times 10^{-6} \times 300 \times 2.7 = 1.944\ t$$
$$600 \times 10^{-6} \times 3\ 600 \times 2.7 = 5.832\ t$$
$$2\ 400 \times 10^{-6} \times 300 \times 2.7 = 1.944\ t$$

电缆导体总质量为 9.72 t，考虑 30% 的绝缘和封装材料质量，对应 100 路供电系统，电缆总质量约为 1 260 t。

假设每个导电旋转关节质量为 1 t，对应 100 个导电旋转关节的总质量为 100 t。

假设所有电力设备质量之和对应的质量比功率可以达到 3 kW/kg，对应 2.4 GW 发电功率的电力设备总质量达到 800 t。

假设故障期需要工作的服务设备总功率为整个系统供电功率的 0.1%（2.4 MW），蓄电池的比容量为 500 W·h/kg，最大放电深度为 80%，最长工作时间为 10 h，则蓄电池的总容量为 30 MW·h，对应的质量为 60 t。

因此，整个电力传输与管理分系统的总质量约为 2 220 t。

5.5.2.4　方案小结

1 GW 空间太阳能电站的电力传输与管理分系统的电力传输功率为 2.4 GW，太阳电池阵输出功率通过 100 个导电旋转关节和 100 条电力传输母线进行电力传输。分别采用 20 kV 电力传输母线、5 kV 电池分阵母线和 5 kV 发射天线子母线，系统总质量约为 2 220 t，分系统主要指标见表 5-6。

表 5-6　电力传输与管理分系统主要指标

电力传输功率		2.4 GW
电力传输母线电压		20 kV
电池分阵母线电压		5 kV
微波源供电电压		500 V
蓄电池供电电压		500 V
电推进系统供电电压		5 kV
服务分系统供电电压		100 V/28 V/12 V/5 V
导电旋转关节	电流	4 800 A
	电压	5 kV
	单重	1 t
	数量	100 个
蓄电池	电压	500 V
	容量	30 MW·h(0.1% 总功率,10 h)
	最大放电深度	80%
质量	电力传输母线	760 t
	电池分阵母线	250 t
	天线母线	250 t
	旋转关节	100 t
	电力设备	800 t(比功率 3 kW/kg)
	蓄电池	60 t(比容量 500 W·h/kg)
	总计	2 220 t

5.5.3　微波无线能量传输分系统

5.5.3.1　分系统主要功能

空间太阳能电站的微波无线能量传输分系统将空间太阳能电站产生的电力以微波形式传送回地球，地面的接收系统再将微波能量转化为电能。微波无线能量传输过程需要经历"电"转"微波"、微波传输、"微波"转"电"三个主要过程。

微波无线能量传输从完整角度应包括空间和地面两大部分（见图 5 - 22）。空间部分主要用于将太阳能发电系统产生的电力高效地转化为微波，并利用大尺度发射天线向地面进行高精度的定向传输。地面部分要尽可能地接收微波波束、高效地转化为电力并接入地面电网。理论上，微波无线能量传输分系统特指空间的微波能量发射部分，地面接收部分应当归入地面接收系统和地面运行控制系统范畴。考虑到整个无线能量传输过程的完整性，本部分将综合考虑空间和地面部分，即空间微波能量发射与地面微波能量接收两部分，包括地面的导引波束发射和空间的导引波束接收。微波无线能量传输分系统重点关注微波频率、系统效率、波束精度和系统规模。

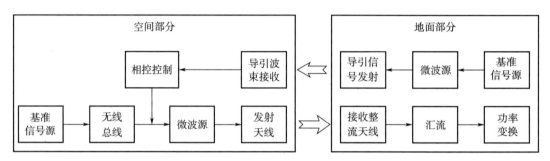

图 5 - 22　微波无线能量传输分系统框图

5.5.3.2　分系统主要组成

微波无线能量传输分系统包括空间微波能量发射子系统和地面微波能量接收子系统。其中空间微波能量发射子系统主要包括基准信号源、大功率微波源、微波馈电网络、相位控制单元、微波发射天线和导引波束接收天线。地面微波能量接收子系统包括接收整流天线，汇流电路、功率变换装置及导引波束发射装置等部分，如图 5 - 23 所示。

5.5.3.3　分系统方案
5.5.3.3.1　系统分析

（1）微波频率选择

无线能量传输效率对于整个电站至关重要，由于空间太阳能电站是从空间向地面进行能量传输，要求微波穿过大气的能量损失尽可能小。主要影响微波透过率的因素包括：大气分子（氧气、水蒸气等）、降水（包括雨、雾、雪、雹、云等）、大气中的悬浮物（尘埃、烟雾等）。根据大气对于不同频率微波的衰减曲线，穿过大气的微波能量传输选择的频率应低于 10 GHz。同时频率的选择还应考虑到微波源的效率、整流效率、国际电信联盟对于该频率的分配等，同时，频率的选择要综合考虑天线尺寸以及功率密度的限制。

目前，国际上对于空间太阳能电站的研究普遍选择了工业、科学和医学（ISM）频段的 2.45 GHz 和 5.8 GHz。2.45 GHz 微波的大气透过性略好于 5.8 GHz 微波，但是对应的发射天线要大一倍，考虑技术发展和天线尺寸等因素，选择微波频率为 5.8 GHz，对应的大气衰减率不超过 5%。不同频率电磁波的大气衰减如图 5 - 24 所示。

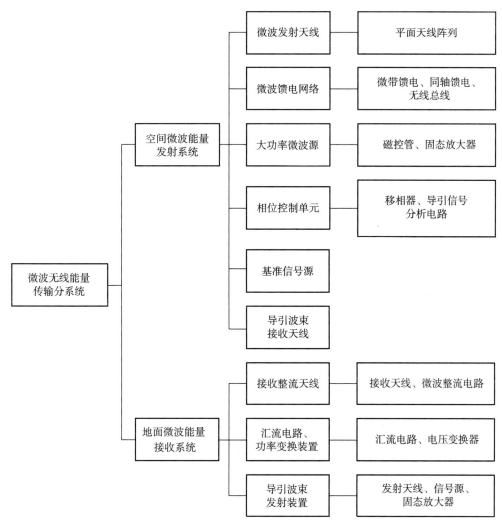

图 5-23　微波无线能量传输分系统组成

（2）微波源选择

空间太阳能电站发射的微波频率为点频，无须考虑带宽。微波源的选择重点考虑功率、效率、频率稳定性、质量比功率、寿命、空间环境适应性、供电及成本等。目前的研究主要考虑采用半导体固态放大器和磁控管。

半导体固态放大器目前主要发展到以氮化镓（GaN）和碳化硅（SiC）等第三代宽禁带材料为代表的功率器件。单器件的功率较低，在百瓦量级；效率提升很快，目前已经达到 80％；频率稳定性高；质量比功率逐渐提升；寿命长；GaN 器件空间环境适应性较好（包括抗辐射性能和高温工作特性）；供电电压约为 50 V，但可以考虑采用多器件串联工作提高供电电压；成本较高，大规模应用可以大幅降低成本。

磁控管属于真空器件，功率高，在千瓦量级；效率较高，可以达到 80％；频率和相位稳定性较差，因此需要利用稳频锁相技术发展相控磁控管（PCM，Phase Control

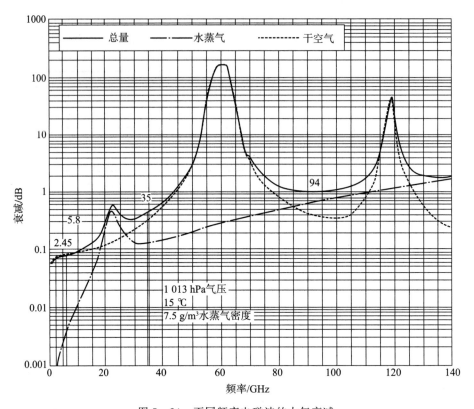

图 5-24　不同频率电磁波的大气衰减

Magnetron），效率上会受一定的影响；质量比功率高；寿命受到一定限制；空间环境适应性好，由于功率集中，需要良好的散热；需要 5 000 V 左右的高压供电，对供电电压稳定性要求高；成本较低。

目前的方案优选半导体固态放大器，在稳频锁相技术发展、寿命提升和散热技术解决的前提下，也可以考虑采用磁控管微波源。

（3）天线尺寸选择

微波无线能量传输要求波束截获效率（收集效率）尽可能高，根据 Goubau 以及 Brown 等人的试验结果，微波无线能量传输的波束截获效率取决于微波波长、能量传输距离以及收发天线的口径大小，这些因素对波束截获效率的影响可以通过参数 τ 来表征

$$\tau = \frac{\sqrt{A_t A_r}}{\lambda D} \tag{5-1}$$

式中　A_t——发射天线面积；

　　　A_r——接收天线面积；

　　　λ——微波波束的波长；

　　　D——能量传输距离。

而 τ 与波束截获效率的关系如图 5-25 所示，当 τ 足够大（如 $\tau > 2$）时，微波无线能量传输的波束截获效率接近 100%。

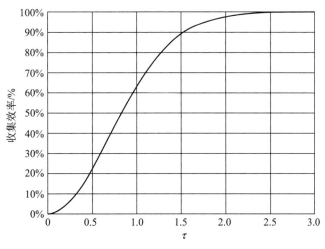

图 5-25　能量收集效率与 τ 的关系

空间太阳能电站的收发天线尺寸需要综合考虑微波频率、传输距离、地面微波密度限制等因素。对于 5.8 GHz 微波，波长为 5.17 cm，地球同步轨道高度 $D = 35\,786$ km，对应 40°纬度的传输距离约为 37 500 km，为了获得 95% 的波束截获效率，对应的 $\tau \approx 2$。参考典型空间太阳能电站设计，给定发射天线直径为 1 km，计算得到接收天线直径约为 5 km。

（4）波束指向控制精度分析

考虑到地面波束功率密度呈高斯分布，为了保证高的能量收集效率，除了保证微波波束入射到接收天线，地面整流天线子阵接收的微波功率也要尽可能稳定，要求微波波束中心偏离理想中心位置不超过发射天线直径的 5%，偏差约为 250 m，对应的地面接收天线的波束指向精度约为 4×10^{-4}°。

为了满足这一指向精度，需要在姿态指向基础上通过微波反向波束控制方式实现。由于波束控制角度有限，因此对于空间太阳能电站的轨道位置精度、发射天线的指向精度和稳定度也提出要求，具体见 5.5.5.1 节。

5.5.3.3.2　反向波束控制技术分析

（1）反向波束控制原理

空间太阳能电站微波发射端与地面接收端的距离极远，为了保证能量传输效率以及安全性，微波传输必须具备极强的方向性，波束方向误差需要控制在 4×10^{-4}° 以内，电站运行过程中微波发射天线的对地相对位置和姿态的任何微小扰动都可能导致波束方向误差超出上限。如此高精度的波束指向无法通过天线的机械指向来实现，需要通过天线子阵的相位控制进行电控波束调节实现，目前主要考虑采用反向波束控制技术，即地面接收站发送导引波束信号（pilot signal）给空间太阳能电站，电站的天线阵列接收导引波束信号以确定不同天线子阵的参考相位，以此调整天线子阵的馈电相位，从而实现波束准确地传输到地面接收天线。

反向波束控制主要基于相控阵天线原理。当平面电磁波入射至阵列天线时，由于入射波到达各个辐射单元的路径长度不同，各单元接收到的微波相位从左到右依次落后 $\Delta\varphi$。相位差异与天线位置之间存在线性关系

$$\Delta\varphi = \frac{2\pi f d \sin\theta}{c} = \frac{2\pi d \sin\theta}{\lambda} \tag{5-2}$$

式中　$\Delta\varphi$ —— 相邻两个单元接收到微波的相位差；

　　　d —— 相邻两个单元的间距；

　　　f —— 入射电磁波的频率；

　　　θ —— 来波方向与阵列法向方向的夹角；

　　　c —— 真空中的光速；

　　　λ —— 波长。

当阵列天线沿 θ 方向发射微波时，相位领先与落后的关系正好与接收情况相反，天线各单元发射的信号从左到右依次领先 $\Delta\varphi$，从而在该方向上实现最大的功率发射。反向波束控制的基本思想是：各个辐射单元发射信号时，只需要保证各单元馈电信号的相对相位差与接收到的导引波束信号的相对相位差大小相等、符号相反即可。反向波束控制技术的核心是实现两个功能：1）通过导引波束信号分析得到各辐射单元接收信号相位相对于基准相位的相位差；2）基于分析结果控制各辐射单元发射信号的相对相位，使得整个天线的功率发射指向来波方向。

阵列天线接收来波的相位差如图 5-26 所示，阵列天线发射信号的相位差如图 5-27 所示。

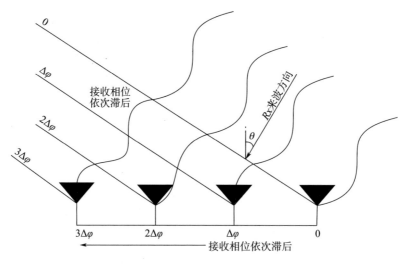

图 5-26　阵列天线接收来波的相位差

（2）反向波束控制技术分类

目前，国际上面向空间太阳能电站研究主要采用的反向波束控制技术包括两种。

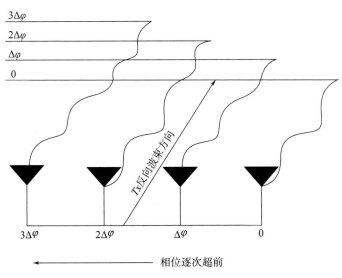

图 5 - 27 阵列天线发射信号的相位差

①基于幅度单脉冲测角及旋转单元电场矢量的反向波束控制

幅度单脉冲方法测角原理如图 5 - 28 所示。该方法采用具有相同方向图、但波束指向略有不同的两个天线［见图 5 - 28（a）］。图 5 - 28（b）、（c）分别为两个天线接收到的两路信号相加和相减得到的方向图。两路信号之差与两路信号之和的比值经过放大处理之后可以得到一个误差信号电压，图 5 - 28（d）给出了误差信号电压与来波的方向角度 θ 之间的关系。可见，当来波方向与两个接收天线所在平面垂直（即 $\theta = 0$）时，误差信号电压为 0。首先调整单脉冲接收天线的位置和姿态，使得其差方向图的零点方向与功率发射天线子阵垂直，标定图 5 - 28（d）所示的误差信号电压-角度曲线，即可由该曲线判断导引波束信号来波方向与发射天线子阵的夹角，然后相应地调整子阵馈电相位，从而调整功率波束指向。

日本在 2015 年的高精度地面微波无线能量传输试验中采用了这种方法。该试验发射天线采用了四个天线子阵，每个子阵包括 76 个辐射单元。每个天线子阵中心安装一组反向波束接收天线，利用幅度单脉冲方法检测导引波束信号来波方向，通过控制发射天线子阵 76 路通道中的移相器，实现功率波束回到导引波束方向。每组反向波束接收天线包括水平和垂直两组单脉冲接收天线（见图 5 - 29），分别对应方位和高度的方向检测。反向波束控制系统通过这两组误差信号判断导引波束信号的来波方向，从而调整发射功率的方向。图 5 - 30 所示为两个平面上误差信号与偏离角的关系曲线，可以看到在±10°内，该曲线呈现出较好的线性特征，因而在此范围内能较为精确地实现波束控制。

在保证各天线子阵波束指向导引波束方向基础上，为了补偿 4 个天线子阵间的位置和姿态偏差，通过采用旋转单元电场矢量（Rotating Element Electric Field Vector，REV）方法确定 4 个发射天线子阵之间微波的合理相对相位关系，即逐次旋转 4 个子阵移相器的相位，同时监测能量接收端的输出功率，直至接收到的功率达到最大，从而确定最终的天

(a) 相同方向图的两个天线，
波束主瓣指向稍有不同

(b) 两个波束方向图之和

(c) 两个波束方向图之差

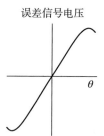

(d) 误差信号电压随角度的变化规律

图 5-28　幅度单脉冲方法测角原理

线子阵相位，并通过 4 个天线子阵移相器控制每个天线子阵的整体相位，确保 4 个天线子阵的功率波束到达能量接收端时相位同相叠加。试验最终获得的指向精度为 0.15°。

②基于共轭相位的波束方向控制

反向波束控制的基本思想是保证相邻两个辐射单元的相位差在收发两种状态下满足关系

$$\Delta\varphi_{Tx} = -\Delta\varphi_{Rx} \tag{5-3}$$

即收发两种状态下相位差共轭。

外差混频器是获得相位共轭的一种有效的方法，当本地振荡器（LO）的频率是导引波束信号频率 f_{Tx} 的两倍时，导引信号和本振信号混频后的下边带信号具有与导引波束信号共轭的相位。考虑某辐射单元接收到的导引信号为 $\cos(\omega_{Tx}t + \Delta\varphi)$，其中 $\Delta\varphi$ 为该辐射单元与参考单元接收到的相位差，该信号与角频率为 $2\omega_{Tx}$ 的本振信号混频得到

$$\underbrace{\cos(\omega_{Tx}t + \Delta\varphi)}_{\text{接收信号}} \cdot \underbrace{\cos(2\omega_{Tx}t)}_{\text{LO}} = \underbrace{\frac{1}{2}\cos(3\omega_{Tx}t + \Delta\varphi)}_{\text{上边带}} + \underbrace{\frac{1}{2}\cos(\omega_{Tx}t - \Delta\varphi)}_{\text{下边带}} \tag{5-4}$$

将上边带信号滤除掉，剩下的下边带信号 $(1/2)\cos(\omega_{Tx}t - \Delta\varphi)$ 即为所需的具有共轭相位的信号。当空间太阳能电站的高度、位置、大气条件等发生变化，空间微波天线模块接收到信号相位也发生变化，通过共轭相位进行控制的微波发射相位随之发生变化，实现波束的自动补偿和调整。反向波束控制可以很好地进行发射天线波束的自动调节。

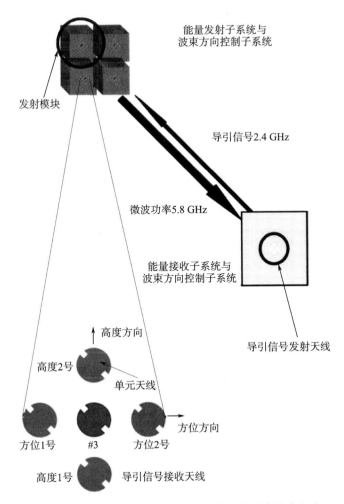

图 5 - 29　单脉冲方法控制单个面板的发射功率波束方向

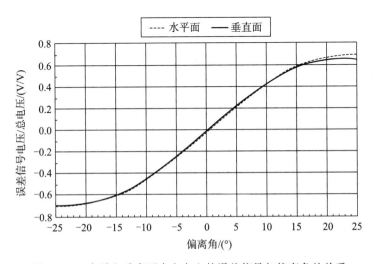

图 5 - 30　水平和垂直两个方向上的误差信号与偏离角的关系

对于空间太阳能电站，发射的微波功率密度与接收的导引波束信号功率密度相差极为悬殊，如果收发信号采用同一频率，发射微波极微小的泄漏都会导致导引波束信号接收电路系统工作于饱和状态，甚至烧毁，从而无法正确地接收到导引波束信号。为解决这一问题，导引波束信号和发射微波需要采用不同的频率，收发之间的相位共轭关系还需要引入一个频率转换因子。

图 5-31 为收发频率不同条件下，相邻两个辐射单元收发相位差计算示意图，收发两种状态下反向波束控制要求相位差满足

$$\frac{\Delta\varphi_{Tx}}{\Delta\varphi_{Rx}} = -\frac{f_{Tx}}{f_{Rx}} = -\frac{\lambda_{Rx}}{\lambda_{Tx}} \equiv -X \tag{5-5}$$

其中，负号代表收发两种状态下相邻两个辐射单元相位的领先/落后关系对调。在收发频率 f_{Rx} 和 f_{Tx}（收发波长 λ_{Rx} 和 λ_{Tx}）确定的情况下，X 为固定的常数，是进行频率转换所需的收发相位比例因子。

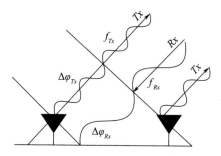

图 5-31　收发频率不同条件下的回复式反射

反向波束控制中收发相位共轭关系可做如下数学描述。假设发射阵列包含 N 个辐射单元，第 i 个辐射单元接收到的导引波束信号相位为 $\varphi_{Rx}^{(i)}$，反向发射功率的相位为 $\varphi_{Tx}^{(i)}$，第 i 个单元与第 $(i-1)$ 个单元接收到的导引波束信号和反向发射信号相位差分别为

$$\Delta\varphi_{Rx}^{(i)} = \varphi_{Rx}^{(i)} - \varphi_{Rx}^{(i-1)} \tag{5-6}$$

$$\Delta\varphi_{Tx}^{(i)} = \varphi_{Tx}^{(i)} - \varphi_{Tx}^{(i-1)} \tag{5-7}$$

选取任意一个辐射单元作为参考单元（如第 0 个辐射单元），其收发信号相位分别为 $\varphi_{Rx}^{(0)}$ 和 $\varphi_{Tx}^{(0)}$，则有

$$\varphi_{Rx}^{(n)} = \varphi_{Rx}^{(0)} + \sum_{i=1}^{n} \Delta\varphi_{Rx}^{(i)} \tag{5-8}$$

$$\varphi_{Tx}^{(n)} = \varphi_{Tx}^{(0)} + \sum_{i=1}^{n} \Delta\varphi_{Tx}^{(i)} \tag{5-9}$$

其中，$n = 1, 2, \cdots, N-1$。

为了实现反向波束控制，需要通过导引波束信号分析得到 $\Delta\varphi_{Rx}^{(i)}$，并控制各辐射单元发射信号的相对相位 $\Delta\varphi_{Tx}^{(i)}$，使得

$$\Delta\varphi_{Tx}^{(i)} = -X\Delta\varphi_{Rx}^{(i)} \tag{5-10}$$

美国 Texas A & M 大学设计的基于共轭相位的波束方向控制的系统结构如图 5-32

所示。能量发射端的天线系统由一个导引波束信号接收参考天线和两个阵列天线模块构成。每个天线模块包含一个 63 单元的右旋圆极化发射天线子阵和一个左旋圆极化接收天线，分别用于发射 5.8 GHz 的微波功率和接收 2.9 GHz 的导引波束信号。两个模块中的接收天线分别将接收到的 2.9 GHz 导引波束信号经带通滤波和放大之后，分别与 2.89 GHz 的本振信号混频。参考天线接收到的导引波束信号经滤波放大之后，由光发射机转换为光信号，经光纤传播一段距离后由光接收机转换为微波信号，放大后与本振信号混频。2.89 GHz 的本振信号由一个微波信号源生成，经 1∶3 功分后提供给 3 路混频器。混频器输出经低通滤波后得到 10 MHz 的中频信号。3 路中频信号经适当放大后，由模数转换器转换为数字信号，在数字域进行信号处理得到波束控制所需的相位信息。依据获得的相位信息，数字信号处理器控制数模转换器产生携带共轭相位的两路中频信号，经三级上变频和放大，得到 5.8 GHz 的两路功率发射信号，分别馈电至两个天线面板的功率发射子阵进行发射，最终形成所需的波束。

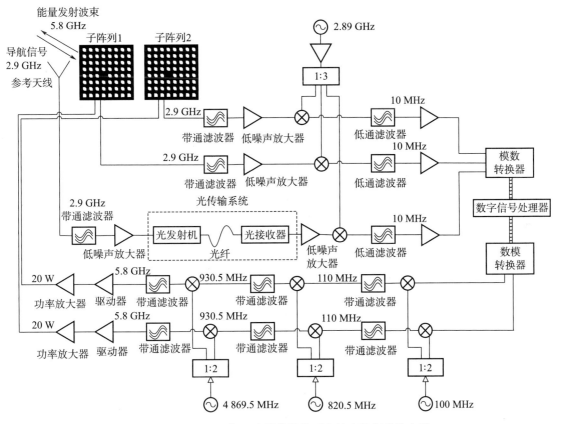

图 5 - 32　Texas A&M 大学设计的反向波束控制系统方案

（3）基于共轭相位的反向波束控制仿真分析模型

考虑发射天线为平面阵列，由 $M \times M$ 个子阵组成（见图 5 - 33），每个子阵包含 $N_x \times N_y$ 个单元（见图 5 - 34），假设所有单元均为全向均匀辐射天线。子阵位于 $x - y$ 平面，x，y 方向上相邻两个单元的间距和馈电相位差分别为 d_x，d_y 和 β_x，β_y，形成的主瓣波束指向以（θ_0，ϕ_0）表示。令 $k_0 = 2\pi/\lambda_0$，λ_0 为波长，则该阵列的归一化远场方向图表达式为

$$E(\theta,\phi) = \frac{\sin\left(\dfrac{N_x}{2}\psi_x\right)\sin\left(\dfrac{N_y}{2}\psi_y\right)}{\sin\left(\dfrac{\psi_x}{2}\right)\sin\left(\dfrac{\psi_y}{2}\right)} \tag{5-11}$$

其中

$$\psi_x = k_0 d_x \sin\theta\cos\phi + \beta_x \tag{5-12}$$

$$\psi_y = k_0 d_y \sin\theta\sin\phi + \beta_y \tag{5-13}$$

其归一化辐射功率方向图为

$$U(\theta,\phi) = \frac{1}{N_x^2 N_y^2}\left|\frac{\sin\left(\dfrac{N_x}{2}\psi_x\right)\sin\left(\dfrac{N_y}{2}\psi_y\right)}{\sin\left(\dfrac{\psi_x}{2}\right)\sin\left(\dfrac{\psi_y}{2}\right)}\right|^2 \tag{5-14}$$

馈电相位差 β_x、β_y 与波束主瓣指向（θ_0，ϕ_0）之间的关系为

$$\beta_x = -k_0 d_x \sin\theta_0\cos\phi_0 \tag{5-15}$$

$$\beta_y = -k_0 d_y \sin\theta_0\sin\phi_0 \tag{5-16}$$

得到 $U(\theta,\phi)$ 之后，子阵增益计算如下

$$G(\theta,\phi) = \frac{4\pi U(\theta,\phi)}{\displaystyle\int_0^\pi \int_0^{2\pi} \sin\theta U(\theta,\phi)\,\mathrm{d}\phi\,\mathrm{d}\theta} \tag{5-17}$$

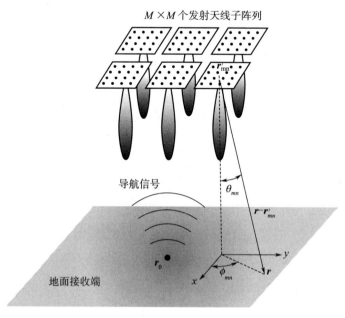

图 5-33　多子阵相控反向波束控制分析模型

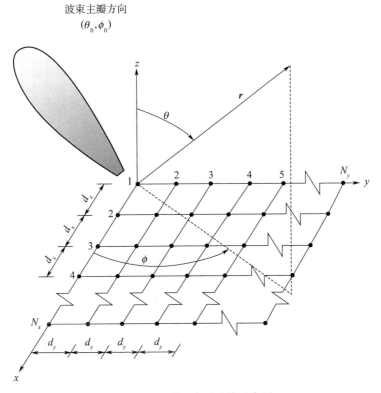

图 5-34　平面阵列天线示意图

　　考虑所有辐射单元同相馈电（$\beta_x = \beta_y = 0$），形成垂直于天线阵列所在平面的电磁波束（沿 z 方向传播），设定辐射单元间距为半波长（$d_x = d_y = \lambda_0/2$），在给定发射天线尺寸情况下，子阵尺寸越大，子阵波束越窄，整体波束方向控制精度越高，但波束的整体扫描范围变小（定义扫描范围为传输效率在 90% 以上的最大扫描角度），见表 5-7。对于 5.8 GHz频率，通过仿真分析，当子阵辐射单元数为 50×50 时，扫描角度范围约为 0.28°；子阵辐射单元数增至 100×100 时，扫描角度范围约为 0.14°；子阵辐射单元数为 200×200 时，扫描角度范围约为 0.07°。不同子阵辐射单元数量条件下，能量传输效率随扫描角度的变化如图 5-35 所示。

表 5-7　波束宽度与辐射单元数目的关系

辐射单元数目	天线阵列口径	阵列增益	波束宽度	波束在覆盖地表区域
10×10	0.258 m ×0.258 m	22 dBi	16.3°× 16.3°	直径约 10 000 km
100×100	2.58 m ×2.58 m	42 dBi	1.63°× 1.63°	直径约 1 000 km
$1\,000 \times 1\,000$	25.8 m×25.8 m	62 dBi	0.16°× 0.16°	直径约 100 km
$10\,000 \times 10\,000$	258.6 m×258.6 m	82 dBi	0.016°× 0.016°	直径约 10 km

　　选取子阵辐射单元数为 100×100，可以实现 0.1° 的波束调节能力，对应子阵尺寸为 2.58 m×2.58 m。多个子阵波束在地面接收端叠加得到的电场分布为

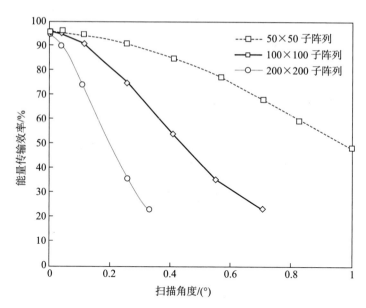

图 5-35 不同子阵辐射单元数量条件下，能量传输效率随扫描角度的变化

$$E(\boldsymbol{r}) = \sum_{m=1}^{M} \sum_{n=1}^{M} \frac{A_{mn} \mathrm{e}^{\mathrm{j}\varphi_{mn}} \mathrm{e}^{-\mathrm{j}k_0 \mid \boldsymbol{r}-\boldsymbol{r}'_{mn} \mid}}{\mid \boldsymbol{r}-\boldsymbol{r}'_{mn} \mid} \frac{\sin\left(\dfrac{N_x}{2}\psi_x^{mn}\right)\sin\left(\dfrac{N_y}{2}\psi_y^{mn}\right)}{\sin\left(\dfrac{\psi_x^{mn}}{2}\right)\sin\left(\dfrac{\psi_y^{mn}}{2}\right)} \qquad (5-18)$$

式中，A_{mn} 和 φ_{mn} 分别代表位于第 m 行第 n 列的子阵的馈电幅度和相位；x 和 y 方向上的子阵数目均为 $M = 385$；$\boldsymbol{r}'_{mn}$ 是该子阵的中心点位置；$\boldsymbol{r}$ 为地面接收天线孔径上的一点；$\boldsymbol{r}$ 相对于 $\boldsymbol{r}'_{mn}$ 的方位对应的方位角度记为 θ_{mn} 和 ϕ_{mn}，则

$$\psi_x^{mn} = k_0 d_x \sin\theta_{mn} \cos\phi_{mn} \qquad (5-19)$$

$$\psi_y^{mn} = k_0 d_y \sin\theta_{mn} \sin\phi_{mn} \qquad (5-20)$$

考虑所有子阵为等幅馈电，即取 $A_{mn} = 1$。馈电相位 φ_{mn} 由导引波束信号分析的结果确定。由于波束汇聚性能取决于子阵间馈电相位的相对关系，对波束控制有意义的不是相位的绝对值，而是 $\boldsymbol{r}'_{mn}$ 处接收到的相位相对于参考点 $\boldsymbol{r}'_0$ 处相位的差值。根据反向波束控制的共轭相位频率转换原理，功率载波发射所需的馈电相位可以设为

$$\varphi_{mn} = -\left(\frac{\lambda_1}{\lambda_0}\right)\left[-k_1(R_{mn}-R_0)\right] = k_0(R_{mn}-R_0) \qquad (5-21)$$

其中

$$k_1 = 2\pi/\lambda_1$$

式中　λ_1——导引波束信号波长；

　　　R_{mn}——导引波束信号源距离子阵中心 $\boldsymbol{r}'_{mn}$ 处的距离；

　　　R_0——导引波束信号源所在位置 $\boldsymbol{r}_0$ 距离参考点 $\boldsymbol{r}'_0$ 的距离。

考虑微波频率为 $5.8\ \mathrm{GHz}$，取 $\lambda_1/\lambda_0 = 2$，因此导引波束信号频率为 $2.9\ \mathrm{GHz}$。

根据上述模型，可以通过式（5-21）计算发射端反向波束控制所需的馈电相位，再采用式（5-18）计算得到波束到达接收端孔径的微波功率分布。到达地面接收端的微波总功率可通过对式（5-18）中电场 E 在 A_r 上的积分计算得到，即

$$P_r = \iint\limits_{A_r} \frac{\left|E(r)\right|^2}{2\eta_0} \mathrm{d}S \tag{5-22}$$

子阵发射的波束主瓣指向 (θ_0, ϕ_0) 的选取与能量接收天线在地面的位置，以及能量发射天线相对于地面的姿态有关，考虑两种典型情况。图 5-36（a）中能量接收天线位于赤道平面，电站正好位于接收天线正上方，收、发天线所在平面相互平行，并与两天线中心连线垂直。图 5-36（b）中能量接收天线位于北纬 40°，能量发射天线法向方向仍然指向赤道，而子阵形成的子波束指向接收天线，波束方向与天线孔径法向方向之间形成夹角 $\theta_0 = 6.3°$，收发天线距离扩大至 37 503 km。由于角度 θ_0 较小，收发天线距离相对变化不大，对发射波束的功率密度影响很小，但由于地表法向方向与功率波束指向形成 46.3° 的夹角，需对接收端整流天线阵列的指向和排布做相应的调整，只分析与功率波束垂直的接收天线孔径上接收到的功率。

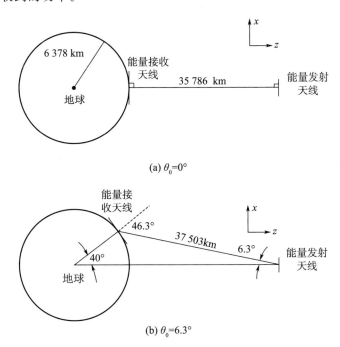

(a) $\theta_0 = 0°$

(b) $\theta_0 = 6.3°$

图 5-36　能量接收位置与子阵波束指向几何关系

（4）仿真结果

空间太阳能电站运行于地球静止轨道，电站的轨道漂移允许范围为 0.1°，即波束控制范围应达到 0.1°，表 5-8 列出了仿真采用的微波无线能量传输系统主要设计参数。空间太阳能电站发射天线尺度巨大，需要多个子阵进行波束功率合成，通过仿真分析子阵的相位误差、频率误差和姿态误差对于能量传输效率的影响。

表 5 - 8   微波无线能量传输系统仿真参数

参数名称	参数值
微波波长 λ_0（频率 f_0）	5.17 cm(5.8 GHz)
辐射单元间距 d_x, d_y	0.5 λ_0
发射天线阵尺寸 A_t	1 km×1 km
发射天线阵子阵数目 $M \times M$	385×385
子阵单元数 $N_x \times N_y$（尺寸）	100×100(2.58 m×2.58 m)
波束指向与子阵法向的夹角 θ_0	0°或 6.3°
导引波束信号波长 λ_1（频率 f_1）	10.34 cm(2.9 GHz)
接收天线尺寸 A_r	4 km×4 km（垂直于波束方向）

图 5 - 37 为收发天线互相正对（$\theta_0 = 0°$）条件下波束控制仿真结果。图 5 - 37（a）为计算所得 385×385 个子阵的馈电相位在发射天线孔径内的分布，图中相位单位为角度，发射孔径中心点的相位设为 0°，越远离中心点的位置馈电相位越领先，发射天线边缘处的相位接近 50°。图 5 - 37（b）为计算所得接收天线孔径内收到的微波功率密度归一化分布，导引波束信号源所在接收天线中心位置的功率密度最大，从中心向外，微波功率密度递减，呈现类似高斯分布。

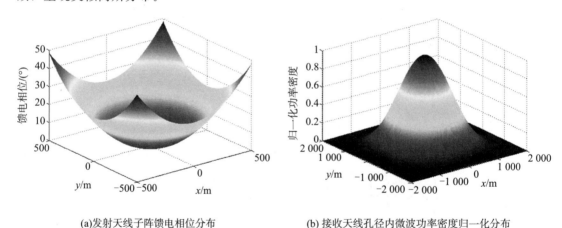

(a)发射天线子阵馈电相位分布   (b) 接收天线孔径内微波功率密度归一化分布

图 5 - 37   波束控制仿真（$\theta_0 = 0°$）（见彩插）

图 5 - 38 为收发天线孔径法向与波束指向存在夹角（$\theta_0 = 6.3°$）条件下波束控制仿真结果。图 5 - 38（a）为计算所得馈电相位在发射天线孔径内的分布。可以看到馈电相位沿 x 方向呈现线性递减，总相位差接近 80 000°。由于子阵单元大小为 2.58 m×2.58 m，无法实现 6.3°的波束扫描，因此在子阵单元设计中直接考虑 6.3°的固定波束指向。图 5 - 38（b）为计算所得接收天线收到的微波功率密度归一化分布。与 $\theta_0 = 0°$的情况一样，接收天线孔径中心位置（导引波束信号源所在位置）的功率密度最大，从中心向外，微波功率密度递减。

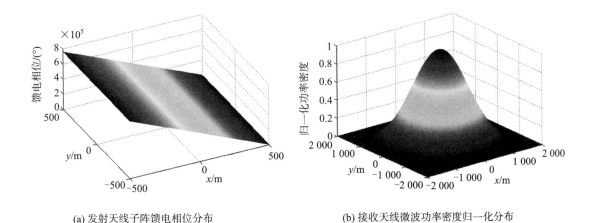

(a) 发射天线子阵馈电相位分布　　　　　　(b) 接收天线微波功率密度归一化分布

图 5-38　波束控制仿真（$\theta_0 = 6.3°$）（见彩插）

①相位误差的影响

阵列天线波束的性能主要取决于辐射单元的馈电相位，多种因素产生的误差会最终累积到每一个馈电端口形成馈电相位误差。对于多个子阵组成的系统，最终的波束宽度和指向取决于各天线子阵馈电相位的相对关系，而与馈电相位的绝对值无关。因此，如果所有天线子阵的馈电相位误差相等，并不影响波束指向精度，主要分析各子阵存在相互独立的随机相位误差分布情况下的影响。图 5-39 为叠加了 10°随机误差的馈电相位分布 [图 5-39（a）]，以及此时接收天线孔径内的微波功率密度归一化分布 [图 5-39（b）]。图 5-40 所示为不同幅度的随机相位误差条件下仿真所得的能量传输效率曲线。仿真结果表明，由于天线尺寸巨大，天线子阵间的理论最大相位差达到 50°，因此，每个天线子阵的随机相位变化幅度在 10°以内时，能量传输效率下降并不明显。当相位随机变化幅度达到 80°时，总效率将下降一半。

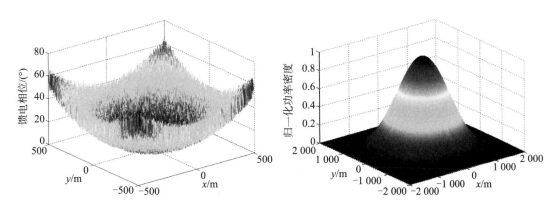

(a) 发射天线子阵馈电相位分布　　　　　　(b) 接收天线微波功率密度归一化分布

图 5-39　叠加随机误差的微波相位分布及归一化接收功率密度分布（见彩插）

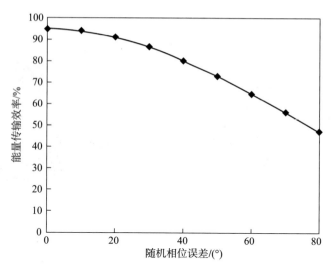

图 5-40　随机相位误差与能量传输效率的关系

②频率误差的影响

能量发射端微波信号源可能出现频率漂移从而导致发射微波偏移 5.8 GHz。仿真分析中，假定导引波束信号频率不变，分析微波频点偏离 5.8 GHz 对能量传输效率的影响。结果表明，频率误差对能量传输效率的影响与波束指向和发射天线法向的夹角（θ_0）有关。如图 5-41 所示，给定同样的 3 MHz 频率偏移，θ_0 角度越大，波束偏离接收天线中心点距离越大，对能量传输效率的影响越大。

图 5-42 所示为不同波束指向角条件下（波束指向和发射天线法向存在的夹角），能量传输效率随微波频率偏移的变化。可以看出，阵列波束指向垂直于接收天线孔径时，能量传输效率基本不受频率偏移影响。而当波束指向在 6°以内时，1 MHz 以内的频率偏移对于能量传输效率的影响较小。

③子阵姿态误差的影响

空间太阳能电站发射微波能量的相控阵天线尺寸巨大，需要进行在轨组装，组装本身将使得子阵的姿态和位置出现误差。同时电站在轨运行过程受到各种力学和环境条件的影响，子阵的姿态和位置也会随时间发生变化。其中子阵的位置偏差将直接反映在子阵接收到的导引波束信号的相位上，可以采用反向波束控制直接对其进行补偿修正。而子阵的姿态变化将直接导致子阵波束指向变化，影响能量传输效率。

图 5-43（a）所示为子阵法向方向偏离垂直方向的情况，偏离角度记为 $\Delta\theta$。图 5-43（b）为子阵法向方向出现随机误差时与能量传输效率之间的关系。可以看出，$\Delta\theta$ 在 0.2°以内时，能量传输效率下降不超过 5%，而随着 $\Delta\theta$ 的增大，能量传输效率下降明显。

主要仿真结论如下：

1) 由于发射天线尺寸巨大，反向波束控制系统可以容忍一定的随机馈电相位误差。随机相位误差的最大幅度在 10°之内时对能量传输效率的影响很小（小于 2%），可满足空间太阳能电站微波能量传输的需求，这意味着对于数字移相器精度以及各种相位误差因素

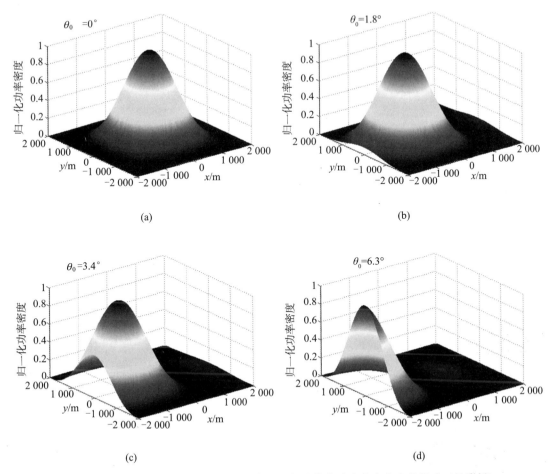

图 5-41　3 MHz 频率偏移条件下波束指向角对接收功率密度分布的影响（见彩插）

的容许度较高。

2）微波馈电频率偏差会导致波束指向出现偏差，从而降低能量传输效率。发射天线波束指向垂直于发射天线时，可以容忍的频率偏差较大。当发射天线波束指向与发射天线法向存在一定角度时，频率偏差对于能量传输效率的影响较大。1 MHz 以内的频率偏差对能量传输效率的影响很小，对应系统的微波馈电频率相对稳定度高于万分之二。

3）为了实现 0.1°的在轨波束动态调节范围，子阵尺寸约为 2.58 m×2.58 m，子阵姿态误差（天线法向与天线基准法向的夹角）的随机幅度控制在 0.2°以内时，可以维持较高的指向精度，能量传输效率下降不超过 5%。

5.5.3.3.3　微波发射天线方案

微波无线能量传输发射天线采用平面天线阵列，其基本组成为 2.5 m×2.5 m 的天线子阵，天线子阵也是相位控制的基本单元，即每个天线子阵对应一个独立的相位。

微波发射天线为一个 1 km 直径的平面阵列天线，为了简化天线的结构，并且考虑在轨组装的可行性，将圆形的微波发射天线简化为一个八边形结构，由 80 个 100 m×100 m 的结构子阵组成，如图 5-44 所示。每个结构子阵（见图 5-45）包括 5 个 20 m×100 m

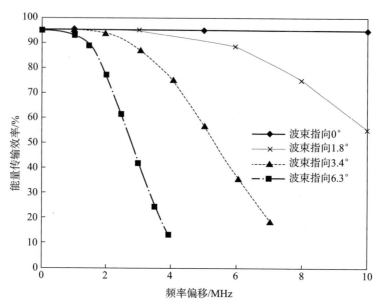

图 5-42　不同波束指向角条件下能量传输效率与频率误差的关系

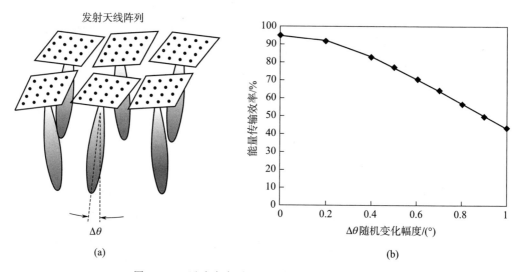

图 5-43　子阵姿态误差及对能量传输效率的影响

的天线组装模块，天线组装模块是天线在轨组装的基本单元，其收拢尺寸根据运载火箭约束进行确定。每个天线组装模块包括 20 个天线结构模块，每个天线结构模块的尺寸为 20 m×5 m×0.05 m，是天线结构的基本单元。发射时，20 个天线结构模块折叠收拢在一起，对应的尺寸为 20 m×5 m×1.1 m。每个天线结构模块包括 16 个天线子阵（2×8 排列），如图 5-46 所示。因此，整个微波发射天线包括 400 个天线组装模块、8 000 个天线结构模块、128 000 个天线子阵。

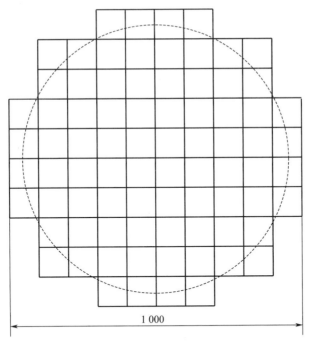

图 5 - 44　微波发射天线构型示意图

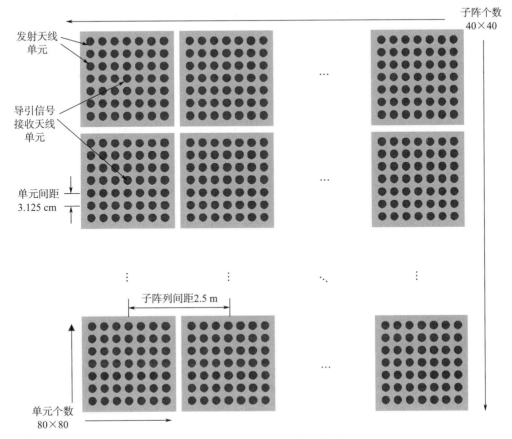

图 5 - 45　天线结构子阵示意图

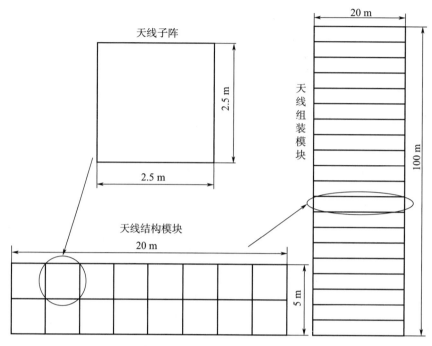

图 5-46　天线组装模块的构成

5.5.3.3.4　基于共轭相位波束方向控制的微波无线能量传输系统方案

基于共轭相位波束方向控制的微波无线能量传输系统方案如图 5-47 所示。微波发射天线由多个天线子阵构成。每个天线子阵包括一个基准信号接收天线、一个导引信号接收天线、一套相位控制单元、25 个固态功放、微波馈电网络和微波辐射单元。

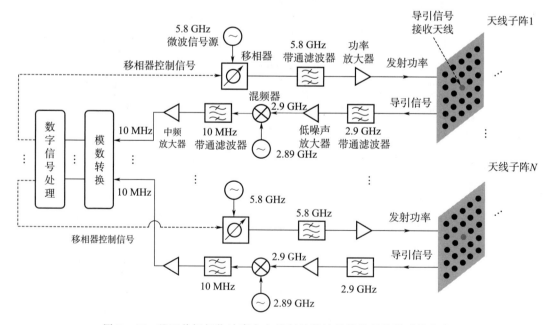

图 5-47　基于共轭相位波束方向控制的微波无线能量传输系统方案

基准信号接收天线用于接收 5.8 GHz 和 2.89 GHz 基准信号以进行信号处理。导引信号接收天线用于接收地面发射的导引波束信号，并且经滤波、放大之后，与 2.89 GHz 的基准信号混频，输出的 10 MHz 中频信号经滤波后转换为数字信号。数字信号处理单元计算得到接收的导引波束信号的相对相位，输出相应的控制信号控制发射通道中的移相器获得反向波束控制所需的共轭相位。5.8 GHz 基准信号经移相器处理后进行滤波、放大，之后通过功分网络分配至各子阵模块。然后，再经过功放放大后通过各子阵模块的功分网络输入到天线子阵的射频通道输入端，从而实现天线子阵发射微波波束的相位与反向波束相位共轭，且波束方向指向预设的接收天线方向。

基于共轭相位波束方向控制的微波无线能量传输分系统方案如下。

（1）微波信号源及功率分配

微波信号源包括一个 5.8 GHz 的微波信号源和一个 2.89 GHz 的本振信号源。微波信号源输出频率的稳定性直接影响反向波束的指向和能量传输效率。根据仿真分析，要求微波信号源的频率偏差小于 1 MHz。由于发射天线尺度达到 1 km，如果采用多级功分器分配功率的方案，功分系统将变得十分复杂，对于天线的结构变形等的要求也非常高。因此，考虑采用无线方式为各天线子阵分配基准信号（见图 5 - 48）。基准信号发射装置安装在微波发射天线上方的电站南北向主桁架结构的中心部位。

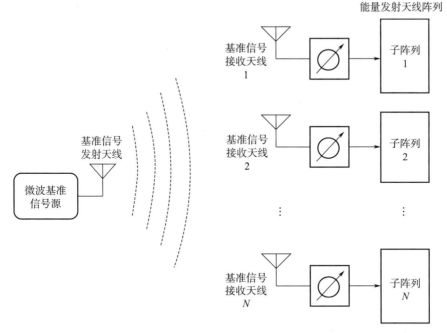

图 5 - 48　基于无线局域网的微波基准信号分配方案（空间馈电）

微波基准信号源工作频率包括 5.8 GHz 和 2.89 GHz 两个频点，提供的基准信号经发射天线发送至 128 000 个天线子阵，每个子阵上配备一个基准信号接收天线。该方案可以保证所有射频通道输入的基准信号频率一致，但由于存在无线传播路径的不确定性，以及潜在的多路径效应，通道之间相对相位的稳定性需要进行校正。

（2）微波发射天线子阵设计

天线子阵是微波发射天线的基本组件，采用微带天线结构。天线子阵的尺寸为 2.5 m×2.5 m，采用固定馈电网络，阵列增益约 40 dBi，波束宽度约为 1.6°× 1.6°。将天线子阵划分为 5 横 5 纵共 25 个区域（见图 5-49），每个区域为一个子阵模块，每个子阵模块尺寸为 0.5 m×0.5 m。子阵在设计时需要考虑 Y 方向的波束指向需求，通过固定馈电网络设计 A～E 区之间的相对馈电相位差，从而实现相应的波束指向。因此，当微波接收天线位置发生变化时，需要通过微波发射天线的整体机械指向调整来实现波束控制。

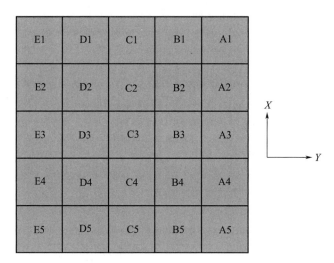

图 5-49　天线子阵分区示意

子阵模块的辐射单元分布如图 5-50 所示，除 C3 以外的每个子阵模块包括 16×16 个辐射单元，单元间距约 3.125 cm，均采用右旋圆极化微带天线，用于发射微波波束，单个天线单元法向增益不小于 6 dBi。天线子阵采用固定馈电网络，阵列增益约 40 dBi，波束宽度约为 2.0°× 2.0°。其中 C3 子阵模块的中心部分布置一个 2.9 GHz 左旋圆极化微带天线，用于接收导引波束信号，天线辐射单元法向增益不小于 6 dBi，其他部分的辐射单元均采用右旋圆极化微带天线，共 252 个，用于发射微波波束。发射天线馈电网络输入端与导引波束信号接收天线输出端隔离度＞30 dB @5.8GHz，以降低微波能量载波对导引波束信号接收通道的干扰。

每个子阵模块包含 2×2 个微带功分组元，每个微带功分组元含 8×8 个基本辐射单元。每个子阵模块采用一个固态功放，通过同轴功分分别接入 4 个微带功分组元，之后通过微带功分网络为微带功分组元内的 8×8 个基本辐射单元提供微波激励。

微波能量传输采用的功率放大器只需覆盖 5.8 GHz 单个频点即可，因此功率放大器的设计可以充分利用其窄带特性，尽可能提高其效率和增益。微波发射天线包括 128 000 个子阵，每个子阵包括 25 个子阵模块，共需要 3 200 000 个功率放大器。假设发射天线采用均匀功率密度分布，每一个功率放大器的输出功率为 500 W，假设采用 F 类 GaN 器件，效率为 80%。对应每个辐射单元辐射微波功率约为 1.95 W。

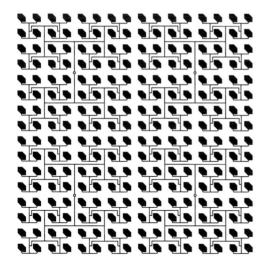　　　　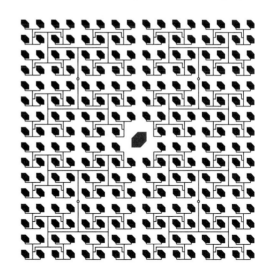

(a)无导引波束信号接收天线子阵模块　　　　　　(b)有导引波束信号接收天线子阵模块

图 5 - 50　子阵模块的辐射单元分布

（3）相位控制单元

相位控制单元主要包括接收通道射频滤波器、低噪声放大器、混频器、中频滤波器、中频放大器、模数（A/D）转换和数字信号处理模块及移相器，用于对接收到的导引波束信号进行处理，最终将分析处理得到的具有合理相位的微波信号输出到功率放大器。

①接收通道射频滤波器

导引波束信号接收通道滤波器的主要作用是滤除来自能量发射通道的干扰。中心频率为 2.9 GHz，3 dB 通带带宽小于 10 MHz。单个子阵发射功率 12.5 kW，导引波束信号接收功率约为 10^{-10} mW，相差约 171 dB，考虑到能量发射和导引波束信号接收天线之间隔离度设计为 30 dB，滤波器应提供 141 dB 以上的隔离度。

②低噪声放大器

低噪声放大器（简称低噪放）的作用是放大接收到的导引波束信号。低噪放的工作频点为 2.9 GHz，可以接受的导引波束信号频率漂移最大幅度为 1 MHz。假设地面接收站发射的 2.9 GHz 导引波束信号功率为 5 kW，发射天线增益 20 dBi，根据 Friis 传输公式可以计算得到导引信号接收天线捕获的功率约为 10^{-10} mW。假设低噪声放大器输出功率约为 10 mW，对应的增益为 110 dB。

③混频器

混频器的作用是将接收到的导引波束信号下变频至 10 MHz 的中频信号，可采用无源混频器，需要的本振注入功率约 10 mW（10 dBm），要求的变频损耗小于 6 dB。

④中频滤波器

10 MHz 中频滤波器的作用是滤除混频器输出的上边带高频信号以及其他谐波分量，保留 10 MHz 下边带中频信号，其性能指标主要包括：

1）中心频率：10.0 MHz；

2）3dB 通带宽度：1.0 MHz；

3）插入损耗：< 1 dB；

4）带外（> 100 MHz）抑制：> 30 dB。

⑤中频放大器

10 MHz 中频放大器将下变频后的波束信号放大至模数转换器需要的输入电平范围，增益范围为 10 ～ 30 dB。

⑥模数（A/D）转换和数字信号处理模块

A/D 转换器将放大后的中频放大器信号转换成数字信号，由数字信号处理模块分析提取导引波束信号的相位信息。

⑦移相器

根据仿真分析，要求子阵馈电相位的各种因素引起的随机误差和不应超过±10°，而 5 bit 数字移相器相位误差在 5.625° 以下，因此移相器精度要求不小于 5 bit。与功率放大器一样，移相器的带宽只需涵盖微波信号源的频率漂移最大范围（< 0.02%）。

5.5.3.3.5 地面微波能量接收系统

GEO 空间太阳能电站微波无线能量传输在地面的微波波束功率密度分布如图 5-51 和图 5-52 所示。对于发射天线均匀馈电，主瓣宽度大约为 4.5 km，地面接收天线中心位置的最大功率密度为 400 W/m²。对于发射天线 10 dB 幅度高斯分布馈电，主瓣宽度大约为 5.5 km，地面接收天线中心位置的最大功率密度为 314 W/m²。根据目前的系统设计，地面接收天线直径为 5 km（入射波束法向方向）。对于北纬 40° 地区，对应的占地尺寸约为 5 km（东西）×7.2 km（南北），在此之外设置约 500 m 缓冲区，缓冲区最大功率密度约为 10 W/m² 或 2 W/m²。考虑微波斜向入射对于微波能量接收效率的影响，地面接收天线均布置为指向空间太阳能电站的微波发射天线，因此对应波束方向的微波接收天线的整体尺寸为 5 km×5 km。

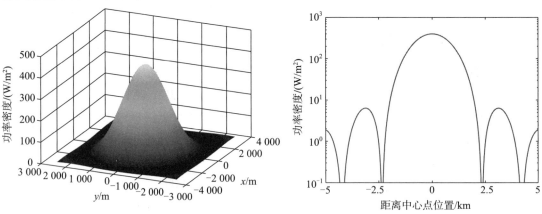

图 5-51　地面接收天线微波波束功率密度分布（均匀馈电）（见彩插）

对于这样的功率密度范围，均可采用整流二极管作为整流器件，因此地面接收天线可以设计成模块化的微波整流天线阵列的形式。假设一个微波整流天线子阵的尺寸为

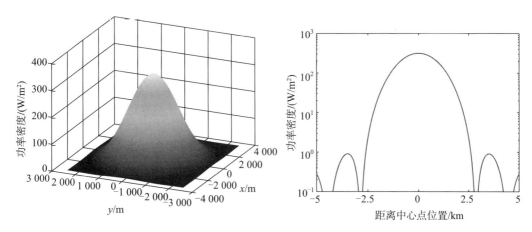

图 5-52　地面接收天线微波波束功率密度分布（10 dB 幅度高斯分布馈电）（见彩插）

2.5 m×20 m，共需要 392 500 个整流天线子阵。整流天线阵列倾斜安装，成排布置，指向空间太阳能电站方向，相互之间不发生遮挡，类似于地面太阳能电站太阳能电池板的布置（见图 5-53）。

图 5-53　地面微波整流天线子阵类似于地面太阳能电站

整流天线阵列由多个整流天线单元构成，每个单元均包括接收天线和整流电路，用于接收微波功率并将微波转化为直流。能量通过整流天线后，再经直流串并联合成、升压变换以及逆变等进行输出，满足地面电网的需要。接收天线可采用平面印刷圆极化天线，无需极化对准，天线单元间距选择为 0.6 倍波长。电站接收天线对应中心位置的整流天线单元接收到的功率约为 0.385 W，边缘位置的整流天线单元接收到的功率约为 0.001 W。为了获得高的接收整流效率，需要针对输入功率密度来优化整流天线中的整流电路设计。

典型的整流电路包括低通滤波器（LPF）、整流二极管、直通滤波器和负载（见图 5-54）。微带低通滤波器的主要作用包括：仅允许基频微波信号通过，阻止其他频率分量进入整流电路；反射二极管产生的高次谐波；实现接收天线与滤波器之间的阻抗匹配。直通滤波器的作用是只让直流通过，将残余的基频及基频以上的谐波反射回整流二极管，提高输出直流的平稳度和能量利用率。微波非线性器件是微波整流电路的核心，通常选择肖特基二极管。整流电路的整流效率既受微波非线性器件的特性影响，又受微波注入功率、阻抗匹配、负载等外部因素的影响。理想的二极管配合适当的整流电路设计可以实现高整流效率。二极管有其自身的结电压和击穿电压，如果二极管的输入电压低于结电压或者高于击穿电压，二极管均无法工作在最佳状态。为了使得二极管获得较高的工作效率，实现尽可能最大化的功率传输，需要适当的匹配电路来完成阻抗变换，从而保证整流电路能够达到谐振并处于最佳工作状态。

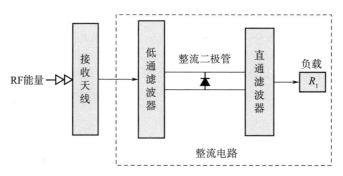

图 5 - 54　整流电路结构框图

　　一般采用单个整流电路对应单个天线单元的设计，但由于地面接收天线的功率密度分布相差非常大，不可能采用统一的整流电路方式，因此需要根据功率密度以及由于波束偏差引起的功率密度的动态波动范围对接收天线进行分区处理。对于适中的功率密度，采用单个二极管整流电路对应单个天线单元的方式。对于天线中心的较大功率的天线单元，考虑到二极管的耐受程度，可以考虑采用多只二极管串并联的方式设计整流电路（见图 5 - 55）。而对于功率较低的天线单元，考虑采用将多个天线单元的输入微波进行功率合成之后再利用一个整流电路进行整流输出的方式。

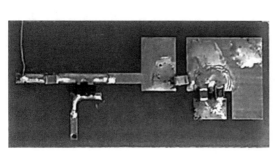

图 5 - 55　典型整流电路

每一个微波整流天线子阵由多个相同的整流电路输出经过适当的串并联形成一个独立供电电路。之后的电路经汇流和电力变换及调节管理等（与地面太阳能电站类似），最终接入电网。

5.5.3.4　方案小结

1 GW 空间太阳能电站微波无线能量传输分系统方案见表 5-9。

表 5-9　微波无线能量传输分系统方案指标（1 GW）

传输距离		37 500 km	
微波发射天线	天线直径	1 000 m	
	天线发射微波功率	~1.6 GW	
	总质量	3 600 t	
	微波频率	5.8 GHz	
	波束扫描范围	±0.1°	
	波束指向精度	4×10^{-4}°	
	微波信号源分配方式	无线	
	包括的微波发射天线组装模块数量	400	
	微波发射天线组装模块	展开尺寸	20 m×100 m×0.05 m
		收拢尺寸	20 m×5 m×1.1 m
		包括的天线结构模块数量	20(1×20)
		质量	9 t
		微波功率	4 MW
	天线结构模块	尺寸	20 m×5 m×0.05 m
		包括的天线子阵数量	16(2×8)
		质量	400 kg
		微波功率	200 kW
	微波天线子阵	尺寸	2.5 m×2.5 m×0.05 m
		功放类型	GaN 放大器
		包括的功放数量	25
		单个功放功率	500 W
		包括的辐射单元数量	6 396
		质量	25 kg
		微波功率	12.5 kW
		反向波束接收信号频率	2.9 GHz
整流天线	占地尺寸	5 km×7.2 km	
	天线形式	圆极化天线	
	整流天线子阵尺寸	2.5 m×20 m	
	整流天线子阵数量	392 500	

5.5.4 结构分系统

5.5.4.1 分系统主要功能

结构分系统的主要功能是为整个空间太阳能电站提供结构支撑，将太阳电池阵和微波发射天线两大结构体连接在一起，同时也为太阳电池阵和微波发射天线本体提供结构支撑，保证太阳电池阵和微波发射天线的型面保持和指向控制，并为其他分系统设备提供结构安装面和支撑。

5.5.4.2 分系统主要组成

根据多旋转关节空间太阳能电站的构型，空间太阳能电站主要由太阳电池阵和微波发射天线组成，相关的结构部分包括主结构、太阳电池分阵支撑结构和微波发射天线支撑结构（见图5-56）。结构分系统由多种标准结构模块组成，通过在轨展开和组装形成各个结构部分。

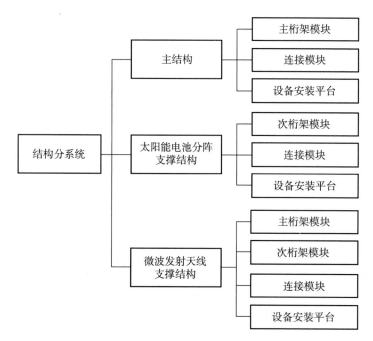

图5-56 结构分系统组成示意图

（1）主结构

根据电站的构型设计，主结构部分主要包括南北向主桁架结构和上下向主桁架结构，用于连接太阳电池分阵和微波发射天线，分别由主桁架模块和多种连接模块组成，并且布设多个设备安装平台。

（2）太阳电池分阵支撑结构

太阳电池分阵支撑结构主要用于分阵各电池子阵的连接，并且通过导电旋转关节连接到主结构上，由次桁架模块和十字形桁架连接模块组成，并且布设多个设备安装平台。

（3）微波发射天线支撑结构

微波发射天线支撑结构主要用于微波天线组装模块的安装，并且与主结构进行连接，主要包括微波天线阵主桁架结构和微波天线阵次桁架结构，分别由主桁架模块、次桁架模块和多种连接模块组成，并且布设多个设备安装平台。

5.5.4.3　分系统方案

5.5.4.3.1　标准结构模块

空间太阳能电站尺度巨大，需要考虑主结构、太阳电池分阵和微波发射天线的结构形式，利用多个标准结构模块，通过在轨组装进行构建。标准结构模块主要包括桁架模块、连接模块和设备安装平台 3 类、8 种形式。

（1）主桁架模块（见图 5-57）

电站主结构采用展开式桁架结构设计，由多个主桁架模块连接而成，主桁架模块是主结构桁架和微波发射天线支撑结构主桁架的基本单元。主桁架模块包括 4 根展开桁架，在发射时处于收拢状态，运输进入 GEO 后，通过展开机构沿轴向进行桁架自主展开并锁定，标准主桁架模块展开总长度约为 100 m。主桁架模块前后端均安装对接装置，用于主桁架模块之间或者主桁架与连接模块间的对接，对接通过在轨组装机械人进行。主桁架模块根据不同的组装需求，也需要在侧面设置与太阳电池子阵模块或者与天线次桁架模块的连接装置。主桁架模块根据展开长度不同分为标准型和加长型两种。标准型主桁架模块直径为 3 m，单根桁架的边长为 0.8 m，收拢状态长度为 3.5 m，展开后的长度约为 100 m，模块质量约为 2 t。加长型主桁架模块简称为主桁架模块（长），主要用于微波天线阵主桁架结构的斜边部分以及主结构与微波天线阵连接的部分，直径为 3 m，单根桁架的边长为 0.8 m，收拢状态长度为 5 m，展开后的长度约为 150 m，模块质量约为 3 t。

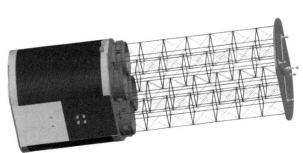

图 5-57　主桁架模块收拢及展开状态

（2）次桁架模块

次桁架模块主要用于太阳电池分阵和微波发射天线的支撑结构，是太阳电池分阵桁架和微波天线阵次桁架的基本单元。次桁架模块采用与主桁架模块相同的结构形式，结构尺寸较小，直径为 2 m，单根桁架的边长为 0.5 m，收拢状态的长度为 3 m，展开后的长度约为 100 m，模块质量约为 1 t。

（3）L 形连接模块（见图 5-58）

L 形连接模块主要用于桁架结构中角部桁架模块的连接，实现 90°夹角结构过渡。L 形连接模块本体采用桁架结构，无需展开，2 个端面为对接装置，通过两端的对接装置与桁架模块实现连接。L 形连接模块根据连接的桁架直径不同分为标准型和缩小型两种，分别用于主结构和微波天线阵次桁架结构。标准型 L 形连接模块的包络尺寸约为 4.7 m×2.2 m×3 m，单模块质量约为 200 kg。缩小型 L 形连接模块的包络尺寸约为 3.5 m×1.5 m×2 m，单模块质量约为 100 kg。

图 5-58　L 形连接模块

（4）T 形连接模块（见图 5-59）

T 形连接模块主要用于桁架结构中 T 形位置桁架模块的连接。T 形连接模块本体采用桁架结构，无需展开，3 个端面为对接装置，实现与桁架模块的连接。T 形连接模块根据连接的桁架直径不同分为标准型和缩小型两种，分别用于主结构和微波天线阵次桁架结构。标准型 T 形连接模块的包络尺寸约为 4 m×3.5 m×3 m，单模块质量约为 250 kg。缩小型 T 形连接模块的包络尺寸约为 3 m×2.5 m×2 m，单模块质量约为 120 kg。

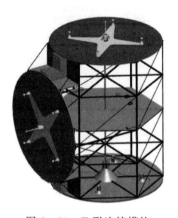

图 5-59　T 形连接模块

（5）十字形连接模块（见图 5 - 60）

十字形连接模块用于桁架结构中交叉位置的桁架模块连接，包括太阳电池分阵支撑结构的中心位置、微波天线阵次桁架的交叉位置、主结构与微波天线阵结构连接处等。十字形连接模块本体采用桁架结构，无需展开，4 个端面为对接装置，实现与桁架模块的连接。十字形连接模块根据连接的桁架直径不同分为标准型和缩小型两种，分别用于主结构与微波天线阵结构连接处，太阳电池分阵支撑结构和微波天线阵次桁架结构。标准型十字形连接模块的包络尺寸约为 4 m×4 m×3m，单模块质量约为 300 kg。缩小型十字形连接模块的包络尺寸约为 3 m×3 m×2 m，单模块质量约为 150 kg。

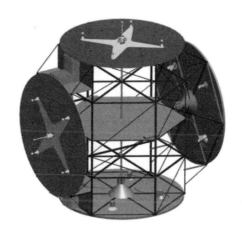

图 5 - 60　十字形连接模块

（6）135°连接模块（见图 5 - 61）

135°连接模块为微波天线阵八边形主桁架结构角部的连接节点，主要用于连接主桁架模块实现 135°夹角的过渡。135°连接模块本体采用桁架结构，无需展开，两个端面为对接装置，通过两端的对接装置与主桁架模块实现连接。135°连接模块的包络尺寸约为 2.8 m×2.8 m×3 m，单模块质量约为 200 kg。

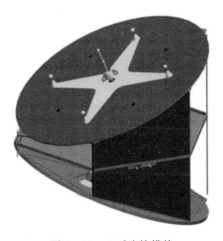

图 5 - 61　135°连接模块

（7）5 接口连接模块（见图 5-62）

5 接口连接模块为微波发射天线支撑结构的中心节点，用于主结构桁架与微波天线阵十字形桁架的连接。5 接口连接模块本体采用桁架结构，无需展开，5 个端面均设置对接装置，其中 1 个端面用于与主结构中部上下向桁架的连接，4 个端面用于与微波天线阵十字结构的连接。5 接口连接模块的包络尺寸约为 4 m×4 m×3.5 m，单模块质量约为 350 kg。

图 5-62　5 接口连接模块

5.5.4.3.2　空间太阳能电站主结构

空间太阳能电站的主结构如图 5-63 所示，主结构将太阳电池阵和微波发射天线连接在一起，与太阳电池分阵结构、导电旋转关节模块和微波发射天线结构共同形成整个空间太阳能电站的结构框架，作为整个太阳能电站的主承力结构，维持电站整体结构的稳定。空间太阳能电站的主结构主要包括南北向主桁架结构和上下向主桁架结构，其中南北向主桁架结构用于与太阳电池分阵结构、导电旋转关节模块和微波发射天线结构的连接，上下向主桁架结构用于将两根南北向主桁架结构进行连接。

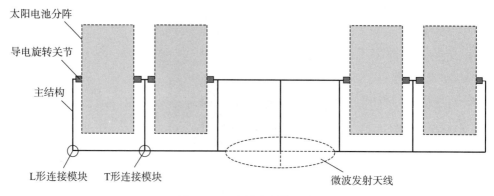

图 5-63　电站主结构示意

（1）上方的南北向主桁架结构

上方的南北向主桁架结构主要用于连接太阳电池分阵结构、导电旋转关节模块，并且与上下向主桁架结构连接。导电旋转关节输出的电力通过安装在主桁架结构上的电缆进行传输。共包括 2 个 L 形连接模块、51 个 T 形连接模块、12 个主桁架模块（其中 2 个是加长型模块）。

（2）下方的南北向主桁架结构

下方的南北向主桁架结构主要用于连接微波天线阵，并且通过上下向主桁架结构和上方的南北向主桁架结构进行连接。主桁架结构上安装电缆用于将电力传输到微波发射天线。共包括 102 个主桁架模块（其中 2 个是加长型模块），2 个 L 形连接模块、50 个 T 形连接模块。

（3）上下向主桁架结构

上下向主桁架结构主要用于连接上下南北向主桁架结构，共 53 根，结构上安装电缆用于电力传输。每一根上下向主桁架结构由 3 个主桁架模块对接而成，总长度达到约 310 m，53 根上下向主桁架结构共包括 159 个主桁架模块。

主结构上还需要安装各种设备，通过布设在主桁架上的多个设备安装平台进行设备安装，假设每一个太阳电池分阵对应的结构部分布设 10 个电子设备安装平台，总共安装 500 个。

根据目前的结构设计，主结构对应的相关标准模块数量见表 5 - 10。

表 5 - 10　主结构对应的标准模块数量

	主桁架模块	主桁架模块（长）	T 形连接模块	L 形连接模块	设备安装平台	总和
数量	269	4	101	4	500	878

5.5.4.3.3　太阳电池分阵支撑结构

太阳电池分阵支撑结构如图 5 - 64 所示。每一个太阳电池分阵包括 12 个电池子阵，分两列，每列 6 个子阵。太阳电池分阵支撑结构为一个 200 m×600 m 的十字结构。其中 200 m 结构由 2 个次桁架模块组成，两边连接导电旋转关节。600 m 结构由 6 个次桁架模块组成，主要连接太阳电池子阵，中间部分由 1 个十字形连接模块（小）连接而成。50 个太阳电池分阵共包括 400 个次桁架模块和 50 个十字形连接模块（小）。

图 5 - 64　太阳电池分阵支撑结构示意

太阳电池分阵通过布设在支撑结构上的多个设备安装平台进行设备安装，假设每一个太阳电池分阵对应的结构部分布设 10 个电子设备安装平台，总共需安装 500 个。

根据目前的结构设计，太阳电池分阵支撑结构对应的标准模块数量见表 5-11。

表 5-11　太阳电池分阵支撑结构对应的标准模块数量

	次桁架模块	十字形连接模块（小）	设备安装平台	总和
数量	400	50	500	950

5.5.4.3.4　微波天线支撑结构

微波天线支撑结构如图 5-65 所示。微波发射天线理想形状为直径 1 000 m 的圆形，考虑天线结构的构建可行性，天线阵阵面整体采用八边形构型，包括微波发射天线的主桁架结构和次桁架结构，考虑到主桁架结构和次桁架结构的连接，八边形边长分别为 400 m 和 424 m。其中，主桁架结构为图中粗线部分，包括八边形结构以及十字结构，用于与电站主结构进行连接，为整个天线提供基本的力学支撑，并作为微波天线阵次桁架结构的支撑结构。次桁架结构为图中细线部分，整体结构为网格式，用于安装微波发射天线模块以及相关的设备。

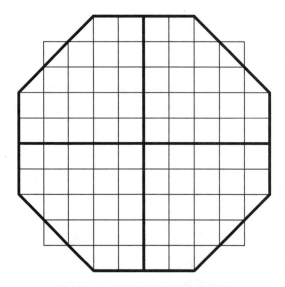

图 5-65　微波天线支撑结构示意

（1）微波天线阵主桁架结构

微波天线阵主桁架结构由主桁架模块和连接模块组成，其中八边形部分包括 16 个主桁架模块、12 个主桁架模块（加长型）、8 个 135°连接模块、2 个十字形连接模块、2 个 T 形连接模块。十字形部分包括 20 个主桁架模块和 1 个 5 接口连接模块。十字形连接模块用于电站主结构与微波天线阵主桁架结构的连接，T 形连接模块用于八边形桁架部分与十字形桁架部分的连接，5 接口连接模块用于中心部位的电站主结构与微波天线阵主桁架结构的连接。

（2）微波天线阵次桁架结构

微波天线阵在结构上分为多个 100 m×100 m 的微波天线结构子阵，每一个子阵由 5 个微波发射天线模块组成。微波天线阵次桁架结构形成网状结构，共包括 80 个 100 m× 100 m 的结构网格，用于微波发射天线模块的安装。微波天线阵次桁架结构由 180 个次桁架模块、12 个 L 形连接模块（小）、20 个 T 形连接模块（小）、69 个十字形连接模块（小）连接而成。同时微波天线阵次桁架结构与微波天线阵主桁架结构在重合的部分也进行连接。

微波发射天线通过布设在桁架结构上的多个设备安装平台进行设备安装，假设平均每一个微波天线子阵对应的结构部分布设 10 个设备安装平台，则总共可安装 800 个。

根据目前的结构设计，微波发射天线支撑结构对应的标准模块数量见表 5-12。

表 5-12　微波发射天线支撑结构对应的标准模块数量

	主桁架模块	主桁架模块（长）	次桁架模块	135° 连接模块	L 形连接模块（小）	T 形连接模块	T 形连接模块（小）	十字形连接模块	十字形连接模块（小）	5 接口连接模块	设备安装平台	总和
数量	36	12	180	8	12	2	20	2	69	1	800	1 142

5.5.4.3.5　方案小结

1 GW 空间太阳能电站结构分系统方案见表 5-13。

表 5-13　结构分系统方案指标（1 GW）

	主结构	太阳电池分阵支撑结构	微波天线支撑结构	总和	单个质量/t	总质量/t
主桁架模块	269	0	36	305	2	610
主桁架模块（长）	4	0	12	16	3	48
次桁架模块	0	400	180	580	1	580
T 形连接模块	101	0	2	103	0.25	25.75
T 形连接模块（小）	0	0	20	20	0.12	2.4
L 形连接模块	4	0	0	4	0.2	0.8
L 形连接模块（小）	0	0	12	12	0.1	1.2
十字形连接模块	0	0	2	2	0.3	0.6
十字形连接模块（小）	0	50	69	119	0.15	17.85
135°连接模块	0	0	8	8	0.2	1.6
5 接口连接模块	0	0	1	1	0.35	0.35
设备安装平台	500	500	800	1 800	0.1	180
总和	878	950	1 142	2 970		1 468

5.5.5　姿态与轨道控制分系统

5.5.5.1　姿态与轨道控制精度需求分析

为了保证较高的传输效率，发射天线对地面接收天线的波束指向精度应达到 $4 \times 10^{-4}°$，对应地面偏差约为 250 m。

为了满足这一波束指向精度，需要采用 5.5.3.3.2 节给出的反向波束控制方式实现。由于波束扫描范围有限，因此对于发射天线的对地机械指向精度提出了要求。同时，反向波束控制需要一定的处理时间，因此波束扫描精度也与相应处理时间内的电站姿态变化有关，即与电站的姿态稳定度相关。

在 5.5.3 节的微波无线能量传输方案中，按照波束扫描角 0.1° 进行设计，该波束扫描角需要涵盖由于轨道偏移引起的波束偏差以及由于天线的姿态偏差引起的波束偏差，因此，分配空间太阳能电站的轨道控制精度为 0.05°，对地姿态指向精度为 0.05°。

为了尽可能消除发射天线姿态稳定度引起的波束指向误差，要求反向波束控制响应时间内的发射天线姿态变化低于波束指向精度一个数量级，即 $4 \times 10^{-5}°$。因此，发射天线姿态稳定度与反向波束控制响应时间直接相关，假设反向波束控制响应时间 ≤ 0.01 s，则发射天线姿态稳定度应高于 $4 \times 10^{-3}°/s$。

所以，相关指标如下：

1）发射天线姿态指向精度：≤ 0.05°（3σ）；

2）电站轨道控制精度：≤ 0.05°（3σ）；

3）发射天线姿态指向稳定度：$≤ 4 \times 10^{-3}°/s$（3σ）；

4）波束反向控制响应时间：≤ 0.01 s。

5.5.5.2　分系统主要功能

姿态与轨道控制分系统的主要功能是维持空间太阳能电站正常运行过程中的合理轨道位置，控制导电旋转关节实现太阳电池阵对日定向，并且要保证微波发射天线的对地指向精度和姿态稳定度。

5.5.5.3　分系统主要组成

姿态与轨道控制分系统主要包括三类设备：控制设备、敏感器和执行机构，如图 5-66 所示。

（1）控制设备

控制设备主要包括中央控制计算机和节点控制计算机。中央控制计算机布设在微波发射天线框架上，主要与节点控制计算机之间进行信息交互，并发送控制指令，用于整个空间太阳能电站的姿态与轨道控制。节点控制计算机按照电站的区域分布布置，节点控制计算机收集所在区域的相关敏感器和执行机构工作状态信息后，与中央控制计算机协同进行控制策略分析，根据中央控制计算机的控制指令对所在区域的执行机构进行控制。

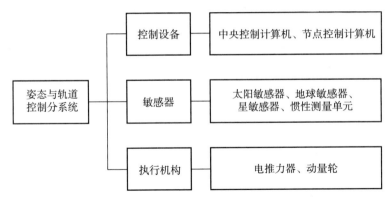

图 5 - 66　姿态与轨道控制分系统组成示意图

（2）敏感器

敏感器主要包括太阳敏感器、地球敏感器、星敏感器和惯性测量单元等。空间太阳能电站根据需要在太阳电池阵、主结构以及发射天线上分别布设太阳敏感器、星敏感器和惯性测量单元等姿态感知设备，用于确定各主要部分的实时姿态信息，传输给节点控制计算机，用于控制策略分析和决策。

（3）执行机构

执行机构主要包括大功率电推力器和动量轮。通过动量轮和电推力器的组合实现太阳电池阵的对日定向、微波发射天线的对地定向以及维持整个电站的轨道位置。

5.5.5.4　分系统方案

5.5.5.4.1　电推力器的配置

（1）电推力器

选择比冲较大的离子推力器作为太阳能电站姿态与轨道控制的主要执行机构，根据技术需求，对应的离子推力器主要参数指标为：

1）束流直径：60 cm；

2）功率：30 kW；

3）推力：1 N；

4）比冲：5 000 s；

5）效率：65%。

（2）动量轮

采用高执行能力的大功率动量轮，对应的主要参数指标为：

1）功率：75 kW；

2）动量：200 kN·m·s。

根据对姿态控制力矩和轨道控制推力的分析，对推力器与动量轮配置数量的需求见表 5 - 14。

表 5 − 14　推力器/动量轮需求分析

姿态控制				
		控制力矩最大值	推力器需求	动量轮需求
微波发射天线对地定向	滚动轴	11 000 N·m(力臂 5 500 m)	4	
	俯仰轴	1 000 N·m(力臂 500 m)	4	
	偏航轴	11 000 N·m(力臂 5 500 m)	4	
太阳电池分阵对日定向(50 个)		12 N·m		50
电站整体俯仰轴		79 200 N·m	88	
轨道控制				
东西位置保持			160	
南北位置保持			80	

（3）执行机构的配置

①太阳电池阵对日定向姿态控制

每个太阳电池分阵相邻的结构上配置一个大功率动量轮，用于补偿导电旋转关节驱动太阳电池阵对日定向所产生的转动惯量。

②微波发射天线对地指向姿态控制

采用电推力器对微波发射天线的对地指向进行控制（见图 5 − 67）。其中，在图中♯1和♯2 位置各配置 1N 电推力器 1 组（2 台），用于控制电站俯仰轴对地的姿态偏差。在♯3和♯4 位置各配置 1N 推力器 1 组，用于控制电站滚动轴姿态偏差。偏航轴姿态保持通过♯5 和♯6 位置分别配置的 1 组电推力器进行控制。总共配置 6 组、12 台电推力器用于微波发射天线对地指向控制，对地指向偏差在 0.05°以内。

③太阳光压力矩补偿电推力器配置

空间太阳能电站的太阳电池阵面积巨大，由于电站整体质心相对本体坐标系在偏航轴方向存在偏移，使得太阳光压力产生对整体质心的太阳光压力矩，最大值约为 8 000 N·m。因此在南北向主桁架结构上均匀配置电推力器 44 组（共 88 台）用于补偿太阳光压力产生的扰动力矩。

④电站轨道保持的电推力器配置

在♯1 和♯2 每个位置配置南北向电推力器 40 组，共 80 台，控制力最大为±40 N；在♯7 和♯8 每个位置配置东西向电推力器 80 组，共 160 台，控制力最大为±80 N。

5.5.5.4.2　控制计算机和敏感器配置

（1）控制计算机

空间太阳能电站系统尺寸巨大，将中央控制计算机布设于微波发射天线框架上，同时备份一台。针对整个电站的分布式控制需求，每一定距离布设一台节点控制计算机，并且备份一台，总共布设 22 台节点控制计算机。

（2）敏感器

为了控制每个太阳电池分阵的对日定向，在每个太阳电池分阵上各配置 2 套太阳敏感

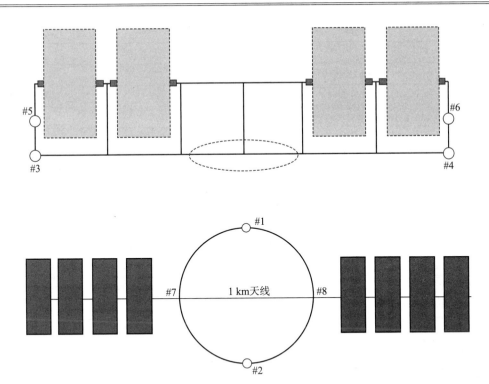

图 5 - 67　电推力器布置位置图

器。微波发射天线则要分布式配备 4 套星敏感器、地球敏感器和惯性测量单元，用于精确测量微波发射天线的姿态。主结构桁架上配备 4 套（2 套备份）星敏感器和惯性测量单元，用于辅助测量整个电站的姿态。

5.5.5.4.3　推进剂消耗分析

（1）天线对地定向姿态控制推进剂消耗

天线对地定向姿态控制用电推力器共 6 组，假设推力器的有效工作时间为 20%，根据推力器的参数，则每年的推进剂消耗为

$$\Delta m = \frac{6 \times (365 \times 24 \times 3\,600)}{5\,000 \times 9.8} \times 20\% \approx 772 \text{ kg} \qquad (5-23)$$

（2）太阳光压力矩补偿控制推进剂消耗

电站整体俯仰轴姿态控制需要 44 组电推力器补偿太阳光压扰动影响，对应的干扰力矩在轨道周期内呈正弦变化，则每年的推进剂消耗初步估算为

$$\Delta m = \frac{44 \times (365 \times 24 \times 3\,600)}{5\,000 \times 9.8} \cdot \frac{2}{\pi} \approx 18\,034.5 \text{ kg} \qquad (5-24)$$

（3）电站轨道控制推进剂消耗

根据波束精度控制要求，轨道控制精度为 $\pm 0.05°$。初步估算得到一年轨道保持的推进剂消耗量约为 3×10^4 kg。电推力器数量分布及推进剂消耗见表 5 - 15。

表 5－15　电推力器数量分布及推进剂消耗

		推力器数量	每年推进剂消耗/t	备注
姿态保持	天线对地定向	12	0.772	20％时间工作
	光压干扰补偿	88	18	正弦变化
轨道保持	南北向/东西向	80/160	30	非连续
总计		340	48.8	

5.5.5.4.4　方案小结

通过上述分析和配置，姿态与轨道控制分系统的主要组成和数量见表 5－16。

表 5－16　姿态和轨道控制分系统初步配置方案

名称	太阳电池阵	主结构	微波发射天线	合计	单重/kg	总重/kg
电推力器	0	96	244	340	150	51 000
动量轮	0	50	0	50	100	5 000
太阳敏感器	100	0	0	100	—	—
星敏感器	0	4	4	8	—	—
惯性测量单元	0	4	4	8	—	—
地球敏感器	0	0	4	4	—	—
中央控制计算机	0	0	2	2	—	—
节点控制计算机	0	20	2	22	—	—
总计	100	174	260	534		～60 000

5.5.6　热控分系统

5.5.6.1　分系统主要功能

热控分系统主要用于在整个空间太阳能电站在轨运行过程中，维持各设备处于合理的温度范围。

5.5.6.2　分系统主要组成

根据热控分系统功能，热控分系统包括各种主动和被动热控措施，具体组成如图 5－68 所示。

（1）热控涂层

热控涂层是热控的主要措施，主要包括材料表面处理、材料表面涂层以及二次表面镜（OSR 散热片）等。

（2）隔热材料

热控使用的隔热材料主要包括两类：用于结构表面的多层隔热组件，主要用于降低热辐射热量交换；用于结构之间的隔热片，主要用于降低导热热量交换。

（3）强化传热装置

强化传热装置主要包括扩热板和导热条，用于高热流密度部位的散热。

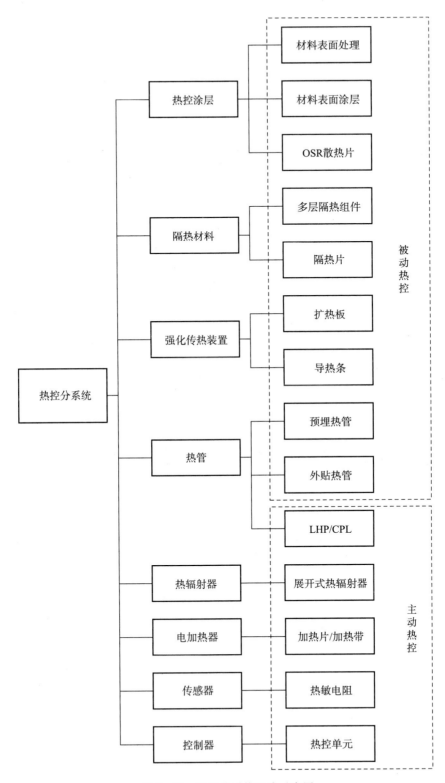

图 5-68　热控分系统组成示意图

（4）热管

热管主要用于较远距离的高导热传热，一般包括预埋热管、外贴热管和环路热管。

（5）热辐射器

热辐射器主要用于扩大高热流密度部件的散热区域，采用流体回路或者热管等将热量传递到热辐射器，再通过热辐射将热量散出，一般采用展开式热辐射器。

（6）电加热器

电加热器根据不同的部位一般包括电加热片、电加热带等，用于对设备的温度进行加热补偿调控。

（7）传感器

传感器主要用于在轨各设备的温度测量，提供温度参数，作为在轨温度控制的依据，一般采用热敏电阻。

（8）控制器

控制器接收温度传感器信息，对于热控装置，如加热器等，进行主动温度控制，该部分可以归入信息与系统运行管理分系统。

5.5.6.3　太阳入射热流

空间太阳能电站运行在 GEO，可以忽略地球红外热流和地球反照热流的影响，主要考虑太阳入射热流。

（1）太阳电池阵

太阳电池阵在正常工作模式下一直保持对日定向，受到单轴旋转机构的限制，在一年周期内不进行黄道倾角的调整。因此，太阳电池阵对日面的外热流在一年内呈现正弦周期性变化（见图 5-69，未考虑地球与太阳的距离变化），太阳电池阵背日面的外热流为 0。

（2）发射天线

发射天线对地面在正常工作模式下一直保持对地定向，在一天的时间内，发射天线对地面的太阳入射热流将从 0 变到最大再变回到 0（见图 5-70），而最大太阳入射热流在一年时间内受到太阳光与黄道面夹角的影响，呈现正弦周期性变化。

在一天的时间内，发射天线背地面的太阳入射热流也将从 0 变到最大再变回到 0，与图 5-70 相当，只是最大值对应的时间点与对地面相差 12 h。

（3）安装设备

太阳电池阵背日面不会受到日照，适合于安装功耗大的设备，设备的各个面不会受到太阳入射热流影响。

太阳电池阵对日面将持续受到日照，适合于安装功耗不大的设备，设备的 $\pm X$ 面太阳入射热流为 0；设备的 $\pm Y$ 面太阳入射热流在一年时间内受到太阳光与黄道面夹角的影响，呈现正弦周期性变化，即最大约为 539.5 W/m^2，最小约为 0 W/m^2；设备的 $-Z$ 面持续接受太阳入射热流，在一年时间内受到太阳光与黄道面夹角的影响，呈现正弦周期性变化，即最大约为 1 353 W/m^2，最小约为 1 240.7 W/m^2。

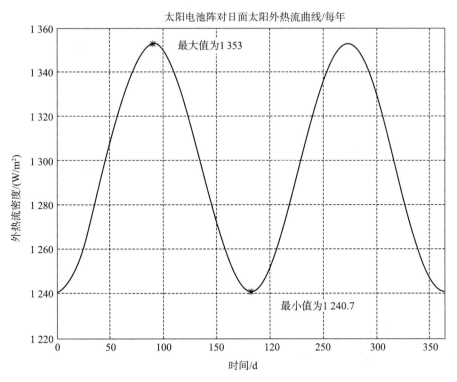

图 5 - 69　太阳电池阵对日面太阳外热流曲线

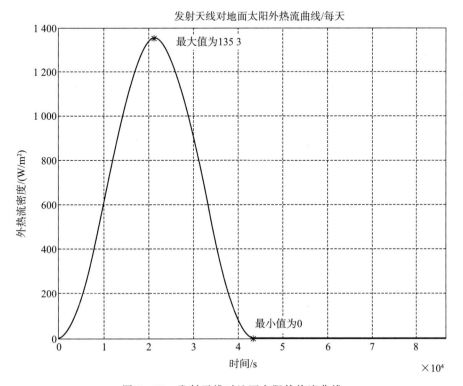

图 5 - 70　发射天线对地面太阳外热流曲线

发射天线上的设备主要安装在背地面，设备 $\pm X$、$-Z$ 面在一天的时间内，太阳入射热流将从 0 变到最大再变回到 0；而设备的 $\pm Y$ 面在受到太阳照射的情况下（每天随着天线的对日状态发生变化），太阳入射热流在一年时间内受到太阳光与黄道面夹角的影响，呈现正弦周期性变化，即最大约为 539.5 W/m^2，最小为 0 W/m^2。

5.5.6.4　分系统方案

空间太阳能电站的热控针对主结构、太阳电池阵等以被动热控为主，对于热耗大的设备采用强化散热方式，对于温度范围要求高的设备采用主动热控，重点热控对象包括电力变换设备、微波源、蓄电池及电子设备等。

5.5.6.4.1　主结构模块

主结构是整个空间太阳能电站的主要支撑结构，采用在轨展开并组装的方式。主结构模块包括主桁架模块和多种连接模块。

（1）带展开桁架的结构模块

主结构模块包括展开桁架结构和模块主体两部分，展开桁架结构需要在空间自主展开，模块主体包括展开桁架的驱动机构、组装结构、主结构模块的供电部分等。主结构模块的热控对于非展开部分和展开部分需要分别进行考虑。

①展开桁架结构

展开桁架结构需要在空间自主展开，热控实施的前提是不能影响桁架的展开。展开桁架是一个通过驱动展开的结构，由复杂的机构组成，热控实施不能影响球铰和支撑杆等的展开运动。因此，热控不采用多层包覆的方式，依靠结构件表面的热控涂层来维持合适的工作温度，主要考虑在不影响桁架展开的情况下，根据材料的表面特性和工作温度特性，进行表面处理或喷涂适合的热控涂层，对于球铰和索部分不采取任何热控措施。

②模块主体

模块主体的核心功能是实现展开桁架的驱动展开和模块间的组装，热控主要保证相关的驱动机构在工作时处于合理温度范围，在桁架展开、模块对接之后，基本无须进行特殊的热控。由于主结构模块驱动展开时间较短、功耗较小，主要依靠结构的热容控制温度的升高，也可以在表面布置小面积的散热面，结构的其他部分将全部包覆多层隔热材料。驱动机构需要采用主动热控措施，保证驱动机构工作时处于合理工作温度。驱动机构供电用的蓄电池部分需要单独隔热，并且采用主动热控方式保证其工作时维持在合适的温度范围。组装对接端面在不影响对接过程的情况下进行材料表面处理。

（2）主结构连接模块

主结构连接模块用于空间太阳能电站特殊位置结构模块间的连接组装。对接过程采用机器人控制对接的方式，所以连接模块为一个纯机械结构。为了减小结构的热变形，在不影响组装的情况下，在整个连接模块结构的外表面包覆多层隔热材料，连接模块组装端面进行材料表面处理。

5.5.6.4.2　太阳电池子阵

太阳电池子阵是太阳发电阵的基本单元，采用空间展开并组装的方式。包括主体部分、展开桁架结构和薄膜太阳电池阵面三部分。主体部分作为整个模块的封装结构，并且安装驱动机构以及驱动展开所需的供电设备。展开桁架结构是薄膜太阳电池阵的支撑和展开结构，需要在空间驱动展开。薄膜太阳电池阵面是太阳电池子阵的发电部分，将通过桁架的展开而展开。装配完成后，主体部分主要起到支撑功能；展开桁架结构将用于安装传输电缆及设备。太阳电池子阵的热控对于非展开部分和展开部分分别进行考虑。

（1）展开桁架及薄膜太阳电池阵面

展开桁架主要依靠结构件表面的热控涂层来维持合适的工作温度，在不影响桁架展开的情况下，根据材料的表面特性和外热流特性，进行表面处理或喷涂适合的热控涂层。

正常工作状态下薄膜太阳电池阵面稳定对日定向，热流稳定，太阳电池阵正面不进行任何热控，背面可以选择合适的太阳能电池基膜，保证电池处于合适的工作温度。

（2）主体部分

对于主体部分的外表面，其不影响展开和在轨组装的部分均包覆多层隔热材料，也可以在表面布置小面积的散热面，结构的其他部分将全部包覆多层隔热材料。驱动机构需要采用主动热控措施，保证驱动机构工作时处于合理工作温度。驱动机构供电用的蓄电池部分需要单独隔热，并且采用主动热控方式保证其工作时维持在合适的温度范围。组装对接端面在不影响对接过程的情况下进行材料表面处理。

5.5.6.4.3　微波发射天线模块

微波发射天线模块主要的热源集中在微波源（固态功放或磁控管），由于微波源的耗热量较大，热流密度高，需要采用强化换热措施。在微波源部分采用均热装置强化传热方式将热量传输到发射天线结构板，并在微波源的安装结构板部分预埋高导热热管，形成热管网络，增强传热，将热量尽可能均匀地传输到天线结构板上。对地面作为主散热面，在不影响微波发射特性的情况下，采用低太阳吸收率、高辐射率涂层（如镀锗聚酰亚胺膜），同时在天线的设计上也尽可能增加其热导率；背地面由于安装设备和电缆等，作为辅助散热面，采用低太阳吸收率、高辐射率涂层，强化散热。天线特殊设备表面粘贴加热片，用于阴影期和故障期维持微波源及相关电路的最低工作温度。

5.5.6.4.4　电子设备

空间太阳能电站的主要电子设备包括：电力传输与管理分系统设备、姿态与轨道控制分系统设备、信息与系统运行管理分系统设备等。可以分为几大类：高热流密度电子设备、普通电子设备以及特殊电子设备。

（1）高热流密度电子设备

高热流密度电子设备主要是电力传输与管理分系统的相关设备，包括电力调节及电压变换设备、导电旋转关节、电力传输母线等，热耗大，热流密度高，需要强化设备的换热，主要措施包括：

1）设备内部通过导热条等尽可能减少功率器件的热量集中，设备结构内表面采用黑色阳极氧化处理；

2）设备非光照表面采用黑色阳极氧化处理；

3) 设备光照表面粘贴 OSR 片等高红外发射、低太阳吸收率涂层；

4) 设备安装面结构安装热管或扩热板等强化换热装置；

5) 对于热耗极高的设备，需要安装热辐射器，扩大散热面积；

6) 设备安装热敏电阻并粘贴加热器，保证在阴影期维持最低温度。

（2）普通电子设备

普通电子设备主要包括姿态与轨道控制分系统、信息与系统运行管理分系统等的大部分设备，需要根据设备的光照条件、热耗等确定合适的散热面面积，其余表面采用多层隔热材料包覆。设备需要安装热敏电阻并粘贴加热器，保证在阴影期维持最低温度。

（3）特殊电子设备

特殊电子设备主要包括蓄电池、惯性测量单元等对于温度要求较高的设备，星敏感器等功率极小的设备，储箱及管路等无功耗的设备。主要的热控思想是采用各种隔热设计，尽可能减小外热流及其他设备对其的影响，根据设备的功耗提供足够的散热通道，重点是要通过热敏电阻和加热片的组合实现主动温度控制。

5.5.7　信息与系统运行管理分系统

5.5.7.1　分系统主要功能

信息与系统运行管理分系统负责空间太阳能电站与地面运行控制系统的测控通信和电站的自主运行控制与管理，实现对于电站设备的工作状态监测和管理控制，保证测控信息的正常传输以及各分系统的正常工作，实现空间太阳能电站系统的正常运行。

5.5.7.2　分系统主要组成

信息与系统运行管理分系统的主要组成如图 5-71 所示，包括测控设备、通信设备和系统管理设备。

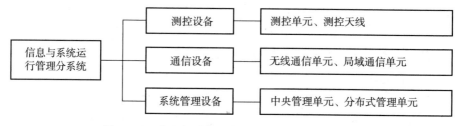

图 5-71　信息与系统运行管理分系统组成示意图

（1）测控设备

测控设备主要包括测控单元和测控天线，用于空间太阳能电站与地面运行控制系统的通信和控制指令接收。

（2）通信设备

通信设备主要用于空间太阳能电站各分系统设备和信息与系统运行管理分系统之间的信息传输和控制指令分发。由于空间太阳能电站尺度巨大，需要根据通信等级和电子设备的安装位置，布置无线通信单元和局域通信单元。

（3）系统管理设备

系统管理设备主要包括中央管理单元和分布式管理单元。中央管理单元用于整个电站系统的集中管理，获得整个电站的工作状态信息，通过测控设备传输给地面运行控制系统；同时接收地面运行控制系统的指令，通过分布式管理单元发送到各个分系统。分布式管理单元主要用于与各分系统设备之间的通信并将信息传输给中央管理单元，同时将控制指令分发到各个分系统。

5.5.7.3　分系统方案

空间太阳能电站包括大量的电子设备和各种传感器，需要进行海量的信息获取和设备状态监测，信息与系统运行管理分系统需要配合地面运行控制系统实现空间太阳能电站的正常运行管理，也要尽可能开展自主健康监测和自主管理。

空间太阳能电站尺度巨大，如果采用传统的有线总线方式进行信息交互和指令的发送，所需要的电缆数量众多，总长度和质量非常巨大，接口电路设计复杂、组装困难，因此整个空间太阳能电站的信息与系统运行管理考虑采用无线网络技术进行电站系统的通信，取代远距离设备间的传统有线总线，减小设备连接的复杂性，简化电站的在轨组装操作。考虑空间太阳能电站所涉及的设备和信息规模，采用二级分布式无线通信网络结构，如图 5-72 所示。

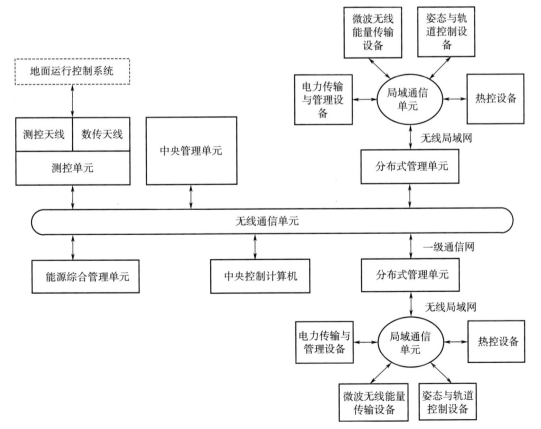

图 5-72　基于无线通信网络结构的电站信息与系统运行管理示意图

　　一级通信网：以中央管理单元为核心，利用无线通信单元实现空间太阳能电站主要管理设备的无线连接，主要包括测控单元、中央管理单元、分布式管理单元，各主要分系统的管理设备（能源综合管理单元、中央控制计算机等），实现信息的传输和控制指令的传输。

　　无线局域网：以分布式管理单元为核心，利用局域通信单元实现空间太阳能电站局部区域所有设备的信息交互，包括电力传输与管理设备、微波无线能量传输设备、姿态与轨道控制设备、热控设备等，并且通过分布式管理单元为各设备发送控制指令。

　　从管理控制的角度，地面运行控制等级最高，其次为中央管理单元，之后为各分系统的管理单元，它们都通过分布式管理单元实现对设备工作状态的控制。

5.6　小结

　　多旋转关节空间太阳能电站方案小结见表 5-17。

表 5-17　1 GW 多旋转关节空间太阳能电站方案小结

系统参数	运行轨道	GEO
	组装轨道	GEO
	发电功率	~1 GW（最大）
	系统效率	~12.6%
	总质量	~9 428 t
太阳能收集与转换分系统	太阳能电池	多结砷化镓电池
	电池形式	薄膜
	转化效率	~40%
	太阳电池阵面积	~6 km^2
	电池面密度	0.3 kg/m^2
	子阵电压	~500 V
	子阵电流	~8 kA
	子阵数量	600 个
	分阵数量	50 个
	总质量	~1 800 t
微波无线能量传输分系统	微波频率	5.8 GHz
	转化效率	~54%
	微波发射天线尺寸	1 km
	天线形式	相控阵天线
	模块数	128 000
	每个模块输出功率	12.5 kW
	总质量	3 600 t
	地面天线尺寸（直径）	5 km×7.2 km

续表

电力传输与管理分系统	供电形式	集中式＋分布式
	电力传输主母线电压	20 kV
	电池分阵母线电压	5 kV
	母线质量	1 260 t
	微波供电电压	500 V
	蓄电池容量	30 MW·h
	蓄电池质量	60 t
	旋转关节质量	100 t
	总质量	～2 200 t
结构分系统	支撑结构	桁架展开
	总质量	～1 468 t
姿态与轨道控制分系统	姿轨控发动机	电推力器
	推力	1 N
	发动机数量	340 个
	动量轮数量	50
	总质量	60 t
其他	热控分系统质量(约 2％总质量)	200 t
	信息与系统运行管理分系统(约 1％总质量)	100 t
运载方式	无人运载器	重型运载
地面接收站	数量	1
运行方式	工作方式	连续电力传输

第6章 二级聚光式空间太阳能电站系统分析

聚光式空间太阳能电站利用持续对日定向的巨大聚光镜汇聚太阳光，通过由太阳能电池、电力管理设备、微波源和微波发射天线组成的三明治结构将太阳能转化为微波并传输到地面的接收天线，实现连续的空间太阳能发电。聚光式空间太阳能电站无须采用大功率导电旋转关节和远距离电力传输，较好地解决了平台式空间太阳能电站的电力传输与管理难题。二级聚光式空间太阳能电站是一种典型的聚光式空间太阳能电站，采用二级反射方式，利用对称的一级聚光镜对日跟踪，将入射太阳光汇聚到二级反射镜，再通过二级反射镜将太阳光反射到三明治结构的太阳能电池表面。该系统对于主聚光镜对日跟踪控制要求严格，聚光系统在轨道周期内的调整复杂，高聚光比下的三明治结构的散热问题突出。

6.1 系统组成

二级聚光式空间太阳能电站由太阳能聚光分系统、太阳能电力转化分系统、电力管理与分配分系统、微波无线能量传输分系统、结构分系统、姿态与轨道控制分系统、热控分系统、信息与系统运行管理分系统组成（见图6-1）。其中太阳能电力转化分系统、电力管理与分配分系统、微波无线能量传输分系统组成了三明治结构。

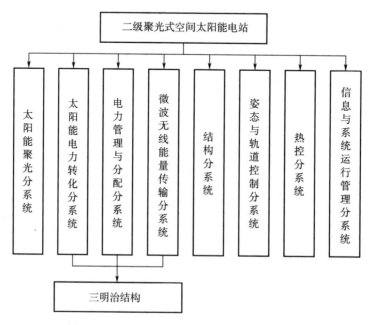

图6-1 二级聚光式空间太阳能电站系统组成

（1）太阳能聚光分系统

太阳能聚光分系统主要由一级聚光镜和二级反射镜组成，通过聚光系统的调整，在轨道的各个位置实现将太阳光反射到三明治结构的太阳能电池表面。

（2）太阳能电力转化分系统

太阳能电力转化分系统接收太阳能聚光分系统反射的太阳光，利用太阳能电池将太阳能转化为电能。

（3）电力管理与分配分系统

电力管理与分配分系统的主要功能是将太阳能电池产生的电力进行调节和分配，为微波源以及其他服务分系统设备提供所需的电力，并且通过蓄电装置在阴影或紧急情况下为服务分系统提供必要的电力。

（4）微波无线能量传输分系统

微波无线能量传输分系统的主要功能是将电能转化为微波，并且将微波能量高效、高精度地传输到地面接收天线。

（5）结构分系统

结构分系统的主要功能是为太阳能聚光分系统、三明治结构以及服务分系统设备提供结构支撑和安装位置，为系统的姿态与轨道控制提供足够的刚度和强度。

（6）姿态与轨道控制分系统

姿态与轨道控制分系统的主要功能是控制整个空间太阳能电站的姿态，保持一级聚光镜的对日定向和三明治结构发射天线的对地定向，并且维持空间太阳能电站合理的轨道位置。

（7）热控分系统

热控分系统的主要功能是维持电站各部分结构和设备合适的温度范围。

（8）信息与系统运行管理分系统

信息与系统运行管理分系统主要功能包括：接收地面的控制指令，实现对于电站工作状态的控制；收集电站系统的工作状态信息，将信息传输到地面控制系统；根据收集到的工作状态信息，对电站的运行进行自主控制。

6.2　能量转化效率分配

典型的聚光式空间太阳能电站能量传输过程如图 6-2 所示。

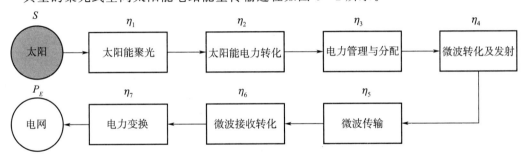

图 6-2　空间太阳能电站能量传输链路示意图

地面电网入网电功率的计算公式如下

$$P_E = \eta_1 \eta_2 \eta_3 \eta_4 \eta_5 \eta_6 \eta_7 SA \tag{6-1}$$

式中　P_E ——地面电网系统接收到的电功率；

　　　η_1 ——太阳能聚光效率；

　　　η_2 ——太阳能电力转化效率；

　　　η_3 ——电力管理与分配效率；

　　　η_4 ——微波转化及发射效率；

　　　η_5 ——微波从空间到地面的传输效率；

　　　η_6 ——地面微波接收转化效率；

　　　η_7 ——地面电力变换效率；

　　　A ——一级聚光镜太阳光截获面积（m^2）；

　　　S ——GEO 太阳常数。

根据对于聚光式空间太阳能电站的能量传输各关键技术环节的分析，整个系统的效率指标分配见表 6-1。

表 6-1　空间太阳能电站效率指标分配

因素	效率	总效率
太阳能聚光分系统效率(0.780)		
太阳指向效率	0.99	0.99
一级聚光镜反射效率	0.92	0.91
二级反射镜反射效率	0.92	0.838
聚光镜阵列填充效率	0.99	0.830
太阳能电池接收效率	0.94	0.780
太阳能电力转化分系统效率(0.324)		
太阳能电池效率	0.4	0.312
太阳电池阵设计因子	0.9	0.281
空间环境衰减因子	0.9	0.253
电力管理与分配分系统效率(0.979)		
电力调节预分配效率	0.98	0.248
服务系统电力消耗效率	0.999	0.247
微波转化及发射效率(0.76)		
电/微波转化效率	0.80	0.198
微波发射效率	0.95	0.188
微波传输效率(0.95)		
微波传输效率	0.95	0.179

续表

因素	效率	总效率
地面微波接收转化效率(0.727)		
波束收集效率	0.95	0.170
天线接收效率	0.90(考虑指向误差)	0.153
微波/电转化效率	0.85	0.130
地面电力变换效率(0.96)		
电力汇流效率	0.98	0.127
电力变换效率	0.98	0.125

6.3　电站构型

　　二级聚光式空间太阳能电站的太阳能聚光分系统和三明治结构是整个电站的主体，两者之间通过结构分系统进行连接，聚光式空间太阳能电站总体构型主要由六大部分组成（见图 6-3）：一级聚光镜（南北各一个）、二级反射镜（南北各一个）、三明治结构和主结构，前五部分通过主结构进行连接。相关的电站服务分系统设备主要安装在主结构上以及

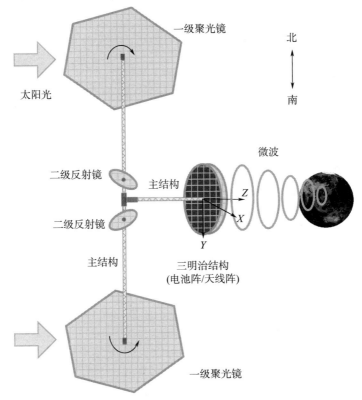

图 6-3　聚光式空间太阳能电站总体构型

聚光系统和三明治结构的支撑结构上。电站构型采用的坐标定义如下：

　　1）坐标原点 O：发射天线几何中心；

　　2）X 轴：过坐标原点，沿着天线面，指向空间太阳能电站飞行方向为正；

　　3）Z 轴：过坐标原点，垂直于天线面，指向对地方向为正；

　　4）Y 轴：位于天线面内，与 X 轴、Z 轴构成右手系。

6.4　二级反射聚光系统分析

6.4.1　聚光系统建模

　　二级反射对称聚光系统分析模型如图 6-4 所示，两个一级聚光镜分别位于两侧，为偏轴式抛物反射面，通过斜平面截取旋转抛物面形成；在一级聚光镜内侧焦点附近两侧以一定倾角布置两个二级反射镜。一级聚光镜收集太阳光，汇聚至二级反射镜，之后反射到太阳电池阵面。对于该模型，坐标原点 O 位于抛物面顶点，x 轴垂直于纸面，z 轴是抛物面聚光镜的旋转对称轴，理想状态下太阳光沿 $-z$ 方向入射；y 轴与 z 轴和 x 轴满足右手法则。聚光系统主要参数定义如下：

　　f：一级聚光镜焦距；

　　θ_c：一级聚光镜接收角；

　　ϕ：一级聚光镜倾角；

　　p_r：一级聚光镜投影半径；

　　φ：二级反射镜倾角；

　　h_a：二级反射镜高度；

　　r_m：太阳电池阵半径；

　　h_b：太阳电池阵距离抛物面顶点距离；

　　θ_s：太阳发散角；

　　C_E：能流聚光比；

　　C_G：几何聚光比。

　　（1）偏轴式抛物反射面一级聚光镜

　　通过平面截取旋转抛物面，聚光镜表面方程为

$$z = \frac{x^2 + y^2}{4f} \tag{6-2}$$

有效聚光半径或投影圆半径为

$$p_r = f \cdot \left(\frac{\sin\phi}{1-\cos\phi} - \frac{\sin(\phi+\theta_c)}{1-\cos(\phi+\theta_c)} \right) \tag{6-3}$$

反射面中心点 y 坐标为

$$p_y = \frac{2f\sin(\phi+\theta_c)}{1-\cos(\phi+\theta_c)} + p_r \tag{6-4}$$

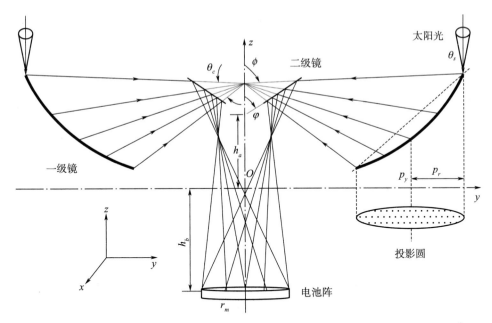

图 6 - 4 二级集成对称聚光系统分析模型

镜面实际覆盖面积为

$$A_S = \iint\limits_{D_{xy}} \sqrt{1 + \left(\frac{x}{2f}\right)^2 + \left(\frac{y}{2f}\right)^2}\,\mathrm{d}x\,\mathrm{d}y \tag{6-5}$$

考虑太阳锥角 θ_s 影响，假定不存在二次斜面时，偏轴式抛物面反射光线在 $x-z$ 面上会形成半径大小为 R_f 的圆形焦斑

$$R_f = \frac{2f \cdot \sin\theta_s}{\sin\psi_{\rm rim}(1 + \cos\psi_{\rm rim})} \tag{6-6}$$

式中 $\psi_{\rm rim}$ ——抛物面边缘反射光线与 z 轴负方向的夹角。

（2）二级反射镜

为保证一级聚光镜反射的光线全部被二级镜接收，将二级反射镜布置在焦点前方且尺寸大于对应位置的光斑，假设其 z 轴投影是光斑半径的 N 倍，对应的参数公式如下：

高度为

$$h_a = f - \frac{N}{2}R_f \tag{6-7}$$

二级反射镜为平面镜，对应的反射面方程为

$$z = h_a + \tan\left(\frac{\pi}{2} - \varphi\right)y \tag{6-8}$$

对应的半径为

$$R_a = \frac{NR_f}{2\cos\varphi} \tag{6-9}$$

圆心坐标为

$$\left(0, \frac{N}{2}R_f\tan\varphi, f\right) \tag{6-10}$$

（3）太阳电池阵平面

太阳电池阵设计为圆形，圆心在 z 轴上，其高度 h_b 和半径 r_m 取决于聚光镜参数、聚光比和均匀化要求。对应的平面方程为

$$z = h_b \tag{6-11}$$

6.4.2　一级聚光镜参数影响分析

为保证聚光系统正常工作，一级聚光镜倾角 ϕ、接收角 θ_c、二级反射镜倾角 φ 等几个角度之间需满足一定匹配关系。对于不同的一级聚光镜倾角 ϕ，存在以下三种情形：

1）当 $\phi \leqslant \varphi + \theta_s$ 时，二级镜不能完全接收一级聚光镜反射的所有光线；

2）当 $\varphi + \theta_s < \phi \leqslant \pi/2 + \varphi - \theta_c - \theta_s$ 时，太阳光线路径为：一级聚光镜→二级反射镜→太阳电池阵，情况最为理想；

3）当 $\phi > \pi/2 + \varphi - \theta_c - \theta_s$ 时，部分光线垂直照射在二级反射镜面上，之后又反射至一级聚光镜，从而不能投射到电池阵上，聚集效果差。

6.4.3　二级反射镜参数影响分析

二级反射镜倾角 φ 是决定电池阵能流分布均匀度和聚光比的关键参数，通过对系统进行光路分析，存在以下四种情形：

1）当 $0 < \varphi \leqslant \dfrac{\phi - \theta_s}{2}$ 时，经二级镜面反射后光线都远离 z 轴，此时形成两个光斑，分别位于电池阵两侧，光斑尺寸小，能流分布不均匀，不宜采用，如图 6-5 所示。

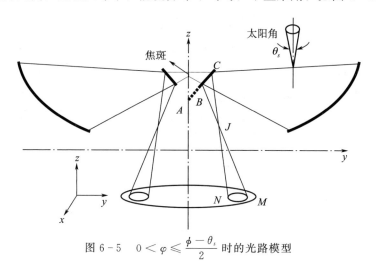

图 6-5　$0 < \varphi \leqslant \dfrac{\phi - \theta_s}{2}$ 时的光路模型

二次反射后的焦点 J 坐标为

$$\begin{cases} x_J = 0 \\ y_J = \dfrac{AC\,(\cos\varphi + \tan\omega\sin\varphi) - AB\,(\cos\varphi + \tan\psi\sin\varphi)}{\tan\omega - \tan\psi} \\ z_J = \dfrac{-\tan\omega\,[AC\,(\cos\varphi + \tan\omega\sin\varphi) - AB\,(\cos\varphi + \tan\psi\sin\varphi)\,]}{\tan\omega - \tan\psi} + \\ \qquad\quad h_a + AC\cos\varphi + AC\tan\omega\sin\varphi \end{cases} \tag{6-12}$$

其中，$\omega = \pi/2 - \phi + 2\varphi$，$\psi = \pi/2 - \theta_c - \phi + 2\varphi$。

AB 和 AC 的长度值可由几何光学原理求出

$$AB = (f - h_a)\,[\cos\varphi + \sin\varphi\tan(\pi/2 + \varphi - \theta_c - \phi)\,] \tag{6-13}$$

$$AC = (f - h_a)\,[\cos\varphi + \sin\varphi/\tan(\phi - \varphi)\,] \tag{6-14}$$

若假设焦距 $f = 5.0$ m，聚光镜倾角 $\phi = 90°$，斜面倾角 $\varphi = 40°$，接收角 $\theta_c = 40°$，利用射线跟踪–蒙特卡罗法（Monte Carlo Ray Tracing Method，MCRTM）计算得到电池阵处于焦点位置和偏离焦点位置时的能流密度分布，如图 6-6 所示。

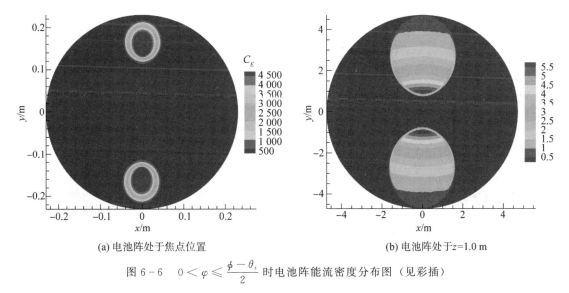

(a) 电池阵处于焦点位置　　　　　　　　　　(b) 电池阵处于 $z = 1.0$ m

图 6-6　$0 < \varphi \leqslant \dfrac{\phi - \theta_s}{2}$ 时电池阵能流密度分布图（见彩插）

可以看出，电池阵处于焦点位置 J 时，太阳光极度聚焦，峰值能流密度很高。随着电池阵向下移动，光斑逐渐发散，峰值能流密度大幅降低，且光斑分布不均匀。

2）当 $\dfrac{\phi - \theta_s}{2} < \varphi \leqslant \dfrac{2\phi + \theta_c}{4}$ 时，光线经过二级反射镜反射后，部分光线朝向内侧，部分朝向外侧，光斑可能存在重叠部分，但不能完全重合，能流均匀性不够理想，如图 6-7 所示。

假设斜面倾角 $\varphi = 50°$，计算得到电池阵在不同位置时的能流密度分布如图 6-8 所示，两侧光斑存在重叠部分。

3）当 $\dfrac{2\phi + \theta_c}{4} < \varphi \leqslant \dfrac{\phi + \theta_s + \theta_c}{2}$ 时，类似于第二种情况，反射后的光线部分朝向内

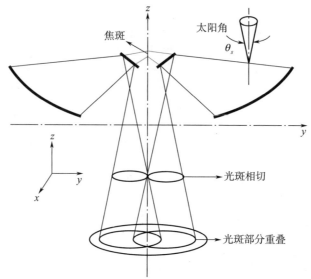

图 6 - 7 　 $\dfrac{\phi - \theta_s}{2} < \varphi \leqslant \dfrac{2\phi + \theta_c}{4}$ 时的光路模型

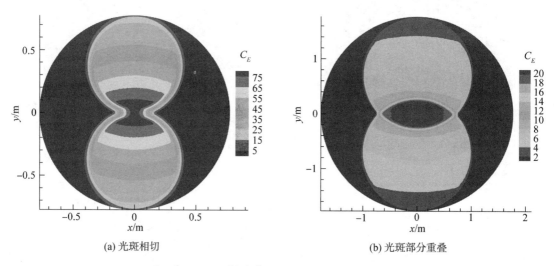

(a) 光斑相切　　　　　　　　　　　　　(b) 光斑部分重叠

图 6 - 8 　 $\dfrac{\phi - \theta_s}{2} < \varphi \leqslant \dfrac{2\phi + \theta_c}{4}$ 时电池阵能流密度分布图（见彩插）

侧，部分朝向外侧，随着电池阵向下移动，两侧光斑先是相切，之后部分重叠，重叠部分逐渐变大直到完全重合，重合时能流密度分布均匀性最好，聚光比适中（如图 6 - 9 所示），此时主要的参数公式如下：

二级反射平面最小直径为

$$BC = AC - AB \qquad (6 - 15)$$

光斑相切时电池阵位置为

$$z = h_a + AC \left[\cos\varphi - \tan(\pi/2 - 2\varphi + \phi) \sin\varphi \right] \qquad (6 - 16)$$

光斑重合处电池阵高度位置

$$z = \frac{AB\left[\cos\varphi + \tan\psi\sin\varphi\right] - AC\left[\cos\varphi - \tan\omega\sin\varphi\right]}{\tan\omega - \tan\psi} \qquad (6-17)$$

光斑重合处电池阵最小半径

$$r_m = \frac{-\tan\omega\left[AC(\cos\varphi - \tan\omega\sin\varphi) - AB(\cos\varphi + \tan\psi\sin\varphi)\right]}{\tan\omega - \tan\psi} + \qquad (6-18)$$

$$h_a + AC\cos\varphi - AC\tan\omega\sin\varphi$$

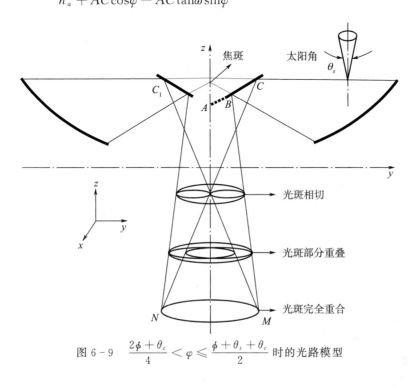

图 6-9　$\dfrac{2\phi + \theta_c}{4} < \varphi \leqslant \dfrac{\phi + \theta_s + \theta_c}{2}$ 时的光路模型

假设反射镜倾角 $\varphi = 60°$，电池阵在不同位置时计算得到的能流密度分布如图 6-10 所示。可以看出此时电池阵能流密度分布非常均匀，同其他两种情况相比，电池阵峰值能流密度低、波动小。

4）当 $\dfrac{\phi + \theta_s + \theta_c}{2} < \varphi < \dfrac{\pi}{2}$ 时，经二级镜面反射的光线都朝向 z 轴，电池阵在特定高度下光斑可完全重合，但重合时峰值能流密度过高，如图 6-11 所示。

光斑相切时电池阵位置为

$$z = h_a + AC\left[\cos\varphi - \tan(\pi/2 - 2\varphi + \phi)\sin\varphi\right] \qquad (6-19)$$

光斑重合时电池阵位置为

$$z = \frac{\tan\psi(h_a + AC\left[\cos\varphi - \tan\omega\sin\varphi\right])}{\tan\psi + 1} +$$

$$\frac{\tan\omega(h_a + AB\left[\cos\varphi + \tan\psi\sin\varphi\right])}{\tan\psi + 1} \qquad (6-20)$$

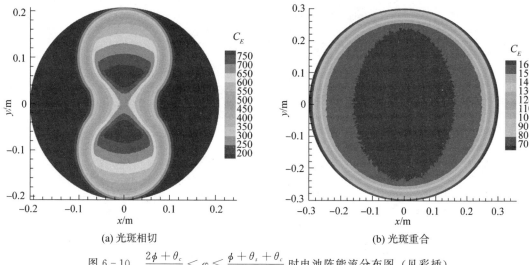

(a) 光斑相切　　　　　　　　　　　　　(b) 光斑重合

图 6 - 10　$\dfrac{2\phi + \theta_c}{4} < \varphi \leqslant \dfrac{\phi + \theta_s + \theta_c}{2}$ 时电池阵能流分布图（见彩插）

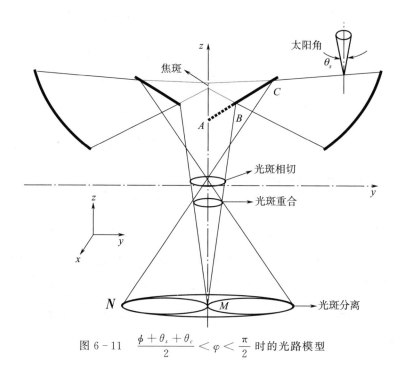

图 6 - 11　$\dfrac{\phi + \theta_s + \theta_c}{2} < \varphi < \dfrac{\pi}{2}$ 时的光路模型

　　光斑分离时电池阵位置为

$$z = h_a + AB\,[\cos\varphi + \tan\psi\sin\varphi] \tag{6-21}$$

　　假设反射镜倾角 $\varphi = 70°$，电池阵在不同位置时的能流密度分布如图 6 - 12 所示。可见，光斑重合时相比 1)、2) 两种情形能流密度分布更均匀，但比情形 3) 均匀性差，并且峰值能流密度过高。

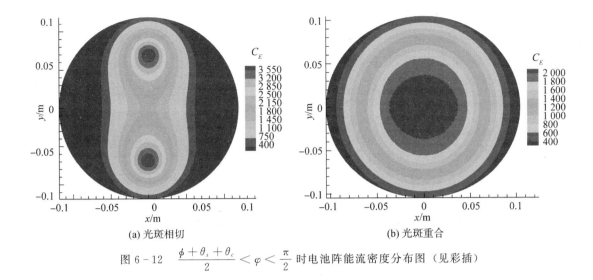

(a) 光斑相切   (b) 光斑重合

图 6-12 $\dfrac{\phi + \theta_s + \theta_c}{2} < \varphi < \dfrac{\pi}{2}$ 时电池阵能流密度分布图（见彩插）

综上所述，当聚光镜结构参数满足下式的范围时，两侧光斑完全重合，能流密度分布比较均匀，聚光比适中，适合应用于聚光空间太阳能电站

$$\begin{cases} \varphi + \theta_s < \phi \leqslant \pi/2 + \varphi - \theta_c - \theta_s \\ \dfrac{2\varphi + \theta_c}{4} < \varphi \leqslant \dfrac{\phi + \theta_s + \theta_c}{2} \end{cases} \qquad (6\text{-}22)$$

6.4.4 聚光系统匹配参数求解

根据前面的分析，太阳光经过两次反射，能够反射到电池阵并在电池阵形成较为均匀的能流密度分布，一级聚光镜倾角 ϕ、接收角 θ_c、二级反射镜倾角 φ 等几个角度必须满足特定的关系。同时，为满足空间太阳能电站在一级聚光镜每天旋转 360° 的条件下，电池阵能高效稳定地接收太阳光，必须满足偏轴聚光镜边缘光线的角平分线垂直于光轴。因此，一级聚光镜和二级反射镜的各角度应满足如下关系

$$\begin{cases} \varphi + \theta_s < \phi \leqslant \pi/2 + \varphi - \theta_c - \theta_s \\ \dfrac{2\phi + \theta_c}{4} < \varphi \leqslant \dfrac{\phi + \theta_s + \theta_c}{2} \\ \phi + \dfrac{1}{2}\theta_c = 90° \end{cases} \qquad (6\text{-}23)$$

可见，一级聚光镜的角度相关参数取值只能是 $\phi = 70°$，$\theta_c = 40°$；$\phi = 75°$，$\theta_c = 30°$；$\phi = 80°$，$\theta_c = 20°$；$\phi = 85°$，$\theta_c = 10°$ 等组合。同时，在保证汇聚功率情况下，为了降低聚光镜的面积，尽量选取较小的一级聚光镜倾角 ϕ，对应的接收角 θ_c 越大，但又要满足 $\varphi + \theta_s < \phi \leqslant \pi/2 + \varphi - \theta_c - \theta_s$ 的要求。综合取值倾角 ϕ 为 80°，接收角 θ_c 为 20°，此时镜面面积最小。

当光斑能流密度分布均匀，峰值能流聚光比可近似等于系统几何聚光比。此时，可采取反向设计思路，在确定几何聚光比大小的前提下，对电池阵最佳状况进行计算，反推出

二级反射镜倾角 φ 和电池阵高度 h_b 两个重要参数。

当有效聚光半径 p_r 给定时，为达到光斑重合且聚光比可调，将几何聚光比公式与图 6-9 的 BM、C_1M 直线方程联立求解，三个方程分别见公式（6-24）。代入要求的几何聚光比 C_G，可求解得出斜面倾角 φ 值和电池阵高度 h_b 值（即求解得到的 z 值），得到优化的设计参数。

$$\begin{cases} C_G = 2\pi p_r{}^2/A_s \\ z = -\tan(\pi/2 - 2\varphi + \phi)y + h_a + \\ \qquad (f - h_a)[\cos\varphi + \sin\varphi/\tan(\phi - \varphi)][\cos\varphi - \tan(\pi/2 - 2\varphi + \phi)\sin\varphi] \\ z = -\tan(\pi/2 - \theta_c - \phi + 2\varphi)y + h_a + \\ \qquad (f - h_a)[\cos\varphi + \sin\varphi\tan(\pi/2 + \varphi - \theta_c - \phi)][\cos\varphi + \tan(\pi/2 - \theta_c - \phi + 2\varphi)\sin\varphi] \end{cases}$$

$$(6-24)$$

6.4.5　轨道周期内一级聚光镜对日跟踪聚光分析

在一天的轨道周期内，在保持三明治结构对地定向的情况下，一级聚光镜需要围绕中心持续旋转以保证对日定向，在不考虑黄道夹角的情况下，二级反射镜和桁架结构均保持固定（见图 6-13）。在一级聚光镜旋转的过程中，电池阵的能流密度分布将成周期性变化。

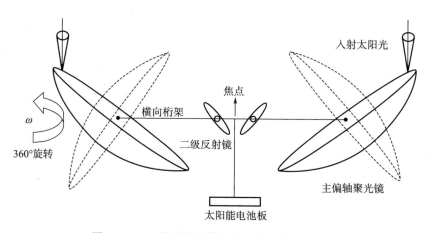

图 6-13　一级聚光镜旋转对日跟踪调节示意图

对应一天运行轨道的五个典型位置（见图 6-14），即一级聚光镜分别旋转 0°、45°（135°）、90°、180°，分析得到的电池阵聚光能流密度分布如图 6-15、图 6-16 所示。

1）旋转角为 0°或 180°时能流密度分布比较均匀，聚光比大约在 3 左右；

2）当旋转角度处于两者之间时（如 45°和 135°），能流密度分布逐渐呈现梯度分布趋势；

3）旋转角为 90°时能流密度分布梯度最大，一侧聚光比超过 4.0，另一侧聚光比只有 2.2，左右两侧不均匀度相差近一倍。

通过分析表明，虽然通过二级集成对称聚光系统可以实现较好的聚光均匀性，但由于

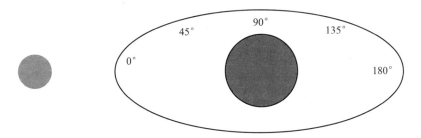

图 6 - 14　一级聚光镜旋转对日跟踪调节五个典型位置

空间太阳能电站运行轨道的特殊性，既要保证一级聚光镜的对日定向、又要保证三明治结构的对地定向，实际上很难保证整个轨道周期内都能保持较好的聚光均匀性。如果考虑黄道夹角的影响，控制将更为复杂，聚光均匀性也会更差，这也是聚光式空间太阳能电站的一大难点。

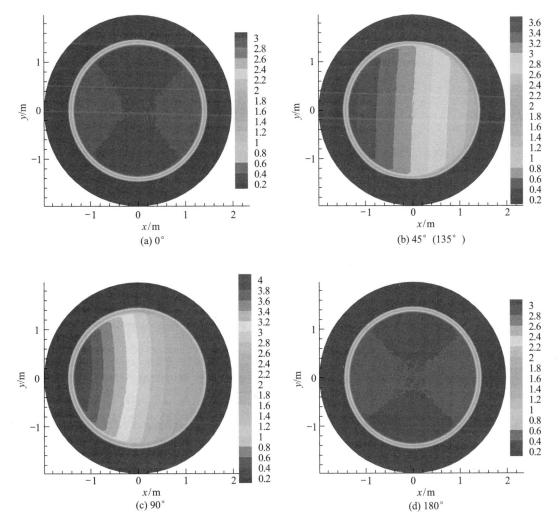

图 6 - 15　不同调节角度下的电池阵聚光能流密度分布（$f = 5.0$ m/$C_G = 3.0$/$\phi = 80°$/$\theta_c = 20°$）（见彩插）

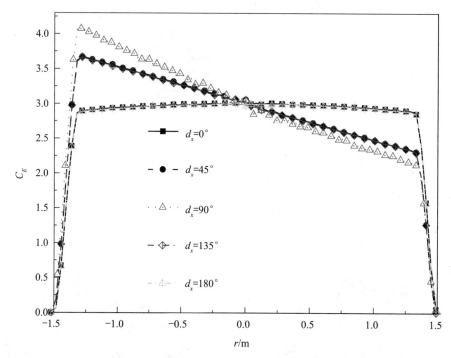

图 6-16　不同调节角度下的电池阵表面能流密度分布对比

6.5　初步方案

6.5.1　太阳能聚光分系统

太阳能聚光分系统的主要功能是在空间太阳能电站运行轨道的各个位置实现将太阳光以一定的聚光比、并且较为均匀地汇聚到对地定向的三明治结构的太阳能电池一侧，从而消除平台式空间太阳能电站所需的导电旋转部件。对于聚光系统，除了保证聚光效率以外，最关键的问题是能流密度分布的均匀性。通过分析，采用对称的两套聚光系统，通过两个呈梯度分布的光斑进行拼接重叠，可以在一定程度上解决能流密度分布不均匀问题。

6.5.1.1　GW 级电站聚光系统参数

按 1 GW 规模的空间太阳能电站，考虑整个无线能量传输的效率（太阳能电池输出直流功率–地面直流接收转换）约为 50%，对于太阳电池阵的输出电力需求约为 2 GW。参考多旋转关节空间太阳能电站方案，假设三明治结构的太阳电池阵面积和微波发射天线阵面积相同，对应的三明治结构直径为 1 km。

选取一级聚光镜倾角 $\phi = 80°$、一级聚光镜接收角 $\theta_c = 20°$、通过分析得到 1 GW 空间太阳能电站聚光系统的参数见表 6-2。

表 6 - 2　1 GW 电站聚光系统结构参数

结构	参数	数值
一级聚光镜	焦距 f	2.86 km
	有效聚光半径 p_r	1.0 km
	偏心距 P	5.8 km
	一级聚光镜桁架长度	11.6 km
	斜截面倾角	45.44°
	截面椭圆长半轴	1.44 km
	截面椭圆短半轴	1.0 km
	截面椭圆凹度 d	62 m
二级反射镜	二级反射镜几何聚光比 C_{GII}	20
	二级反射镜平均能流聚光比 C_{EII}	18
	倾角	45.64°
	斜面高度 h_a	2.0 km
	最小半径 R_{AB}	226 m
电池阵	直径	1 km
	电池阵几何聚光比 C_G	8
	电池阵平均能流聚光比 C_E	6
	高度 h_b	3 km
	电池阵连接桁架长度 $h_b + f$	5.85 km

6.5.1.2　太阳能聚光分系统方案

太阳能聚光分系统主要包括 2 个一级聚光镜、2 个二级反射镜、指向控制机构。其中，一级聚光镜依托指向控制机构维持对日定向，二级反射镜将一级聚光镜反射的光线进行二级聚光，实现将太阳光汇聚到三明治结构的太阳能电池一侧，整个太阳能聚光分系统依托结构分系统的主结构桁架进行连接。

（1）一级聚光镜

一级聚光镜采用模块化子镜在轨拼接组装方案，将大口径聚光镜分成约 200 个聚光镜模块，每个聚光镜模块为一个平面反射镜，其安装法向为该位置偏轴抛物面的法向，从而通过聚光镜模块拼接实现偏轴抛物面聚光镜的功能（见图 6 - 17 和图 6 - 18）。

一级聚光镜模块为平面镜，成正六边形，边长 100 m，包络直径 200 m，材料为镀铝聚酰亚胺，薄膜厚度为 7.5 μm，反光率 >92%。一级聚光镜模块收拢状态尺寸为 ϕ2 m× 2 m，质量约 4 t，平均面密度约 0.1 kg/m²，采用弹性自展开、充气辅助展开的方式。两个一级聚光镜总质量约为：460×2=920 t。

整个一级聚光镜的支撑结构采用桁架组成（见图 6 - 19），每个一级聚光镜模块单独与

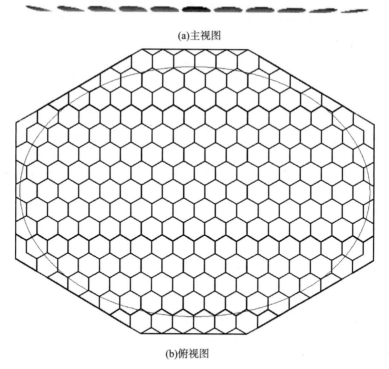

(a)主视图

(b)俯视图

图 6-17　一级聚光镜通过模块化子镜拼接成形方案

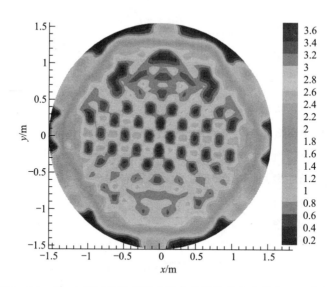

图 6-18　200 个平面模块拼接方案电池阵能流密度分布（见彩插）

桁架对接组装。桁架结构模块与多旋转关节空间太阳能电站类似，单个桁架模块长度约
173 m，假设主桁架模块质量为 3.5 t，次桁架模块质量为 1 t。单个一级聚光镜包括主桁
架模块数量 110 个，总质量为 385 t；包括次桁架模块 136 个，总质量为 136 t。因此，一
级聚光镜桁架总质量为：（385+136）×2＝1 042 t。

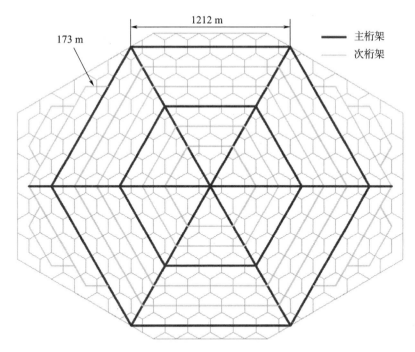

图 6-19　一级聚光镜桁架

（2）二级反射镜

二级反射镜为平面镜，直径为 552 m，采用与一级聚光镜相似的拼接方法，由 17 片正六边形二级反射镜模块拼接而成（见图 6-20）。每个二级反射镜模块为边长 75 m 的正六边形，包络直径 150 m，收拢状态尺寸为 $\phi 1.5$ m×1.5 m，质量约 2.5 t。二级反射镜总质量为：2.5×17×2＝85 t。

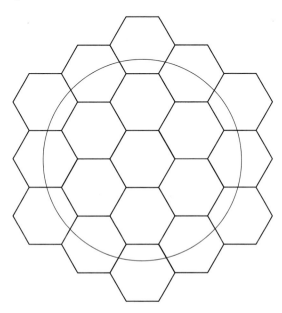

图 6-20　二级反射镜拼接示意图

二级反射镜的支撑结构采用桁架组成（见图 6-21），每个二级反射镜模块与桁架对接组装，桁架模块长度为 130 m，质量为 2.6 t。单个二级反射镜中桁架模块数量为 24 个，总质量为 62.4 t。因此，二级反射镜桁架总质量为：62.4×2=124.8 t。

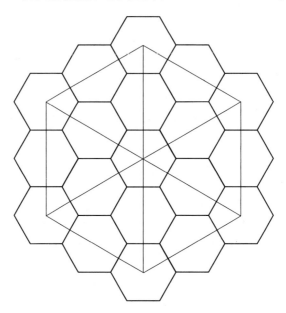

图 6-21　二级反射镜桁架

6.5.2　连接桁架及转动机构

连接结构用于将 2 个一级聚光镜、2 个二级反射镜和三明治结构连接成一个整体（见图 6-22）。采用展开长度为 100 m 的桁架模块，桁架模块质量为 2 t。一级聚光镜连接桁架长 11.6 km，所需主结构模块数量为 116 个，总质量为 232 t。三明治结构连接桁架长 5 km，所需主结构模块数量 50 个，总质量为 100 t。连接结构总质量约 332 t。

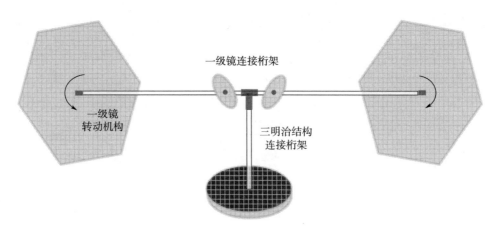

图 6-22　电站连接结构

转动机构主要考虑在一天轨道周期内的一级聚光镜对日定向控制,通过一级聚光镜旋转机构可实现一级聚光镜的一维转动,转轴为一级聚光镜与桁架的连接处,转动范围为 $360°$ 。假设转动机构总质量为 20 t。

实际设计中还应当考虑在一年周期内黄道夹角的变化,对应的对日控制非常复杂,需要同时调整一级镜连接桁架与三明治结构连接桁架间的角度,也要对二级反射镜的角度进行调整。转动机构需要增加二级反射镜旋转机构和一级聚光镜连接桁架旋转机构。

6.5.3　三明治结构

聚光式空间太阳能电站采用光学系统的旋转代替了电路系统的旋转,因此可以将太阳电池阵、电力管理与分配设备和微波发射天线阵集成为三明治结构,实现发电、电力分配和微波发射功能一体化。

与多旋转关节空间太阳能电站的微波发射天线类似,聚光式空间太阳能电站三明治结构为一个 1 km 直径的平面结构,由 80 个 100 m×100 m 的结构子阵组成,每个结构子阵包括 5 个 20 m×100 m 的组装模块,每个组装模块包括 20 个 20 m×5 m×0.1 m 的三明治结构模块,每个三明治结构模块包括 16 个 2.5 m×2.5 m×0.1 m 三明治基本模块(2×8 排列),三明治基本模块是相控的基本单元。因此,整个三明治结构包括 400 个组装模块、8 000 个三明治结构模块、128 000 个三明治基本模块。

三明治基本模块尺寸为 2.5 m×2.5 m,上层为太阳能电池,中间为夹层结构,下层为固态源和天线,其中夹层结构中布设电力调节设备、电缆以及用于热控的热管等,结构剖面图如图 6-23 所示。

参考多旋转关节空间太阳能电站天线子阵的设计,每个三明治基本模块又包括 25 个分区,每个分区尺寸为 0.5 m×0.5 m,为一个独立的发电、传输、微波能量转化和发射通路,对应一个功率放大器。假设发射天线采用均匀功率密度分布,每一个功率放大器的输出功率为 500 W。

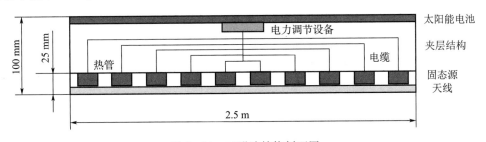

图 6-23　三明治结构剖面图

综合考虑电池阵(0.8 kg/m²)、天线阵(4 kg/m²)、夹层结构(1 kg/m²)、电力管理(1 kg/m²)、热管(0.3 kg/m²)等,三明治结构模块的面密度约为 7.1 kg/m²,对应三明治结构总质量为:7.1 kg/m²×8=5 680 t。参考多旋转关节空间太阳能电站微波发射天线支撑结构,三明治结构部分的支撑结构约 400 t。

6.6 小结

聚光式空间太阳能电站的其他分系统方案可以参考多旋转关节空间太阳能电站。1 GW 二次聚光式空间太阳能电站主要技术指标见表 6 - 3。

表 6 - 3　1 GW 二次聚光式空间太阳能电站主要技术指标

系统参数	运行轨道	GEO
	发电功率	1 GW
	系统效率	12.5%
	总质量	~9 064 t
太阳能聚光分系统	一级聚光镜数量	2
	一级聚光镜有效聚光半径	1.0 km
	一级聚光镜面积(单镜)	4.6×10^6 m^2
	一级聚光镜质量	920 t
	二级反射镜数量	2
	二级反射镜半径	226 m
	二级反射镜平均能流聚光比	18
	二级反射镜质量	85 t
太阳能电力转化分系统	太阳能电池	多结砷化镓电池
	能流聚光比	5~6
	转化效率	40%
	太阳电池阵面积	0.8 km^2
	电池面密度	0.8 kg/m^2
	子阵电压	50 V
	总质量	640 t
微波无线能量传输分系统	微波频率	5.8 GHz
	电/微波效率	~80%
	微波传输效率	~95%
	微波/电效率	~85%
	微波天线尺寸	1 km
	天线形式	相控阵天线
	模块数	1.28×10^5 个
	每个模块输出功率	12.5 kW
	总质量	3 200 t

续表

	供配电形式	分布式供配电
电力管理与分配分系统	微波供电电压	50 V
	蓄电池供电功率	2.4 MW
	总质量	800 t
三明治结构	基本模块尺寸	2.5 m×2.5 m×0.1 m
	基本模块数量	128 000
	总质量	5 680 t
结构分系统	支撑结构	桁架展开
	一级聚光镜支撑结构	1 042 t
	二级反射镜支撑结构	125 t
	三明治结构支撑结构	400 t
	连接桁架及转动机构	352 t
	总质量	1 919 t
姿态与轨道控制分系统	总质量	～100 t
热控分系统	总质量	～300 t
信息与系统运行管理分系统	总质量	～60 t

第7章 空间太阳能电站的运输与在轨组装

7.1 空间太阳能电站组装运输模式分析

7.1.1 空间太阳能电站的三种组装运输模式

空间太阳能电站的质量和体积巨大，需要根据运载火箭的运输能力（包括发射质量和包络尺寸），分解为多个发射模块发射入轨后进行在轨组装，最终组装完成的空间太阳能电站运行轨道为地球静止轨道。传统的 GEO 卫星一般采用运载火箭发射到地球同步转移轨道，之后通过卫星自身的推进系统完成 GTO 到 GEO 的转移。而对于空间太阳能电站，根据电站模块组装地点的不同可分为三种典型任务模式，即近地轨道组装运输模式、地球静止轨道组装运输模式，以及近地轨道与地球静止轨道组装相结合运输模式（见图 7-1～图 7-3），三种模式对于运输过程和运输能力的影响有很大不同。

1）近地轨道组装运输模式：首先使用重型运载火箭将所有的电站模块发射进入近地轨道，整个空间太阳能电站在近地轨道完成组装，之后依靠空间太阳能电站自身的推进系统将电站从近地轨道运输到地球静止轨道。

2）地球静止轨道组装运输模式：首先使用重型运载火箭将电站模块发射进入近地轨道，再利用火箭上面级或轨道间运输器将所有的电站模块运输到地球静止轨道，在地球静止轨道完成所有模块的组装工作。

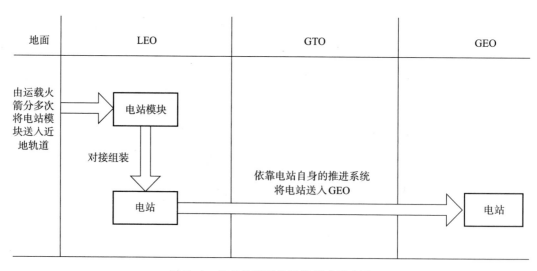

图 7-1 近地轨道组装运输模式示意图

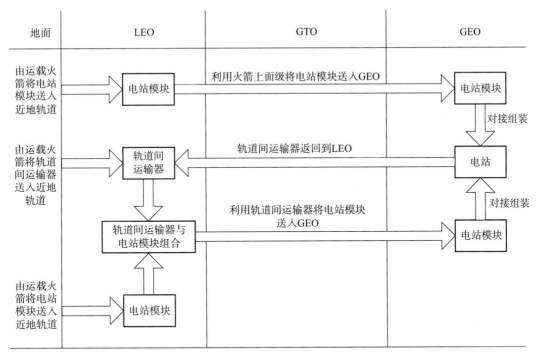

图 7 - 2　地球静止轨道组装运输模式示意图

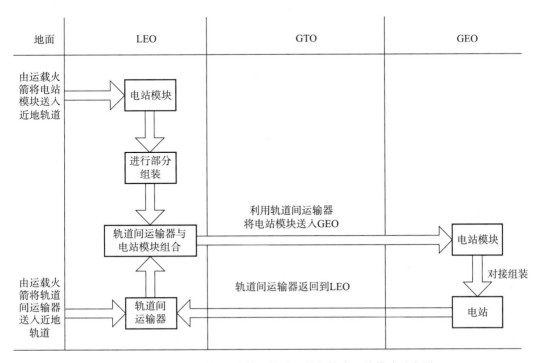

图 7 - 3　近地轨道与地球静止轨道组装相结合运输模式示意图

　　3）近地轨道与地球静止轨道组装相结合运输模式：使用重型运载火箭将所有的电站模块直接送入近地轨道，根据需求将电站模块在近地轨道进行部分组装后，再利用轨道间运输器将部分组装后的电站模块运输到地球静止轨道，之后在地球静止轨道上完成电站的最终组装工作。

　　以上三种模式都需要使用重型运载火箭将电站模块分次发射到近地轨道，因此从地面到近地轨道的运输过程完全相同。而对于从近地轨道到地球同步轨道，考虑不同的组装模式，对应的运输模式的主要区别在于单次运送的有效载荷质量不同以及采用的轨道间运输器能力不同。

7. 1. 2　几种组装运输模式的比较

　　（1）近地轨道组装运输模式

　　近地轨道组装运输模式的特点：所有的组装在近地轨道进行，组装的难度较低，便于航天员参与组装；近地轨道停留时间较长，受原子氧环境、空间碎片等的影响大；低轨的气动阻力、重力等影响较大，组装过程中的姿态调整和轨道维持的资源消耗较大；整体运输对于电站推进系统的总推力和推进剂总量要求很高，电站的整体规模将大幅增加；受到电站总推力的限制，电站从近地轨道转移到地球静止轨道的时间较长，由于电站自身无法增加辐射防护，地球辐射带对于电站设备的辐射影响大，特别是太阳电池阵的性能衰减较大，会较大地影响电站的寿命；无须配置专门的轨道间运输器。

　　（2）地球静止轨道组装运输模式

　　地球静止轨道组装运输模式的特点：所有的组装过程在地球静止轨道进行，受空间碎片的影响相对较小，航天员参与组装的难度大；进行模块化运输，对于轨道间运输器的运输能力要求较低，但是需要较多的轨道间运输器支持；可以通过轨道间运输器的防护罩减小轨道转移过程中地球辐射带对于电站模块的辐射影响；轨道间运输器可以通过近地轨道的推进剂补加以及电池阵等的更换实现长期可重复使用。

　　（3）近地轨道与地球静止轨道组装相结合运输模式

　　近地轨道与地球静止轨道组装相结合运输模式的特点：部分复杂的组装工作在近地轨道进行，便于航天员参与组装；近地轨道组装时间较短，受空间原子氧、空间碎片等的影响较小；对于轨道间运输器的运输能力要求较高，但是需要较少的轨道间运输器；低轨组装后的电站模块可能处于展开状态，难以通过防护罩进行防护，轨道转移过程中地球辐射带对于电站模块的辐射影响较大；轨道间运输器可以通过近地轨道的推进剂补加以及太阳电池阵等的更换实现长期可重复使用。

7.2　地面—LEO 运输系统

　　空间太阳能电站需要运载能力大的运载火箭，为了降低运载成本，应当尽可能多次重复使用。早期电站研究中，美国和日本等都提出了多种基于单级入轨（Single Stage to

Orbit，SSTO）和两级入轨（Two Stage to Orbit，TSTO）的可重复使用运载方案，包括水平发射、垂直发射、水平返回等多种形式。

目前我国和国际上主要的现役和研发的可能用于未来空间太阳能电站发射的典型运载火箭主要包括：长征五号运载火箭、长征九号重型运载火箭、猎鹰重型运载火箭、空间发射系统和大猎鹰火箭发射系统。

7.2.1　我国的候选运载火箭

7.2.1.1　长征五号运载火箭

长征五号系列运载火箭是我国新一代运载火箭，包括二级半构型的基本型长征五号运载火箭（CZ-5）、一级半构型长征五号乙运载火箭（CZ-5B）、增加上面级的长征五号/远征二号运载火箭（CZ-5/YZ-2），基本型于 2016 年 11 月 3 日在中国文昌航天发射场首飞成功，成为中国现役运载能力最大的火箭（见图 7-4）。其中，CZ-5 可用于地球同步转移轨道、地月转移轨道、地火转移轨道等众多的运输任务，地球同步转移轨道运载能力将达到 14 t 级。CZ-5B 主要用于近地轨道的重型载荷，将用于空间站的运输。CZ-5/YZ-2 为三级半火箭，可以直接运输地球同步轨道、中地球轨道和太阳同步轨道的卫星，地球同步轨道运载能力达到 5.1 t。长征五号系列运载火箭的主要技术指标见表 7-1，运载能力见表 7-2。

表 7-1　长征五号系列运载火箭主要技术指标

分类	长征五号乙(CZ-5B)	长征五号(CZ-5)	长征五号/远征二号(CZ-5/YZ-2)
级数	1.5	2.5	3.5
全长/m	53.66	56.97	
宽度/m	17.3		
起飞推力/t	1 052		
起飞质量(不含载荷)/t	837	867	
助推器			
长度/m	27.6		
直径/m	3.35		
发动机	2×YF-100		
推进剂	液氧/煤油		
芯一级			
级长/m	33.16		
直径/m	5.0		
发动机	2×YF-77		
推进剂	液氧/液氢		

续表

分类	长征五号乙(CZ-5B)	长征五号(CZ-5)	长征五号/远征二号(CZ-5/YZ-2)
芯二级			
级长/m	无此结构	11.54	
直径/m		5.0	
发动机		2×YF-75D	
推进剂		液氧/液氢	
整流罩			
长度/m	20.5	12.267	
直径/m	5.2	5.2	
有效载荷最大包络直径/m	4.5	4.5	

图 7-4 长征五号运载火箭

表 7-2　长征五号系列运载火箭主要运载能力

运载火箭	目标轨道	轨道高度/km	轨道倾角/(°)	运载能力/t
长征五号乙(CZ-5B)	LEO	200×400	42	25
长征五号(CZ-5)	GTO	200×36 000	19.5	14
	TLI	200×380 000	24.5	8.2
	SSO	700×700	98	15
	MTO	200×26 000	55	13
	TMI	200×55 000 000		5
长征五号/远征二号(CZ-5/YZ-2)	GEO	36 000×36 000	0	5.1
	SSO	2 000×2 000	108	6.7
	MEO	26 000×26 000	55	4.5
备注	TLI:Trans-Lunar Injection,地月转移轨道 MTO:Medium Earth Transfer Orbit,中地球转移轨道 TMI:Trans-Mars Injection,地火转移轨道 MEO:Medium Earth orbit,中地球轨道			

7.2.1.2　长征九号重型运载火箭

长征九号重型运载火箭（CZ-9）是中国正在研发的新一代重型运载火箭，将用于未来的载人登月、深空探测和大型空间基础设施建设，预计首发时间在 2028 年左右，发射场为中国文昌航天发射场。目前的长征九号重型运载火箭采用三级半构型，采用模块化、系列化、通用化设计，根据捆绑的助推级的不同分成三种构型：无助推器构型、2 助推器构型、4 助推器构型。芯一级直径为 10 m，采用 4 台 480 t 级液氧煤油发动机（对于无助推器构型为 5 台发动机）；芯二级采用 2 台 220 t 级液氧液氢发动机；芯三级采用 4 台 25 t 级液氧液氢发动机高空改进型；助推火箭为 5 m 直径，采用 2 台 480 t 级液氧煤油发动机。现阶段长征九号重型运载火箭的主要技术参数包括：

1）火箭高度：103 m；

2）火箭最大宽度：20 m；

3）起飞质量：4 137 t；

4）起飞推力：5 873 t；

5）芯级最大直径：10 m；

6）助推器直径：5 m；

7）助推器数量：4；

8）整流罩直径：7.5 m（可根据载荷和任务需求增加到 10 m 以上）；

9）整流罩长度：25m（可根据载荷和任务需求增加）；

10）LEO 运载能力：140 t；

11）GTO 运载能力：66 t；

12）LTO 运载能力：50 t；

13）发射场：中国文昌航天发射场。

表 7-3 为 LEO 140 t 级长征九号运载火箭主要技术指标；图 7-5 为长征九号重型运载火箭构型示意图。

表 7-3　LEO 140 t 级长征九号运载火箭主要技术指标

	助推器	芯一级	芯二级	芯三级
直径/m	5	10	10(液氢箱) 7.5(液氧箱)	7.5(液氢箱) 5(液氧箱)
氧化剂/推进剂	液氧/煤油	液氧/煤油	液氧/液氢	液氧/液氢
发动机	2 台 480 t 级高压补燃液氧煤油发动机	4 台 480 t 级高压补燃液氧煤油发动机	2 台 220 t 级高压补燃氢氧发动机	4 台 25 t 级膨胀循环氢氧发动机

图 7-5　长征九号重型运载火箭构型示意图

7.2.2　国外的重型运载火箭

7.2.2.1　猎鹰重型运载火箭

猎鹰重型运载火箭（Falcon Heavy）是世界上现役火箭中推力最大的运载火箭（见图 7-6），也是少有的可部分重复使用的运载火箭。2018 年 2 月 6 日，由美国太空探索技术公司（SpaceX）研制的首发猎鹰重型运载火箭成功发射，实现两枚助推火箭回收，芯级火箭由于故障回收失败。2019 年 4 月 11 日猎鹰重型运载火箭执行首次商业发射，成功将"Arabsat-6A"通信卫星送入预定的地球同步转移轨道，并且首次成功回收两枚助推火箭和芯级火箭。

　　猎鹰重型运载火箭采用二级半构型，完全基于二级构型的猎鹰 9 号，在猎鹰 9 号运载火箭基础上捆绑了两个猎鹰 9 号的一级火箭作为助推火箭。因此，猎鹰重型运载火箭的长度、整流罩以及二级发动机与猎鹰 9 号运载火箭完全一致。猎鹰重型运载火箭主要用于重型卫星的发射，未来的发展目标是用于载人登月和载人火星探测。猎鹰重型运载火箭的主要参数包括：

　　1）火箭高度：70 m；

　　2）火箭最大宽度：12.2 m；

　　3）起飞推力：2 280 t；

　　4）起飞质量：1 420.8 t；

　　5）整流罩直径：5.2 m；

　　6）整流罩高度：13.2 m；

　　7）载荷最大直径：4.6 m；

　　8）载荷最大高度：11 m；

　　9）LEO 运载能力：63.8 t；

　　10）GTO 运载能力：26.7 t。

　　猎鹰重型运载火箭单次发射报价为 9 000 万美元，对应的 LEO 运输成本大约为 1 500 美元/吨，低于目前商业市场报价近一个数量级。其主要降低成本的措施在于 3 枚一级火箭均设计为可回收并重复使用（见图 7 - 7），其中两个助推火箭在陆地着陆，中央芯级在海上回收平台降落。回收的一级火箭经过一定的维护和测试即可再次使用。整流罩也设计为可回收重复使用。

图 7 - 6　猎鹰重型运载火箭

图 7 - 7　猎鹰重型运载火箭一级火箭回收

7.2.2.2　空间发射系统

空间发射系统（Space Launch System，SLS）是美国正在研制的新一代重型运载火箭（见图 7 - 8），将用于执行近地轨道及载人深空探测任务。该项目于 2011 年启动，继承了航天飞机、德尔它 Ⅳ 和战神 5 号已有的技术基础。SLS 共设计了 3 种构型：SLS - 1、SLS - 1B 和 SLS - 2，分别包括了载人型和货运型。SLS - 1 型火箭采用五段式固体助推器、通用芯级和过渡型低温上面级，可实现 70 t 近地轨道运载能力和 26 t 月球轨道运载能力。SLS - 1B 型火箭采用使用 RL10 - C3 氢氧发动机的 8.4 m 直径的 EUS（探索上面级）替换过渡型低温上面级，近地轨道运载能力将达 105 t，月球轨道运载能力达约 37 t。SLS - 2 型火箭是在 SLS - 1B 基础上，采用先进助推器替代五段式固体助推器，可以实现 130 t 的近地轨道运载能力，月球轨道运载能力达约 45 t，预计在 2028 年完成研制。

图 7 - 8　空间发射系统

现阶段空间发射系统的主要设计参数包括：

1）火箭高度：111.25 m（SLS-2 货运型）。

2）火箭级数：2 级。

3）LEO 运载能力：

• SLS-1：70 t；

• SLS-1B：105 t；

• SLS-2：130 t。

4）月球轨道运载能力：

• SLS-1：26 t；

• SLS-1B：37 t；

• SLS-2：45 t。

5）芯级火箭参数：

• 高度：64.6 m；

• 直径：8.4 m；

• 干重：85 270 kg；

• 总重：979 452 kg；

• 发动机：4 台 RS-25D/E；

• 推力：7 440 kN；

• 比冲：363 s（海平面），452 s（真空）；

• 推进剂：液氢液氧。

6）二级火箭参数（SLS-1）：

• 高度：13.7 m；

• 直径：5 m；

• 干重：3 490 kg；

• 总重：30 710 kg；

• 发动机：1 台 RL10B-2；

• 推力：110.1 kN；

• 比冲：462 s（真空）；

• 推进剂：液氢液氧；

• 点火时间：1 125 s。

7）助推器参数（SLS-1，1B）：

• 2 个五段式固体火箭；

• 单个推力：16 000 kN；

• 比冲：269 s；

• 点火时间：126 s。

8）探索上面级参数（SLS-1B，SLS-2）：

- 直径：8.4 m；
- 发动机：4 台 RL10；
- 推力：440 kN；
- 推进剂：液氢液氧。

9）整流罩：

- 直径：8.4 m（SLS-1B）；
- 直径：10 m（SLS-2）。

10）发射场：肯尼迪航天中心。

11）首发计划时间：2020 年。

7.2.2.3　大猎鹰火箭发射系统

2017 年，SpaceX 发布了运载能力更大的大猎鹰火箭发射系统（Big Falcon Rocket，BFR）设计方案，主要用于未来的大规模卫星发射、载人月球探测、载人火星探测以及快速的洲际运输等（见图 7-9），首发时间初步计划在 2020 年。整个系统包括 2 级，第一级为超重型运载级（Super Heavy），第二级为星际飞船（Starship），两级部分均可回收重复使用。猎鹰重型运载发射系统的主要参数包括：

1）高度：118 m；

2）直径：9 m；

3）起飞质量：4 400 t；

4）级数：2 级；

5）LEO 运载能力（完全可重复使用情况）：100 t；

6）LEO 运载能力（不考虑回收）：150 t；

7）月球及火星运载能力（在轨加注）：100 t。

图 7-9　大猎鹰火箭发射系统

其中，第一级的超重型运载级的主要参数包括：

1）高度：63 m；

2）直径：9 m；

3）总质量：3 065 t；

4）推力：6 180 t；

5）发动机：31 台 Raptor 猛禽发动机（低温液氧甲烷）；

6）比冲：330 s；

7）直接返回到发射塔。

第二级的星际飞船级的主要参数包括：

1）高度：55 m；

2）直径：9 m；

3）干质量：85 t；

4）总质量：1 335 t；

5）发动机：7 台 Raptor 猛禽发动机（低温液氧甲烷）；

6）推力：1 390 t；

7）比冲：380 s；

8）在发射场附近着陆。

第二级根据任务需求分成不同的构型，目前主要考虑三类任务：

1）作为宇宙飞船：搭载多名航天员或太空乘客，或者携带货物到达月球、火星或者地球的其他地方。

2）作为星际加油站：装载航天器所需的推进剂，在地球轨道上为航天器进行推进剂在轨加注，使得载人星际探索和大规模货物运输成为可能。

3）作为卫星部署航天器：相当于一个可装载多个航天器的货仓，进入轨道后，根据需求部署多个航天器，也可用于回收航天器以及清理空间碎片。

表 7-4 所示为大猎鹰火箭发射系统主要技术指标。

表 7-4　大猎鹰火箭发射系统主要技术指标

	整个发射系统	超重型运载级	星际飞船级
LEO 运载能力	100 t		
回收载荷			50 t
载荷舱体积	1 088 m³		加压舱 1 000 m³ 无压舱 88 m³
直径		9 m	
长度	118 m	63 m	55 m
最大质量	4 400 t		1 335 t
推进剂			CH：240 t O₂：860 t

续表

	整个发射系统	超重型运载级	星际飞船级
干重			85 t
发动机		31 台猛禽发动机	7 台猛禽发动机
推力		5 270 t	1 190 t

7.3 LEO—GEO 轨道间运输系统

空间太阳能电站的运输需要 LEO—GEO 轨道间运输系统的支持，在美国和日本的空间太阳能电站研究中提出了多种轨道间运输器（Orbit Transfer Vehicle，OTV）的概念。目前，国际上还没有实际应用的 LEO—GEO 轨道间运输系统，正在论证的轨道间运输系统主要设计用于行星探测。

7.3.1 国外空间太阳能电站轨道转移运输研究

7.3.1.1 JAXA 空间太阳能电站轨道间运输方案

JAXA 在空间太阳能电站 LEO 到 GEO 的运输方案中推荐使用高比冲的电推进系统，图 7-10 给出了基于电推进技术的 OTV 系统构想图。该系统包括 17 个推力为 1 N、直径为 1 m 的离子电推力器，两个尺寸为 15 m×72 m 的大型太阳电池阵，太阳电池阵的单位面积发电功率为 0.3 kW/m²，总发电功率约 650 kW。对应的载荷部分最大尺寸为10 m×10 m×10 m，载荷总质量 33 t。

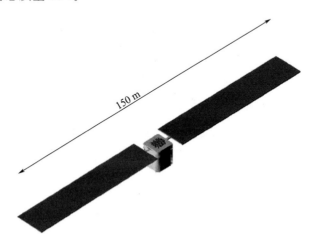

图 7-10　JAXA OTV 系统构想图

表 7-5 给出了 OTV 的主要任务参数。OTV 在一年完成从 LEO 到 GEO 的往返飞行，其中在低轨停留 10 天、在高轨停留 5 天、往返时间为 350 天。利用多个 OTV 建立 LEO 和 GEO 之间的轨道间运输系统。OTV 的电推力器采用成本较低且储量较大的氙气

作为推进剂。太阳能电池选用了较轻的薄硅电池，但出于抗辐射性能较差，性能退化严重，经过一次往返后，需要更换全部太阳电池阵。因此，每一次轨道转移任务，OTV 需要补充推进剂并更换太阳电池阵。

表 7 - 5　OTV 的主要任务参数

项目	参数
类型	可重复使用
运输载荷质量	33 t
初始轨道高度	400 km
初始轨道倾角	0°
目标轨道	GEO
往返周期	365 天
LEO 停留时间	10 天
GEO 停留时间	5 天
飞行时间	350 天
推进系统	离子推力器
推进剂	氙

表 7 - 6 给出了 OTV 系统的质量分解。整个 OTV 共计 67 t，其中可重复使用的部分为 17 t，有效载荷为 33 t。

表 7 - 6　OTV 系统的质量分解

项目		质量
可重复使用部分	OTV 本体	3 t
	离子发动机	12 t
	推进剂管理单元	2 t
替换部分	太阳电池阵	8 t
补充部分	推进剂	9 t
有效载荷		33 t
合计		67 t

7.3.1.2　NASA 空间太阳能电站轨道间运输方案

NASA 对于太阳塔空间太阳能电站从 LEO 到 GEO 的多种运输方案进行了研究，包括电站模块自主电推进转移方案、基于化学推进的可复用轨道间运输器（ROTV）、考虑气动减速的可复用轨道间运输器（ROTV＋AB）、基于太阳能热推进的可复用轨道间运输器（SOTV）等，其中电站模块自主电推进转移方案作为基准方案。几种转移方式对应的速度增量需求见表 7 - 7。

表 7 - 7 轨道转移 ΔV 需求

转移方案		初始轨道/ [(km×km)/(°)]	目标轨道/ [(km×km)/(°)]	ΔV /(m/s)
自主电推进	LEO→GEO	300×300/28.5	35 786×35786/0	5 899
ROTV	LEO→GEO	300×300/0	35 786×35 786/0	3 903
	GEO→LEO	35 786×35 786/0	300×300/0	3 903
ROTV+AB	LEO→GEO	300×300/0	35 786×35 786/0	3 903
	GEO→LEO 气动减速准备阶段	357 86×35 786/0	90×35 786/0	1 493
	气动减速	90×300/0	300×300/0	62
SOTV	LEO→GEO	300×300/0	35 786×35 786/0	4 215
	GEO→LEO	35 786×35 786/0	300×300/0	3 903

所有的运输方案中均考虑运至 GEO 的有效载荷质量为 17 149 kg，不同轨道间运输器方案的比较见表 7 - 8。

表 7 - 8 不同转移方案的对比

方案	载荷质量/kg	LEO 初始质量/kg	GEO 可返回质量/kg	飞行时间/d
自主电推进	17149	27000	4037	90
改进的电推进	17149	24632	4686	90
ROTV	17149	86053	8895	2
ROTV+AB	17149	62274	7011	2
SOTV	17149	52877	9297	90

电站模块自主电推进转移方案利用自身的太阳能发电系统和电推进装置实现从 LEO 到 GEO 的轨道转移。采用太阳能电推进装置，配置 10 台霍尔推力器，每台功率约为 50 kW，推进剂为氙气。轨道转移过程部分太阳电池阵展开工作，为电推进装置提供电力，除地影区以外，电推进装置保持连续工作。考虑 300 km 初始轨道高度，对于 0°倾角和 28.5°倾角两种情况的任务分析见表 7 - 9。

表 7 - 9 自主电推进转移方案的系统需求

项目	参数	
初始轨道高度/km	300	300
倾角/(°)	0	28.5
推进剂质量/kg	5998	7223
初始功率/kW	650	730
最终功率/kW	312	409
初始推力/N	29.2	32.8
最终推力/N	14	18.4
初始推进剂消耗率/(kg/s)	0.001 487	0.001 670

续表

项目	参数	
转移时间/d	91.9	90.7
有效载荷质量/kg	17 149	15 571
说明	姿控采用载荷所带的动量轮	
	考虑了地球阴影区	
	考虑了辐射带引起的发电功率损失	

对于 0°倾角任务，自主电推进转移方案性能指标见表 7-10。系统初始质量为 27 t，其中有效载荷质量约 17 t，所需消耗的推进剂约为 6 t。

表 7-10　自主电推进转移方案性能指标（0°倾角）

项目	参数
推力器比冲/s	2 000
LEO 初始质量/kg	27 000
消耗推进剂/kg	5 814
GEO 在轨质量/kg	21 186
残余推进剂/kg	174
推进系统质量/kg	2 810
失效的太阳能电池板/kg	1 053
有效载荷质量/kg	17 149
说明	转移过程中太阳电池阵部分展开
	电推力器采用高压电池阵直接驱动方式

7.3.2　国外基于电推进的轨道运输系统研究

7.3.2.1　太阳能电推进系统

美国在 20 世纪 70 年代的 10 年间投入约 3 000 万美元开展了多个太阳能电推进系统研究，计划用于低轨到地球静止轨道的运输，代表性研究工作如下。

1971 年，NASA Ames 研究中心委托 TRW 公司完成一个太阳能电推进系统概念设计（见图 7-11）。该系统总质量为 1 590 kg，包括水银工质 462 kg。系统安装 6 个最大功率为 4.5 kW、比冲为 3 000 s 的水银离子电推力器，由卷绕展开式太阳电池阵为电推进系统提供 17.5 kW 功率。

1974 年，NASA 马歇尔航天飞行中心委托诺格和波音公司分别开展太阳能电推进系统设计（见图 7-12）。诺格公司设计的系统总质量为 2 116 kg，包括水银工质 907 kg。系统安装 9 个最大功率为 3 kW、30 cm 水银离子电推力器，太阳电池阵最大供电功率为 25 kW，并设计为高压输出对于电推力器直驱供电方式。波音公司的设计采用了 10 台电推力器，系统总功率为 25 kW，总质量为 2 117 kg，其中包括 907 kg 推进剂，采用 Z 型折叠的柔性薄膜电池阵。

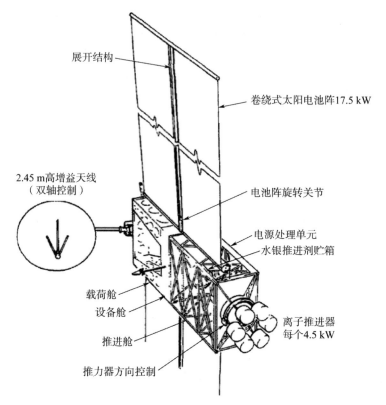

展开结构

卷绕式太阳电池阵17.5 kW

2.45 m高增益天线
（双轴控制）

电池阵旋转关节

电源处理单元
水银推进剂贮箱

载荷舱
设备舱

离子推进器
每个4.5 kW

推进舱

推力器方向控制

图 7 - 11　TRW 太阳能电推进系统概念（1971 年）

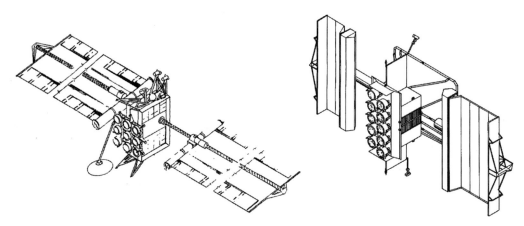

图 7 - 12　诺格和波音公司太阳能电推进系统概念（1974 年）

　　2000 年后，美国对于电推进轨道运输系统研究的重心放在深空探测任务，并且提出多种太阳能电推进验证系统。2002 年，NASA 兰利研究中心（Langley Research Center）开展载人月球探测 Gateway 研究，提出轨道集合及空间基础设施系统（Orbital Aggregation & Space Infrastructure Systems，OASIS）用于地月 L1 点任务，如图 7 - 13 所示。该系统采用太阳能电推进设计方案，系统总质量为 32 800 kg，其中包括 21 500 kg Xe 推进剂。系统总功率达到 584 kW，将采用多台 50 kW 电推力器，比冲达到 3 300 s。

图 7-13　OASIS 太阳能电推进系统概念（2002 年）

2011 年，NASA 的载人探索团队（Human Exploration Framework Team，HEFT）提出 300 kW 太阳能电推进系统概念，如图 7-14 所示。系统总质量为 49 700 kg，其中包括 39 000 kg Xe 推进剂，电推进系统包括 7 个通过高压太阳电池阵直驱供电的功率达到 43 kW、比冲达到 2 000 s 的霍尔电推力器。

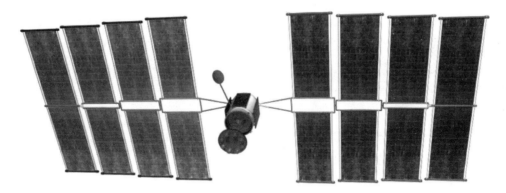

图 7-14　NASA HEFT 300 kW 太阳能电推进系统概念（2011 年）

2012 年末，NASA 提出全太阳能电推进验证任务——小行星变向机器人任务（Asteroid Redirect Robotic Mission，ARRM），如图 7-15 所示，将验证 50 kW 级太阳能电推进系统。整个系统的总质量为 15 180 kg，其中包括 10 t Xe 推进剂，采用 4 台 12.5 kW 霍尔电推力器，比冲达到 3 000 s，寿命达到 50 000 h。太阳电池阵可采用 ROSA（Roll Out Solar Array）和 MegaFlex 两种设计，发电电压为 95～140 V，通过电源处理单元（Power Processor Unit，PPU）输出 200～800 V 给电推力器，PPU 效率为 95.5%，比质量为 3 kg/kW。也可采用高压电池阵输出 300～600 V 进行电推力器直驱供电，预计直驱供电单元效率可达 99% 以上，比质量降低一半。

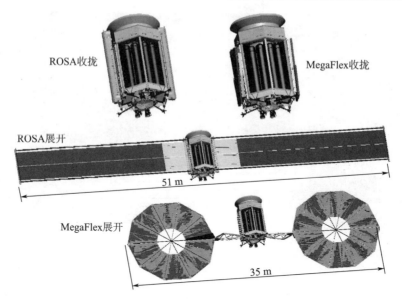

图 7 - 15　采用两种太阳电池阵的 ARRM 全太阳能电推进验证任务（2012 年）

7.3.2.1.1　超高功率太阳电池阵技术

为了发展高功率太阳能电推进系统，必须研制高功率太阳电池阵。2012 年 4 月，NASA 提出发展功率达到 30～50 kW 的大型太阳电池阵计划，后续扩展目标为 250 kW 以上。2012 年 8 月，NASA 选择 Deployable Space Systems（DSS）公司和 ATK Space Systems 公司开展相关研究。由 NASA 格伦研究中心（Glenn Research Center）委托两家公司开展 20 kW 级的高功率太阳电池阵工程样机的研制，可满足 50 kW 的工程应用。

DSS 公司设计、研制并测试了称为 ROSA 的卷绕展开式太阳电池阵（见图 7 - 16），电池阵样机宽 6.5 m，长 13.1 m，发电功率为 18.2 kW。ROSA 的太阳电池阵面采用标准电池单体安装在柔性基板上，太阳电池阵面在收拢状态卷绕在一起，通用两根复合材料制成的展开杆驱动展开，驱动杆展开后用于电池阵的结构支撑，刚度较单根支撑杆结构增加了一个数量级。基于不同的参数设计，未来的 ROSA 可扩展到数百千瓦到 1 MW（见表 7 - 11）。

图 7 - 16　ROSA 电池阵样机收拢和展开状态

表 7-11　ROSA 太阳电池阵的扩展

电池阵总功率/kW	300~400	700	1 000
电池阵单元宽度/m	7.9	7.9	7.9
电池阵单元长度/m	15.5	19.8	22.4
电池阵单元功率/kW	25~33.33	43.75	50
电池阵单元数量	12	16	20

ATK Space Systems 公司设计、研制并测试了名为 MegaFlex 的太阳电池阵（见图 7-17），该电池阵为圆形，直径为 9.7 m，发电功率约为 17 kW。MegaFlex 太阳电池阵设计为扇形结构，由多根径向复合材料杆支撑多个柔性基底的三角形扇形电池阵单元。收拢状态类似扇叶折叠在一起，展开过程通过驱动机构将扇叶打开，最终形成圆形太阳电池阵。ATK Space Systems 公司也分析了对应不同运载火箭约束下可能发射的 MegaFlex 太阳电池阵规模（见表 7-12）。

图 7-17　MegaFlex 电池阵样机收拢和展开状态

表 7-12　MegaFlex 太阳电池阵的扩展

运载火箭	Delta Ⅳ	Delta Ⅳ	Falcon 9	Ariane 5	SLS PF1B	SLS PF2
整流罩直径/m	4	4	5.2	5.4	8.4	10
电池阵直径/m	15	20	25	25	30	30
电池阵功率/kW	105	190	300	300	440	440

7.3.2.1.2　高功率电推力器技术

作为高功率太阳能电推进系统的核心技术，NASA 格伦研究中心从 1997 年开始研发高功率电推力器。2000 年，NASA 的空间运输计划（In - Space Transportation Program，ISTP）支持开展 50 kW 级电推力器研究，NASA 格伦研究中心设计了 50 kW 级的

NASA-457Mv1 型霍尔电推力器。在此基础上，于 2011 年研制并测试了改进的 20 kW 级 NASA-300M 霍尔电推力器，测试的最高电压和最大电流分别达到 600V 和 50A，分别采用 Xe 工质和 Kr 工质进行了测试（见图 7-18～图 7-21）。

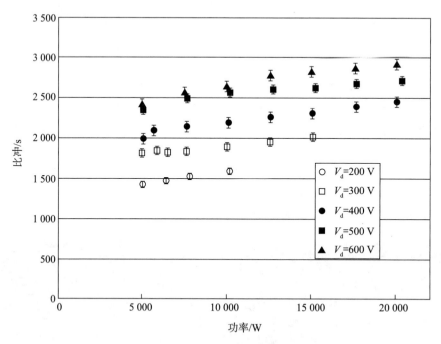

图 7-18　NASA-300M Xe 工质情况下的比冲

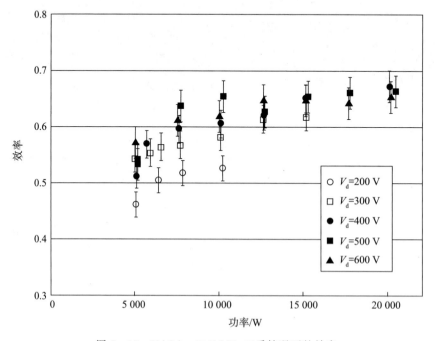

图 7-19　NASA-300M Xe 工质情况下的效率

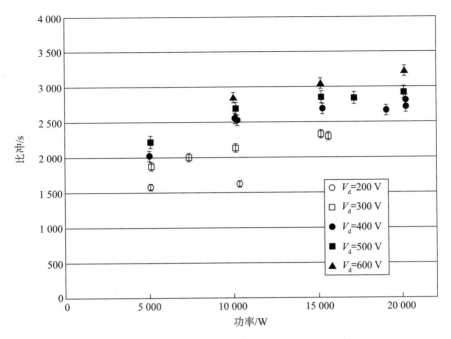

图 7 - 20　NASA - 300M Kr 工质情况下的比冲

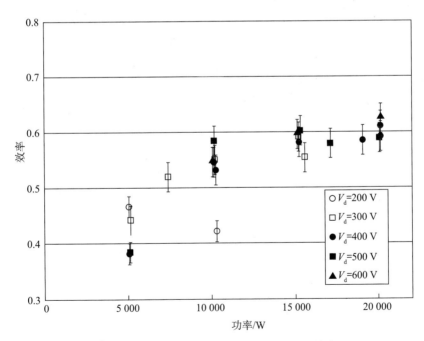

图 7 - 21　NASA - 300M Kr 工质情况下的效率

　　测试表明在电压相同的情况下，增加输入功率将增加推力器比冲和提高推力效率。采用 Xe 工质，在 600 V 电压获得了最大比冲 2 900 s，在 500 V 电压获得了最高效率 67%。采用 Kr 工质，在 600 V 电压、20 kW 功率下获得了最大比冲 3 223 s、最高效率 63%。

NASA‐457Mv2 是 NASA‐457Mv1 的改进型（见图 7‐22），该推力器在 2012 年进行了测试。测试功率为 5～50 kW，工作电压为 200～500 V，测试获得的最大推力在 50 kW 为 2.3 N，比冲范围为 1 420～2 740 s（见图 7‐23 和图 7‐24）。效率在低功率时最低为 51%，在 30 kW 时达到最高为 66%，对应的工作电压为 500 V（见图 7‐25）。后续进行的测试最高功率达到 70 kW，电压为 600 V，对应的最高推力接近 3 N。

图 7‐22　NASA‐457Mv2 电推力器

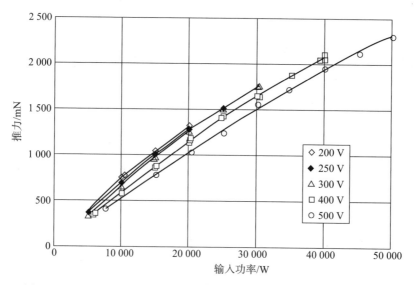

图 7‐23　NASA‐457Mv2 不同工作电压下推力与输入功率之间的关系

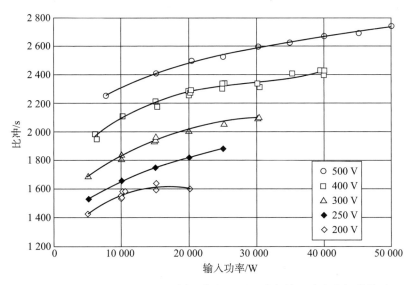

图 7 - 24　NASA - 457Mv2 不同工作电压下比冲与输入功率之间的关系

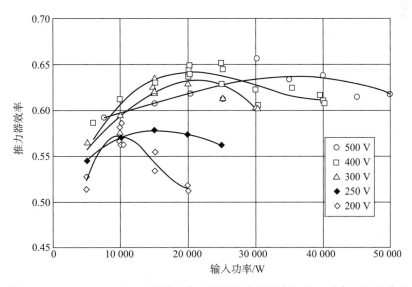

图 7 - 25　NASA - 457Mv2 不同工作电压下推力器效率与输入功率之间的关系

　　对于电推力器的供电电源，将从传统的电源处理单元变为直驱供电单元。即通过高压太阳电池阵的输出电力直接驱动电推力器的工作。NASA 格伦研究中心设计了发电功率300 kW、工作电压 300 V 的高压太阳电池阵概念。采用 34% 的多结 GaAs 电池，总面积1 500 m²，采用 ATK Space Systems 公司的 SquareRigger 设计，每个阵质量约为 1 000 kg。根据分析，采用直驱供电方式，设备效率将从 PPU 方式的 95% 提高到 99%，相应的热辐射面积大幅减小，而供电单元质量将减小一半。

7.3.2.2　空间核电推进系统

2011 年，NASA 格伦研究中心开始针对火星探测任务开展 MW 级空间核电推进系统研究（见图 7 - 26）。表 7 - 13 给出几种任务的设计参数，包括针对载人小行星探测任务的 300 kW 级空间核电推进系统，针对火星探测任务的 3 种 MW 级空间核电推进系统，其中第二种较第一种的反应堆出口温度大幅增加，因此效率增加，总反应堆功率降低，第三种较第二种将发电电压等级从 480 V 提高到 1 000 V。

表 7 - 13　空间核电推进系统设计参数

	HEFT 载人小行星	Case 1 火星货运	Case 2 火星货运	Case 3 火星货运
寿命/年	2	5	5	5
发电功率/kW	315	1 015	1 015	1 015
反应堆功率/kW	1 150	3 700	2 700	2 700
反应堆冷却	Li	Li	Li	Li
反应堆材料	Nb - 1Zr/UN	Nb - 1Zr/UN	Nb - 1Zr/UN	Nb - 1Zr/UN
反应堆出口温度/K	1 200	1 200	1 500	1 500
屏蔽材料	LiH/W	LiH/W	LiH/W	LiH/W
屏蔽剂量	50 rem/a	25 krad	25 krad	25 krad
屏蔽半角/(°)	22	22	22	22
距反应堆距离/m	30	50	50	50
电力转换装置	Brayton	Brayton	Brayton	Brayton
发电机数量	1	4	4	4
发电机功率	340 kW	270 kW	270 kW	270 kW
辐射器平均温度/K	450	450	450	450
辐射器热沉/K	230	230	230	230
辐射器面积/m²	560	1 800	1 100	1 100
输出电压/V(AC)	480	480	480	1000
质量估算				
反应堆/kg	1 250	2 000	1 700	1 700
屏蔽部分/kg	2 500	1 900	1 500	1 500
电力转化部分/kg	1 000	1 900	2 000	2 000
散热部分/kg	2 650	7 500	5 000	5 000
电力管理/kg	1 050	4 000	4 000	2 900
总质量/kg	8 450	17 300	14 200	13 100
功率比质量/(kg/kW)	26.8	17	14	12.9

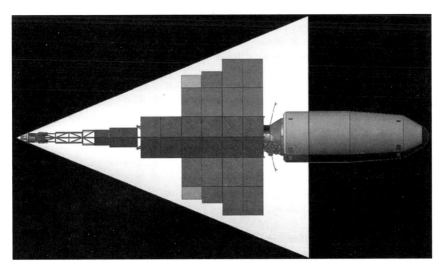

图 7 - 26　NASA 格伦研究中心设计的空间核电推进系统概念

对于基准型 MW 级空间核电推进系统，其反应堆功率为 3.7 MW，采用四个 Brayton 发电机，总发电功率达到 1 MW，需要较大面积的辐射屏蔽和热辐射器，整个发电系统质量估算为 17.3 t。Brayton 发电系统输出 1 200 Hz 的三相交流电，输出电压为 450～550 V，整流后为推进系统提供 750 V 直流供电。推进系统包括 12 台高功率电推力器，电推力器选择了 NASA - 457M 50 kW 级霍尔电推力器，单台推力器质量为 136 kg，采用直驱供电方式，单台 DDU 质量为 35 kg。

7.4　空间太阳能电站的运输分析

根据前面的空间太阳能电站运输模式、地面—LEO 运输系统，以及 LEO—GEO 轨道间运输系统分析，以 GW 级多旋转关节空间太阳能电站为对象对空间太阳能电站的运输进行分析。GW 级空间太阳能电站总质量约为 10 000 t，地面—LEO 运输系统考虑采用长征五号运载火箭和长征九号运载火箭，轨道间运输采用可重复使用的基于太阳能电推进的大型轨道间运输器，轨道间运输器可以在 LEO 和 GEO 进行推进剂补加。

7.4.1　从地面到空间的运输

7.4.1.1　火箭运输能力分析

对于 SPS 而言，可以选择的初始入轨方案主要包括 LEO、GTO 和 GEO 三种。针对 CZ - 5 和 CZ - 9 两种运载火箭的运输能力分别进行分析。

长征五号系列运载火箭包括 CZ - 5、CZ - 5B 以及 CZ - 5/YZ - 2 三种类型，分别可用于 GTO、LEO 和 GEO 的发射任务。整流罩直径 5.2 m，能为有效载荷提供直径不小于 4.5 m 的有效空间，假设最大可以增加到 5 m 直径有效空间。整流罩长度分别为 12 m 和

20.5 m，假设有效长度最大可增加到 20 m。

（1）CZ-5 发射 LEO 的运输能力

目前 LEO 任务采用 CZ-5B（一级半构型），主要目标任务为空间站，对应的典型发射轨道为倾角 42°、200 km×400 km 的近地轨道，对应的运载能力可达 25 t。CZ-5B 火箭的发射场为文昌航天发射场，纬度约为 20°。对于空间太阳能电站的运输，考虑对应的入轨轨道为倾角 0°、300 km×300 km 的近地轨道，理论的运载能力可以达到 25 t。

（2）CZ-5 发射 GTO 的运输能力

GTO 任务由 CZ-5 基本型（两级半构型）执行，CZ-5 火箭的发射场为海南文昌卫星发射中心，对应入轨轨道为倾角 20°、200 km×36 000 km 的 GTO，运输能力为 14 t。

（3）CZ-5 发射 GEO 轨道的运输能力

CZ-5/YZ-2 可以直接发射倾角 0°、36 000 km 高 GEO 航天器，运输能力为 5.1 t。

长征九号运载火箭作为我国在研的重型运载火箭，最终的运载能力有待确认，发射场为文昌航天发射场。根据目前的设计，对于运载能力最大的 4 助推器构型，其近地轨道运载能力达到 140 t，GTO 运载能力为 66 t，暂不考虑直接发射 GEO 航天器。目前的长征九号重型运载火箭主要设计用于深空探测，整流罩直径为 7.5 m。如果用于空间太阳能电站的运输，假设其整流罩可以为有效载荷提供直径不小于 10 m 的有效空间、整流罩有效长度可以达到 22 m，进入倾角 0°、300 km×300 km 近地轨道的运载能力可以达到 120 t。

CZ-5 和 CZ-9 重型运载火箭主要运输能力见表 7-14。

表 7-14　CZ-5 和 CZ-9 重型运载火箭主要运输能力

	LEO（倾角 0°）	GTO	GEO	载荷直径	载荷长度
CZ-5	25 t	14 t	5.1 t	5	20 m
CZ-9	140 t	66 t	—	10	22 m

7.4.1.2　空间太阳能电站主要模块的运载分析

根据第 5 章的介绍，多旋转关节空间太阳能电站的典型模块主要包括：主桁架模块、次桁架模块、多种连接模块、太阳电池子阵模块、微波天线组装模块，以及其他模块和服务系统设备等，对应的模块数量、尺寸和质量见表 7-15。

表 7-15　空间太阳能电站主要模块状态统计

模块名称	数量	收拢尺寸	单重/kg	总重/t
主桁架模块	305	φ3 m×3.5 m	2 000	610
主桁架模块（长）	16	φ3 m×5 m	3 000	48
次桁架模块	580	φ2 m×3 m	1 000	580
T 形连接模块	103	4 m×3.5 m×3 m	250	25.75
T 形连接模块（小）	20	3 m×2.5 m×2 m	120	2.4
L 形连接模块	4	4.7 m×2.2 m×3 m	200	0.8
L 形连接模块（小）	12	3.5 m×1.5 m×2 m	100	1.2

续表

模块名称	数量	收拢尺寸	单重/kg	总重/t
十字形连接模块	2	4m×4 m×3 m	300	0.6
十字形连接模块(小)	119	3.1×3.1 m×2 m	150	17.85
135°连接模块	8	2.8 m×2.8 m×3 m	200	1.6
5接口连接模块	1	4 m×4 m×3.5 m	350	0.35
太阳电池子阵模块	600	4 m×4 m×2 m	3 000	1 800
微波天线组装模块	400	20 m×5 m×1.1 m	9 000	3 600
电子设备安装平台	1 800	—	100	180
电力传输与管理分系统	—	—	—	2 220
姿态与轨道控制分系统	—	—	—	60
热控分系统	—	—	—	200
信息与系统运行管理分系统	—	—	—	50

（1）主桁架模块的运载发射封装状态（见图 7 - 27）

主桁架模块的包络尺寸为 φ3 m×3.5 m（标准）或 φ3 m×5 m（加长），质量为 2 t 或 3 t，主要用于主结构和微波发射天线主支撑结构，主桁架模块的收拢状态见第 5 章。

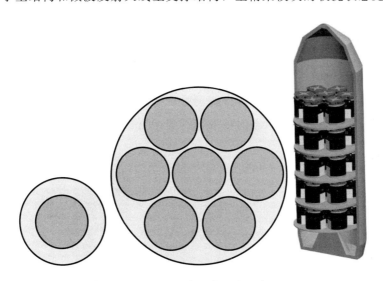

图 7 - 27 主桁架模块的运载发射封装状态示意图（CZ - 5，CZ - 9）

采用 CZ - 5 运载火箭发射，受到包络限制，一层可装载 1 个，共可装载 5 层，一次可发射 5 个主桁架模块，总质量约 10~15 t，假设适配器结构质量为 1 t，满足 CZ - 5 运载火箭的发射能力，321 个模块共需要约 64 次发射。

采用 CZ - 9 重型运载火箭，根据包络限制，一层可装载 7 个，共可包容 5 层（一层为加长型），一次可发射 35 个主桁架模块，总质量最大达到 77 t，假设适配器结构质量为 3 t，满足 CZ - 9 运载火箭的发射能力，321 个模块共需要约 9 次发射。

（2）次桁架模块的运载发射封装状态（见图7-28）

次桁架模块包络尺寸为$\phi 2$ m×3 m，质量为1 t，主要用于太阳电池分阵支撑结构和微波发射天线支撑结构，收拢状态同主桁架模块。

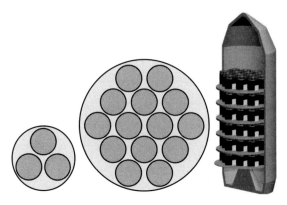

图7-28 次桁架模块的运载发射封装状态示意图（CZ-5，CZ-9）

采用CZ-5运载火箭发射，受到包络限制，一层可装载3个，共可装载6层，一次可发射18个次桁架模块，总质量为18 t，假设适配器结构质量为2 t，满足CZ-5运载火箭的发射能力，580个模块共需要约32次发射。

采用CZ-9重型运载火箭，根据包络限制，一层可装载14个，共可包容6层，一次可发射84个次桁架模块，总质量为84 t，假设适配器结构质量为5 t，满足CZ-9运载火箭的发射能力，580个模块共需要约7次发射。

（3）太阳电池子阵模块的运载发射封装状态（见图7-29）

太阳电池子阵模块完全收拢状态的包络为4 m×4 m×2 m，质量为3 t。

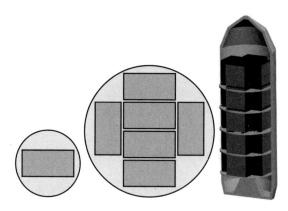

图7-29 太阳电池子阵模块的运载发射封装状态示意图（CZ-5，CZ-9）

采用CZ-5运载火箭发射，受到包络限制，一层可装载1个，共可装载4层，一次可发射4个模块，总质量为12 t，假设适配器结构质量为1 t，符合CZ-5运载火箭的发射能力，600个模块共需要150次发射。

采用 CZ-9 重型运载火箭，根据包络限制，一层可装载 6 个，共可包容 5 层，一次可发射 30 个模块，总质量为 90 t，假设适配器结构质量为 5 t，满足 CZ-9 运载火箭的发射能力，600 个模块共需要约 20 次发射。

（4）微波天线组装模块的运载发射封装状态（见图 7-30）

微波天线组装模块收拢体积约为 20m×5m×1.1m，质量为 9t。只能采用 CZ-9 重型运载火箭进行发射，可以一次发射 9 个天线组装模块，总质量为 81 t，假设适配器结构质量为 5 t，满足运载能力，400 个模块共需要约 45 次发射。

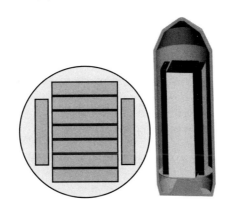

图 7-30　微波天线组装模块的运载发射封装状态示意图（CZ-9）

（5）其他

空间太阳能电站除上述主要部件外，还包括各种连接模块、设备安装平台、电力传输电缆、电力管理设备、电推力器、控制系统相关设备以及信息与系统运行管理设备，总质量约 2 760 t。采用 CZ-5 运载火箭，平均每次运输 15 t，假设适配器结构质量为 1 t，共需要约 184 次；采用 CZ-9 重型运载火箭，平均每次运输 80 t，假设适配器结构质量为 5 t，共需要约 33 次。

空间太阳能电站主要模块运输次数统计见表 7-16。

表 7-16　空间太阳能电站主要模块运输次数统计

模块	主桁架模块	次桁架模块	太阳电池子阵模块	微波天线组装模块	其他设备
CZ-5 一次发射数量	5	18	4	—	—
CZ-5 一次发射质量（含适配器）/t	16	20	13	—	16
CZ-5 运输次数	64	32	150	—	184
CZ-9 一次发射数量	35	84	30	9	—
CZ-9 一次发射质量（含适配器）/t	80	89	95	86	85
CZ-9 运输次数	9	7	20	45	33
采用 CZ-5 发射数量	430（不包括发射天线）				
采用 CZ-9 发射数量	114				

7.4.2　从 LEO 向 GEO 的运输

空间太阳能电站从 LEO 向 GEO 的运输可以考虑基于化学推进、太阳能电推进、核电推进、太阳能热推进等的运输方式。从技术发展可行性、运输载荷能力和推进剂消耗等方面考虑,选择基于太阳能电推进技术的可重复轨道运输技术。

7.4.2.1　可重复使用太阳能电推进轨道间运输器

可重复使用太阳能电推进轨道间运输器用于在近地轨道捕获、装载空间太阳能电站模块,利用自身的太阳能电推进系统将电站模块运输到地球静止轨道,根据需求对空间太阳能电站模块进行部署,之后返回到近地轨道开展下一次的运输(见图 7 - 31)。可重复使用太阳能电推进轨道间运输器应该具有如下功能。

(1) 载荷自主捕获功能

运载火箭一次发射一定数量的空间太阳能电站模块,这些模块作为一个整体完成星箭分离后,在近地轨道运动,将作为轨道间运输器的载荷。轨道间运输器首先需要实现与载荷的交会,之后利用机械臂抓取载荷,并通过机械臂的操作安装到轨道间运输器的载荷舱。

(2) 轨道转移功能

轨道间运输器将依靠其自身的太阳能电推进系统在特定的时间内将空间太阳能电站模块运输到地球静止轨道,释放载荷后在较短的时间内返回到近地轨道。

(3) 载荷精确部署功能

轨道间运输器到达地球静止轨道后,需要实现与空间太阳能电站安装平台的交会,利用机械臂将载荷释放并精确部署到平台的指定位置。

(4) 在轨补给功能

为降低空间太阳能电站的运输成本,轨道间运输器设计为可重复使用。为了实现可重复使用并减少一次推进剂的携带量,轨道间运输器需要具备在轨进行推进剂补加的功能,包括在近地轨道和地球静止轨道的推进剂补给。

根据地面到空间的运输能力分析,对应单次运输最大的载荷质量约为 120 t,根据目前的分析,对应的单次载荷质量最大约为 95 t。为了减小轨道间运输过程长时间穿越辐射带的影响,需要采用较大推力的可重复使用太阳能电推进轨道间运输器。高功率太阳能电推进轨道间运输器概念方案如下。

可重复使用太阳能电推进轨道间运输器的整体构型包括载荷舱、服务舱和推进舱,可以通过 CZ - 5 运载火箭进行发射。其中载荷舱主要由载荷接口、机械臂和防护罩组成,载荷接口用于安装由运载火箭发射到近地轨道的载荷;载荷舱根据需求在轨安装防护罩,防护罩直径 11 m,长度 25 m,采用折叠展开结构,在轨道上通过控制进行打开和合拢,用于减小载荷从近地轨道运输到地球静止轨道过程中受到的辐射环境、碎片环境和热环境的影响,保护载荷;机械臂最大作用距离约为 20 m,主要用于载荷捕获安装及释放部署。服务舱直径 4 m,高 3 m,主要用于安装整个轨道间运输器的各种服务系统设备,包括太

图 7 - 31　可重复使用太阳能电推进轨道间运输器示意图

阳电池阵、电力管理与分配设备、热控管理设备、姿轨控管理设备、整个运输器的测控及综合管理设备等。推进舱直径 4 m，高 5 m，主要安装多台大功率电推力器、推进剂贮箱、电推进供电及管理设备等。

作为一个用于空间运输的大功率轨道间运输器，其主要系统组成包括：太阳能发电分系统、电力管理与分配分系统、结构分系统、机械臂、电推进分系统、热控分系统、姿态控制分系统和综合管理分系统等。

太阳能发电分系统采用 2 组高效薄膜展开太阳电池阵，在光照区维持对日定向，实现最大功率输出，每组薄膜太阳电池阵包括 2 个类似 ROSA 的卷绕式太阳电池阵，通过 1 个导电旋转关节输出电功率，整个系统共包括 4 个卷绕式太阳电池阵和 2 个高功率导电旋转关节。在发射时，4 个卷绕式太阳电池阵收拢折叠压缩在服务舱和载荷舱外，在发射入轨后，太阳电池阵伸展一定的长度后在轨展开。单个卷绕式太阳电池阵尺寸为 10 m× 70 m，面积达到 700 m²。太阳能电池采用多结薄膜 GaAs 电池，考虑 40% 的太阳能电池效率和 80% 的布片率，发电功率约为 300 kW。整个太阳电池阵面积为 2 800 m²，总发电功率约为 1.2 MW，采用 500 V 高压输出，以实现电推力器的直驱供电。

电力管理与分配分系统主要对导电旋转关节传输的电功率进行电压调节和功率分配。在光照期，一部分电力通过降压变换用于轨道间运输器的各种服务系统设备供电，大部分的电功率无须进行电压变换，直接传输到电推进舱的直驱供电单元，为电推力器进行供电。需要配置一定容量的蓄电装置用于阴影期的服务系统设备供电。

电推进分系统包括大功率电推力器、可在轨加注的推进剂贮箱以及电推进直驱供电单元和电推进管理设备。考虑到轨道间运输器对于推力的需求，电推力器以目前国际上最大功率的 NASA - 457Mv2 为基准，其在 50 kW 功率、500 V 工作电压下的推力为 2.3 N，比冲为 2 740 s。根据推力需求，在电推进舱的末端共安装 20 台 50 kW 霍尔电推力器（直径约 500 mm），如图 7 - 32 所示，周围布置的电推力器具有一定角度的推力方向调节能力。电推进舱的前部安装 6 个柱形推进剂贮箱，最多可以装载 30 t 推进剂。推进剂贮箱设计为可以进行在轨加注。

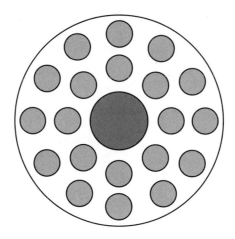

图 7 - 32　对接口及电推力器布局

　　结构分系统主要包括载荷舱的载荷接口和防护罩（对于需要进行空间防护的运输载荷）、服务舱的结构部分以及电推进舱的结构部分，用于安装轨道间运输器的各种设备，保证整体的强度和刚度。载荷接口用于在机械臂的操作下与运输载荷进行对接安装。防护罩需要单独发射，在发射状态处于收拢状态，入轨后在空间展开，之后与轨道间运输器进行组装。防护罩在安装和释放载荷时打开，运输过程中处于关闭状态。

　　机械臂安装在载荷舱附近，用于抓取载荷，并通过机械臂安装到轨道间运输器的载荷舱。到达地球静止轨道并与空间太阳能电站安装平台交会后，利用机械臂将载荷部署到安装平台上。

　　热控分系统主要用于保证轨道间运输器设备的合理温度范围，重点热控对象为高功率电力管理设备、推进剂贮箱和电推力器，也包括将载荷舱控制在合理的设备储存温度范围。

　　姿态控制分系统主要用于轨道间运输器的运输过程、交会过程、载荷安装和释放过程的姿态控制和轨道维持。运输过程主要保证太阳电池阵的对日定向和正确的推力方向；交会过程主要进行轨道调整，实现与载荷或安装平台的交会；在载荷安装和释放过程，需要保持轨道间运输器与载荷或安装平台间的相对位置和相对姿态，便于实现对于载荷的捕获安装或释放部署。

　　综合管理分系统用于轨道间运输器与地面的测控通信以及信息采集和自主管理。

　　可重复使用太阳能电推进轨道间运输器主要技术指标如下：

　　1）轨道转移范围：LEO—GEO—LEO。

　　2）LEO 轨道高度：300 km。

　　3）LEO 轨道倾角：0°。

　　4）太阳电池阵输出功率：大于 1 MW。

5）太阳电池阵输出电压：500 V。

6）电推力器：NASA – 457Mv2。

7）电推力器数量：20 台。

8）推力：46 N。

9）推力器比冲：2 740 s。

10）质量（不包括推进剂和载荷）：12 t。

- 太阳电池阵：3 t；
- 载荷舱：3 t；
- 服务舱：1 t；
- 机械臂：1 t；
- 推进舱：4 t（不含推进剂），其中推力器部分 2 t；直驱供电部分 1 t；结构及散热部分 1 t。

7.4.2.2　运输过程分析

采用电推进术执行 GEO 转移任务，应考虑减小空间辐射的影响以及提高轨道间运输器的使用效率等因素，考虑轨道转移时间不超过半年。参考国外的数据，轨道转移所需的速度增量取为 4.8 km/s，通过仿真分析，对于如图 7 – 31 所示的大功率电推进轨道间运输器，针对不同的运输载荷，所对应的轨道转移时间和推进剂消耗见表 7 – 17。

表 7 – 17　LEO 到 GEO 对应的轨道转移所需的时间和推进剂消耗

任务	一次运输个数	运输次数	有效载荷质量/t	携带推进剂质量/t	总重/t	推进剂消耗/kg	转移时间/h	剩余推进剂/kg
主桁架模块轨道转移	35	9	80	35	127	18 723	3 059	16 277
次桁架模块轨道转移	84	7	89	38	139	22 480	3 674	15 520
微波天线组装模块轨道转移	9	45	86	38	136	22 023	3 599	15 977
太阳电池子阵模块轨道转移	30	20	95	45	152	24 580	4 016	20 420
其他模块轨道转移	—	32	85	38	135	21 834	3 568	16 166
轨道间运输器返回近地轨道	—		自重 12	10	22	3 696	103	6 304

7.5　空间太阳能电站的在轨组装

7.5.1　典型组装对象

根据多旋转关节空间太阳能电站的构型和模块设计，需要进行组装的模块主要包括主桁架模块、次桁架模块、多种桁架连接模块、太阳电池子阵模块、微波天线组装模块（见表 7 – 18），并且需要安装服务系统设备和连接电缆等。组装过程需要重点关注组装对象的安装位置、模块质量、展开前的尺度、展开后的尺度、组装接口的数量、自主展开还是机器人辅助展开，展开前组装还是展开后组装以及电缆连接方式等。

空间太阳能电站的众多电子设备主要安装在不同位置的桁架结构上，考虑采用标准设备平台进行安装。首先根据设备布局，将电子设备预先安装到标准设备平台上，发射入轨后，直接通过在轨组装将标准设备平台安装到预定的桁架位置。

空间太阳能电站的电力传输电缆规模巨大，需要根据电缆的连接端口分段进行展开和组装，整个展开和组装过程需要依靠机器人操作完成。

对于太阳电池子阵模块和微波天线组装模块应当具有可替换的功能，对接结构应采用可自动解锁装置，满足对接结构的可组装、可分离功能。

表 7-18　空间太阳能电站主要组装模块

模块名称	质量/kg	收拢尺寸	展开尺寸	展开模式	组装模式
主桁架模块	2 000	ϕ3 m×3.5 m	～ϕ3 m×100 m	自主展开	先对接、后展开
主桁架模块（长）	3 000	ϕ3 m×5 m	～ϕ3 m×150 m	自主展开	先对接、后展开
次桁架模块	1 000	ϕ2 m×3 m	～ϕ2 m×100 m	自主展开	先对接、后展开
T 形连接模块	250	4 m×3.5 m×3 m	—	—	—
T 形连接模块（小）	120	3 m×2.5 m×2 m	—	—	—
L 形连接模块	200	4.7 m×2.2 m×3 m	—	—	—
L 形连接模块（小）	100	3.5 m×1.5 m×2 m	—	—	—
十字形连接模块	300	4 m×4 m×3 m	—	—	—
十字形连接模块（小）	150	3 m×3 m×2 m	—	—	—
135°连接模块	200	2.8 m×2.8 m×3 m	—	—	—
5 接口连接模块	350	4 m×4 m×3.5 m	—	—	—
太阳电池子阵模块	3 000	4 m×4 m×2 m	100 m×100 m×2 m	自主展开	先对接、后展开
微波天线组装模块	9 000	20 m×5 m×1.1 m	20 m×100 m×5 cm	机器人展开	先展开、后组装

多旋转关节空间太阳能电站的典型模块的组装状态如下：

（1）桁架模块间的组装

桁架模块间的组装采用先对接、再展开的方式，每一个待组装桁架模块需要通过组装机器人与已展开的桁架模块进行对接（见图 7-33），之后利用自身的展开机构进行桁架展开。

图 7-33　桁架模块组装状态

（2）连接模块与桁架模块间的组装

连接模块与桁架模块的组装直接通过组装机器人进行对接。典型的组装状态包括：L形连接模块组装、T形连接模块组装、135°对接模块组装、十字形连接模块组装和5接口连接模块组装，如图 7-34～图 7-38 所示。

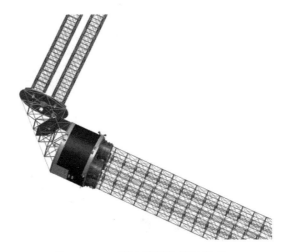

图 7-34　L形连接模块组装状态

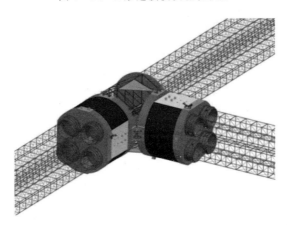

图 7-35　T形连接模块组装状态

图 7-36　135°对接模块组装状态

图 7 - 37　十字形连接模块组装状态

图 7 - 38　5 接口连接模块组装状态

（3）太阳电池子阵模块与次桁架模块间的组装

太阳电池子阵模块与次桁架模块间组装采用先对接、再展开的方式，每一个待组装太阳电池子阵模块需要通过组装机器人与次桁架模块的一个对接接口进行对接，之后利用自身的展开机构以及组装机器人的辅助进行太阳电池子阵的展开，展开到位后，开始与其他模块（包括与桁架模块和其他太阳电池子阵）进行另外 3 个对接接口的对接（见图 7 - 39）。

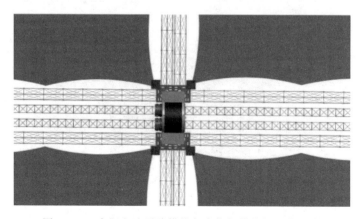

图 7 - 39　太阳电池子阵模块与次桁架模块间组装状态

（4）微波天线组装模块与次桁架模块间的组装

微波天线组装模块质量大、展开尺寸大，微波天线组装模块与次桁架模块间采用先展开、再对接的方式，每一个微波天线组装模块需要通过多个组装机器人协作进行在轨展开，之后运送到指定的安装位置，再通过多个组装机器人协作与次桁架模块的组装接口进行组装（见图 7 - 40 和图 7 - 41）。

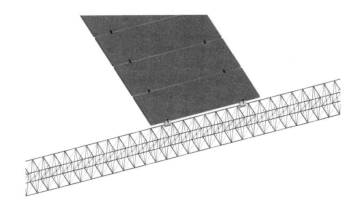

图 7 - 40　微波天线组装模块与次桁架模块对接细节

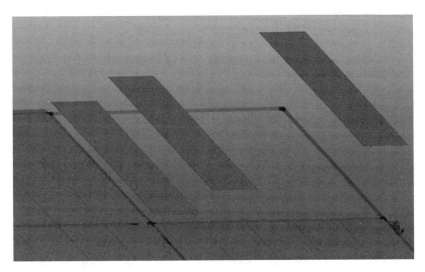

图 7 - 41　微波天线组装模块铺设方式

7.5.2　空间太阳能电站组装设施需求

空间太阳能电站是一个巨大的空间系统，其主要组装特点包括如下四个方面：

（1）组装规模巨大

空间太阳能电站尺度和质量巨大，尺度达到数千米量级、总质量达到万吨，由数以千计的大型模块组成，组装接口操作次数将达到万次以上，组装规模极其巨大。

（2）组装过程复杂

空间太阳能电站结构复杂，涉及多种组装模块和各种不同的组装位置，对接接口数量巨大，组装过程规划、模块的运输轨迹、机器人的运动轨迹和组装操作过程极为复杂，并需要多个机器人协同组装。

（3）组装环境复杂

空间太阳能电站的组装环境复杂，主要表现在：组装地点位于地球静止轨道，航天员直接参与组装的可能性极小；空间环境条件恶劣，包括各种空间辐射环境、光照条件以及高低温环境；高电压及高功率微波辐射环境，空间太阳能电站在工作情况下会涉及几十千伏的高电压和功率密度达到每平米数千瓦的微波辐射。

（4）组装效率要求高

空间太阳能电站的组装建造时间应限制在 1～2 年，在几百天时间内完成数以万计的复杂组装操作，对于空间组装设施的效率提出了极高的要求。

基于空间太阳能电站的组装特点，空间太阳能电站的在轨组装设施需要包括空间组装服务平台和多种空间组装机器人。

7.5.2.1　空间组装服务平台

空间组装服务平台主要用于组装模块的临时安放、组装机器人的停靠维护、轨道间运输器和组装机器人的推进剂补给等功能，需要重点考虑的因素包括：

1）操作能力：能够在较远距离上实现抓取轨道间运输器组装模块，并将其安装到空间组装服务平台；能够将组装模块进行分离，便于组装机器人对于组装模块的装载和运输。

2）组装模块装载能力：具有能够安放轨道间运输器一次运输的所有组装模块的能力。

3）组装模块的环境防护：对于临时安放的组装模块提供必要的环境防护，如保持合理的储存温度。

4）组装机器人停靠维护能力：为组装机器人提供停靠平台，使得机器人可以实现推进剂补给、能量补给、维修维护，并可以为机器人长期驻留提供安置空间和环境防护。

5）推进剂储存能力：能够储存多个轨道间运输器从 GEO 回到近地轨道所需推进剂，并且可以实现长期的储存。

6）推进剂补加能力：能够为轨道间运输器返回到近地轨道提供足够的推进剂补给；能够为组装机器人提供推进剂补加。

7）轨道维持和机动能力：能够保持在特定的轨道上，并根据组装的需求调整轨道位置。

用于空间组装的服务平台还处于概念研究阶段，美国曾于 2007 年提出可用于空间太阳能电站建造并且支持未来月球资源开发的空间后勤基地概念（见图 7 - 42），主要特点包括：

1）利用航天飞机衍生的空间运输系统运输空间后勤基地的组成模块。

2）空间后勤基地在近地轨道组装和运行。

3）空间后勤基地主要包括运行中心、空间机库、储气系统以及空间停靠平台。

4）空间停靠平台安装太阳电池阵、机械臂、照明系统等服务系统设备。

5）运行中心包括居住舱以及指令和控制中心。

6）空间后勤基地包括两个机库，并提供了增压环境，用于载人航天飞机的停泊、状态检查，以及卫星和宇宙飞船的组装和维护。

7）机库储气系统用于净化空气以及为机库补充空气，在机库向空间开放前从机库中抽取空气。

8）空间停靠平台用于大型卫星、空间设施和宇宙飞船的组装，并用于执行任务间隙的宇宙飞船停泊。

9）内部和外部的在轨组装和维修操作可以通过手动和远程操作进行，远程操作可以由空间后勤基地或地面上的人员进行。

10）技术参数：

• 空间平台长度：～255 m；

• 运行中心直径：～8.1 m；

• 运行中心长度：～75 m；

• 运行中心容积：～3 240 m³；

• 机库直径：～10 m；

• 太阳能发电功率：～500 kW（连续）、～1 MW（峰值），太阳能电池效率 25%。

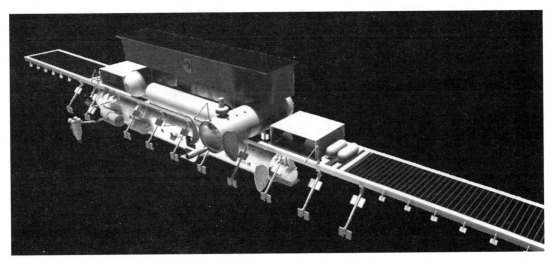

图 7-42　美国提出的空间后勤基地概念

构想用于空间太阳能电站组装的服务平台的技术特点包括：

1）运行轨道：地球静止轨道，位于组装的空间太阳能电站轨道位置附近，组装过程中根据空间太阳能电站规模的扩展调整轨道位置。

2）空间服务平台的规模随着空间太阳能电站的组装需求逐渐扩展。

3）配置卸货机器人，用于将轨道间运输器所运送的所有模块（一个运输包）一次性卸载，并安放于空间服务平台的固定位置。

4）通过卸货机器人抓取单个的模块，临时安放在服务平台的特定位置，或者直接传递到空间组装机器人，便于空间组装机器人的运输。

5）安装推进剂贮箱和在轨推进剂加注平台，通过卸货机器人支持轨道间运输器的推进器补加。

6）设置多个机器人停靠平台，用于同时支持多个空间组装机器人的停靠，实现对于组装机器人的推进剂补给、充电以及组装模块的抓取。

7）空间服务平台配备太阳能发电供电系统、姿态与轨道维持系统、热控系统和测控通信系统，实现平台的轨道调整、测控通信、设备的供电和温度控制等。

8）设想的空间服务平台技术参数：

- 长度：～50 m；
- 安放两个运输包后的长度：100 m；
- 宽度：～10 m；
- 可同时接受两个轨道间运输器的交会，能够安放两个轨道间运输器所运输的所有模块，采用电磁对接机构；
- 可同时支持 10 个空间组装机器人的停靠；
- 推进剂贮箱容量：50 t；
- 供电功率：500 kW；
- 卸货机器人操作能力：最大卸载质量 100 t，最大操作范围 30 m；
- 轨道间运输器推进剂补给距离：30 m。

7.5.2.2　空间组装机器人

空间组装机器人在空间太阳能电站的在轨组装任务中代替航天员完成危险复杂的组装工作。空间组装机器人主要用于抓取组装模块、将模块运输到特定位置、完成模块间的组装、辅助完成模块的展开等功能，主要包括平台移动式机器人、自由机动机器人，需要重点考虑的因素包括：

1）移动或机动能力：需要根据组装模块的组装需求和模块的展开需求，确定组装机器人的移动和机动范围。对于平台移动式机器人，需要考虑对于所附着平台的需求、移动速度等；对于自由机动机器人，需要考虑机器人的机动能力、机动范围和运动速度，移动或机动能力直接决定了组装对象的尺度和空间太阳能电站的尺度。

2）操作能力：组装机器人的承载能力、机械臂的操作尺度和操作空间、机械手的灵巧程度，决定了组装对象的质量、尺度以及组装接口状态。

3）自主能力：为了提高组装的效率以及降低空间组装的地面支持度，空间组装机器人需要具备在无人直接参与情况下的自主运动轨迹规划、自主移动、自主目标抓取和自主组装等能力。

4）协同能力：空间太阳能电站尺度巨大，对应的组装模块尺度也非常大，需要多个组装机器人协同配合工作，进行复杂大型模块的组装。

5) 能源供给方式：空间组装机器人在工作过程中全程需要供电支持，考虑到组装机器人的运动范围较大，可以考虑采用有线供电和无线供电相结合的方式进行。

6) 推进剂补给：自由机动机器人在空间的机动过程中需要消耗推进剂，为了实现自由机动机器人的长期工作，需要具备推进剂在轨补给的能力。

7) 空间环境适应性：空间组装机器人处于没有防护措施的宇宙空间，长期受到空间恶劣的高能粒子辐射环境、太阳光照环境、高低温环境以及可能的高电压及高功率密度微波辐射环境的影响，对于机器人的设计和长期可靠运行影响极大。

8) 低成本：通过空间组装机器人批量化、自主化、高效率和长寿命运行降低空间组装过程的成本。

(1) 平台移动式机器人

平台移动式机器人通过在桁架或其他结构上的移动平台或者依靠自身的动力系统进行运动并完成空间组装及检测维护。平台移动式机器人不需要复杂的轨道机动系统，较自由机动机器人在结构上简化了许多，且无须消耗推进剂。在供电允许的情况下，移动范围随着结构的扩展可以无限制地扩展。

目前在国际空间站应用的机械臂操作系统可以认为是一种实用化的平台移动式机器人。美国在 2000 年左右根据空间太阳能电站的建造需求研发了 Skyworker 和 LEMUR 平台移动式机器人。

①国际空间站的机械臂操作系统

国际空间站的机械臂操作系统是国际空间站的核心组装部件，空间站几乎所有的大型结构都通过机械臂进行组装操作，机械臂操作系统也是配合航天员进行在轨组装和维修等的核心设备，由空间站遥操作系统（Space Station Remote Manipulator System，SSRMS）、末端专用灵巧手（Special Purpose Dexterous Manipulator，SPDM）和空间站移动平台（Mobile Base System，MBS）组成（见图 7 - 43 和图 7 - 44）。

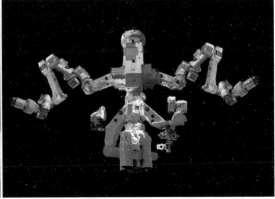

图 7 - 43　空间站遥操作系统（加拿大臂 2 号）和末端专用灵巧手（SPDM）

SSRMS 是一个七自由度机械臂，长 17.6 m，自重为 1 800 kg，最大负载质量可达 100 t，峰值功率为 2 kW，平均功率为 1 360 W。SSRMS 可以与 SPDM 进行组装，进行更

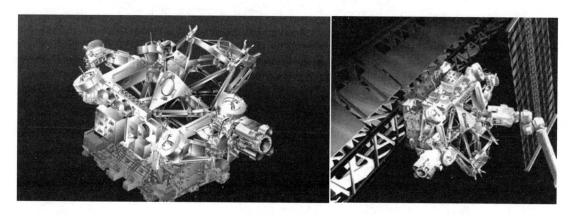

图 7 - 44　空间站移动平台（MBS）

为精细的组装工作。SPDM 由两个灵活机械臂组成，机械臂末端可以配置载荷以及各种空间操作工具，同时装配有灯光、工作平台以及工具存放装置，可用于设备的安装和拆卸。SPDM 的主要技术参数如下：长 3.5 m，宽 0.88 m，重 1 662 kg，最大载荷 600 kg，15个自由度，最大功率为 2 000 W，平均功率为 600 W，停止距离为 0.15 m，空载速度为37 cm/s，操作过程速度为 2 cm/s，装备了 4 个彩色摄像机。

　　为了增加空间站遥操作系统的工作范围，SSRMS 设计通过两种方式在空间站移动。首先，机械臂两端装有附着终端执行器，用于附着并锁定空间站上的特殊机构——供电数据抓捕接口（Power Data Grapple Fixtures，PDGF），PDGF 为 SSRMS 供电，并进行数据、指令支持。空间站上设置多个 PDGF，使得遥操作系统可以在一定范围内自主移动。另一方面，空间站配置了可以在桁架上运动的空间站移动平台，MBS 安装在空间站的导轨上，可以在桁架上自由移动，包括四个 PDGF 接口，可以大大扩展空间站遥操作系统的工作范围。MBS 尺寸为 5.7 m×4.5 m×2.9 m，重 1 450 kg，最大载重 20 900 kg，最大功率为 825 W，平均功能为 365 W。

　　②Skyworker

　　20 世纪 90 年代末，针对类似于空间太阳能电站的空间大型结构的装配需求，美国卡内基梅隆大学机器人实验室与 NASA 合作研发名为 Skyworker 的空间机器人系统，具有在桁架上自主移动以及自主运输载荷的能力，用于在轨组装、检测与维护任务。主要的组装对象包括太阳电池阵、微波发射天线以及电力系统。代表性的工作包括：

　　1）在桁架结构上行走、转向，以及桁架之间的过渡；

　　2）在空间中的任意位置和方向抓取并安置有效载荷；

　　3）负载情况下的行走、转向，以及桁架之间的过渡；

　　4）进行在轨巡检任务；

　　5）连接电力传输和信号传输电缆；

　　6）多机器人协同工作，运输大型载荷；

　　7）开展需要多机器人协作进行的其他任务。

Skyworker 机器人采用由连杆组成机械臂的总体结构，设计了三种类型（见图 7 - 45），分别为 M 型、N 型和 S 型，对应的自由度分别为 12、11、12；对应的抓手数量分别为 3、3、4；对应的关节数量分别为 4、4、7。

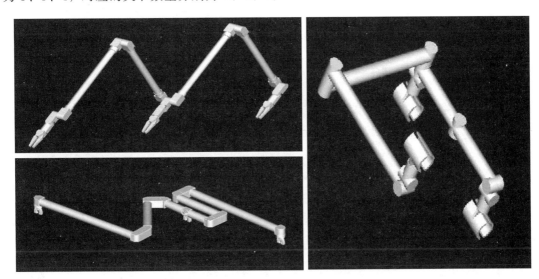

图 7 - 45　Skyworker 机器人三种构型

Skyworker 项目团队按照 N 型设计研制了原型机（见图 7 - 46），在地面验证了微重力条件下的搬运和装配能力。11 个关节采用相同的传动设计，利用电机驱动，行星齿轮和谐波齿轮两级减速器作为传动系统，每个关节能够在 57°/s 的转速下产生 32 N·m 的扭矩。机器人采用蓄电池和外部供电两种供电方式，在充电方式上考虑利用抓手进行充电以及无线充电方式。Skyworker 具有多种传感器，包括：力传感器、关节角度传感器、夹具传感器、位置传感器等。力传感器用来测量 Skyworker 施加的力；关节角度传感器通过测量结构关节和夹具的转动角度辅助完成多种任务；夹具传感器主要是安装在夹具上的红外敏感器，用来测量目标的方向和位置。Skyworker 各个关节参数见表 7 - 19。

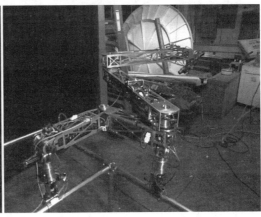

图 7 - 46　Skyworker 机器人样机

表 7 – 19　Skyworker 各个关节参数

关节	最大扭矩	最大速度	最大转角
1	16 N・m	32.1°/s	±180°
2	可变	可变	±90°
3	可变	可变	±90°
4	可变	可变	±90°
5	10 N・m	43.2°/s	±180°
6	可变	可变	±90°
7	1 N・m	32.7°/s	±180°
8	9 N・m	35.1°/s	±180°
9	可变	可变	±90°
10	可变	可变	±90°
11	可变	35.1°/s	±180°

③LEMUR

2000 年，JPL 为 NASA 的空间太阳能电站项目开发了用于在轨组装、检查和维护的爬行机器人 LEMUR（Legged Excursion Mechanical Utility Robot），主要用于验证载荷识别方法以及验证精细操作和基于工具操作的技术（见图 7 – 47）。

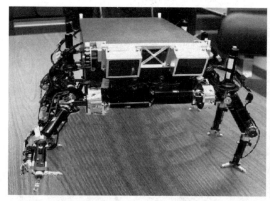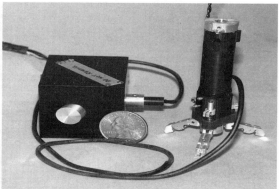

图 7 - 47　LEMUR 机器人样机及集成摄像机的三指机械手

LEMUR 被设计为类似昆虫的六足结构，其中后部的 4 条腿为 3 自由度，前面的 2 条腿为 4 自由度，每条腿的末端为三指抓手，用于抓握结构，端部内置了相机。

（2）自由机动机器人

自由机动机器人的核心是能够在轨道进行机动、具备自由飞行的能力，同时配备机械臂系统，能够抓取载荷，在到达目标位置后完成相应的组装操作。自由机动机器人相当于一个机动能力强的航天器，配置具有一定操作能力的机械臂系统，因此其操作范围大大增加，可以实现载荷的快速运输和组装，便于开展超大型空间结构的高效率组装。

美国在 2007 年的轨道快车计划对于自由机动机器人的功能进行了较好的验证。轨道快车计划包括两个航天器，一个是服务航天器（ASTRO），一个是被服务航天器（CSC），主要用于验证目标接近、位置保持、目标捕获对接、推进剂补给、在轨检测和维修等。ASTRO 航天器相当于一个自由机动机器人，包含机器人系统和操作系统，分为六个模块，分别为卫星平台、对接机械臂系统、交会接近敏感器、捕获系统、推进剂补给系统以及部件更换单元。图 7-48 为轨道快车计划示意图。

轨道快车的工作阶段包括接近阶段、捕获阶段、对接阶段和服务阶段。其中接近阶段主要包括绕飞、逼近和位置保持。捕获采用了两种方式：直接捕获对接方式和机械臂捕获方式。直接捕获对接方式是通过航天器机动实现与被服务航天器的逐渐逼近，直到三叉形对接机构启动将两个航天器连接在一起。机械臂捕获方式是当航天器机动到与被服务航天器一定距离时，采用机械臂抓住目标星，通过机械臂将两个航天器连接在一起。

图 7-48　轨道快车计划示意图

（3）空间太阳能电站对空间组装机器人的技术需求

空间太阳能电站的组装需要平台移动式机器人与自由机动机器人配合完成。从组装过程考虑，从组装服务平台将组装模块运输到组装位置的工作主要由自由机动机器人完成。对于小型的模块可以采用单个自由机动机器人完成运输，对于大型的模块需要采用多个自由机动机器人完成运输。对于由单个自由机动机器人运输的模块，在接近对接目标位置后，将组装模块传递到平台移动式机器人，由平台移动式机器人完成模块的对接和组装。对于需要由多个自由机动机器人运输的大型模块，在接近对接目标位置后，将组装模块传递到平台移动式机器人，由平台移动式机器人与其他的自由机动机器人共同完成模块的对接和组装。综合考虑典型的组装模块和组装状态，对平台移动式机器人的主要技术需求包括：

1）移动或机动能力：能够在各种桁架结构上移动到指定位置，并且能够跨越各种桁架的接口部位，运动范围随着组装结构的扩展而扩展。

2）操作能力：平台移动式机器人的承载能力与质量最大的模块相对应，对于需要单个机器人操作的模块，质量最大的模块为主桁架模块和太阳电池子阵模块，因此承载能力最小为 3 t。与机械臂的操作尺度相关的因素包括：平台移动式机器人与对接接口的距离、自由机动机器人与对接接口的距离以及组装模块的尺寸，初定机械臂的操作尺度为15 m；机械臂的前端应当配置操作能力强的机械手，以实现组装接口的安装和拆卸等工作。

3）自主能力：平台移动式机器人可以根据目标位置和已经安装的结构状态，自主进行运动轨迹规划并且能够自主移动到目标位置；组装模块抓取过程中可以自主进行目标识别，并且与自由机动机器人配合完成目标的传递和抓取；抓取目标后可自主完成组装过程。

4）协同能力：对于大尺度结构模块的组装，可能需要多个平台移动式机器人和自由机动机器人配合完成，要求具有多机器人协同组装的能力。

5）能源供给方式：平台移动式机器人的能源系统采用蓄电池供电、有线供电和无线供电相结合的方式，需要在空间太阳能电站的设计中考虑有线供电接口以及无线供电装置（包括近距离的电磁感应式供电以及远距离的激光无线供电等）。

6）推进剂补给：平台移动式机器人依靠动力系统在结构上运动，不需要消耗推进剂。

7）空间环境适应性：平台移动式机器人要保证在空间辐射环境、太阳光照环境、高低温环境下能够长期可靠地工作。

对自由机动机器人的主要技术需求包括：

1）移动或机动能力：在携带组装模块的情况下，利用自身的轨道控制系统实现服务组装平台与组装位置之间的自由运动。

2）操作能力：自由机动机器人安装机械臂用于抓取组装模块，其承载能力与质量最大的模块相对应，单个机器人操作的最大质量模块为主桁架模块和太阳电池子阵模块，承载能力最小为 3t；机械臂应当配置操作能力强的机械手，以配合平台移动式机器人实现组装接口的安装和拆卸等工作。

3）自主能力：自由机动机器人可以根据目标位置和空间状态，自主进行运动轨迹规划并且能够自主移动到目标位置；在服务组装平台可以自主进行目标识别完成组装模块抓取，到达组装位置后，与平台移动式机器人配合完成模块的传递。

4）协同能力：对于大尺度结构模块，需要多个自由机动机器人配合完成模块的运输，到达组装位置后，需要多机器人协同完成模块的组装。

5）能源供给方式：自由机动机器人的能源系统采用太阳能电池、蓄电池和远距离无线供电相结合的方式，为了减小太阳电池阵对于运动的干扰，应当尽可能采用体装电池、并配置激光无线供电接收装置。

6）推进剂补给：自由机动机器人的轨道机动需要消耗推进剂，需要在返回服务组装平台后进行推进剂补给。

7）空间环境适应性：自由机动机器人要保证在空间辐射环境、太阳光照环境、高低温环境下能够长期可靠地工作。

第8章　空间太阳能电站经济性分析

8.1　空间太阳能电站全生命周期阶段划分

空间太阳能电站经济性分析主要考虑空间太阳能电站从规划开始一直到寿命终了的全过程，主要包括规划设计、研制建造、发射部署、组装测试、运行维护、系统关闭及再利用等六个阶段。

（1）规划设计阶段

规划设计阶段指空间太阳能电站立项前所进行的建设规划、系统设计阶段，该阶段的主要工作以设计、管理为主，不涉及具体的研制工作。

（2）研制建造阶段

研制建造阶段指空间太阳能电站立项后正式开始建设所进行的空间和地面各分系统部件的地面研制、组件建造阶段，该阶段的主要工作以部组件详细设计、研制、测试为主，是空间太阳能电站研制的主要阶段。

（3）发射部署阶段

发射部署阶段指空间太阳能电站部组件研制完成后，所进行的从地面到 GEO 的运输部署阶段，主要包括地面—LEO 的运输以及 LEO—GEO 的运输，是空间太阳能电站构建的主要阶段。

（4）组装测试阶段

组装测试阶段指空间太阳能电站部组件运输到 GEO 后，所进行的从部组件到太阳能电站系统的组装以及建成后的系统测试阶段，同时包括地面接收天线的安装和测试，是空间太阳能电站构建的主要阶段。

（5）运行维护阶段

运行维护阶段指空间太阳能电站系统测试完毕后，正式进入系统稳定运行阶段，也包括运行过程所需要的系统维护和系统补给，是空间太阳能电站运行的主要阶段。

（6）关闭及再利用阶段

关闭及再利用阶段指随着空间太阳能电站系统的效率下降，达到寿命终了后，需要进行的关闭处理以及部分部组件的再利用阶段，是空间太阳能电站全生命周期的最后阶段。

8.2　成本分析流程

目前的成本分析主要考虑空间太阳能电站的直接成本，不包括为了发展空间太阳能电站所进行的前期技术研发和系统验证所产生的费用，也不包括运载火箭、发射场、空间构建及支持、地面运行控制等系统的研发和基础建设成本。

　　空间太阳能电站系统主要包括两大部分：空间段和地面段。空间段包括太阳能收集与转换分系统、电力传输与管理分系统、微波无线能量传输分系统、结构分系统、姿态与轨道控制分系统、热控分系统和信息与系统运行管理分系统；地面段包括整流天线、连接电网和地面控制中心。对应全生命周期的六个阶段，各主要组成部分对应的成本分类见图 8-1。包括：主要成本、次要成本、无成本和负成本。其中负成本指相关部分可以再利用，增加价值。

主要成本
次要成本
无成本
负成本（可再利用）

		规划设计	研制建造	发射部署	组装测试	运行维护	关闭及再利用
地面段	整流天线						
	连接电网						
	地面控制中心						
空间段	太阳能收集与转换分系统						
	电力传输与管理分系统						
	微波无线能量传输分系统						
	结构分系统						
	姿态与轨道控制分系统						
	热控分系统						
	信息与系统运行管理分系统						

图 8-1　各主要组成部分对应的成本分类

　　空间太阳能电站系统的成本分析流程见图 8-2。首先需要明确系统顶层输入参数，之后根据设计方案确定地面段和空间段相关参数，在相关参数基础上确定主要部件和分系统的研制成本；根据运输输入参数确定主要部件和分系统的发射成本，根据组装输入参数确定空间太阳能电站的组装成本，之后确定空间太阳能电站的建造成本；根据在轨运行、维护以及报废处理的复杂程度确定整个系统的运行维护、处理成本。以上几项成本之和就是空间太阳能电站的全周期成本，结合寿命期内的总发电量，即可得到空间太阳能电站的发电成本。

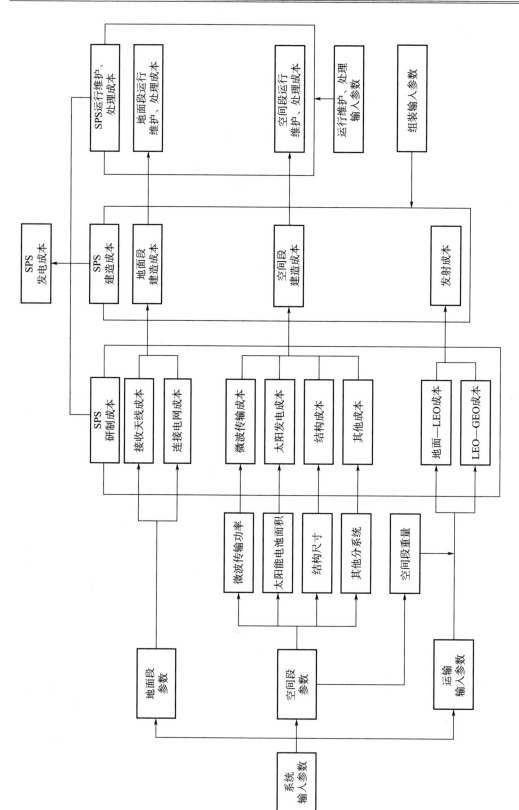

图 8 - 2 空间太阳能电站系统的成本分析流程图

8.3　电站成本分析

8.3.1　顶层输入参数

（1）发电功率

• 1 GW（平均功率）。

（2）系统效率

• 12.6%。

（3）系统运行寿命

• 30 年。

（4）运输轨道

• 地面—LEO；

• LEO—GEO。

（5）运行轨道

• GEO。

（6）发射能力

• 地面—LEO（仅考虑重型运载）：120 吨（最大）；

• LEO—GEO：120 吨（最大）。

（7）运输成本

• 地面—LEO：5 亿元/次；

• LEO—GEO：2 亿元/次（包括轨道间运输器的折价成本）。

（8）发射及组装周期

• 5 年。

（9）接收天线尺寸

• 平均 5.5 km。

8.3.2　空间段

空间太阳能电站空间段主要由太阳能收集与转换分系统、电力传输与管理分系统、微波无线能量传输分系统、结构分系统、姿态与轨道控制分系统、热控分系统、信息与系统运行管理分系统组成，主要的相关成本包括设计成本、研制成本、运输成本、安装成本和运行维护成本。由于空间太阳能电站空间段的部分设备在任务结束后可用于后续的空间太阳能电站建设，所以具有一定的残值，但是其他设备的报废处理需要消耗一定的成本。

8.3.2.1　太阳能收集与转换分系统

（1）输入参数

• 太阳电池子阵数目：600 个；

• 分系统质量：1 800 吨。

（2）设计成本

• 5 000 万元。

（3）研制成本

• 单位质量研制成本：1 000 万元/吨；

• 研制总成本：180 亿元。

（4）运输成本

• 运输能力：90 吨/次；

• 运输次数：20 次；

• 地面—LEO：100 亿元；

• LEO—GEO：40 亿元；

• 运输总成本：140 亿元。

（5）安装成本

• 安装次数：600 次；

• 单次安装成本：1 000 万元；

• 安装总成本：60 亿元。

（6）运行维护成本

• 年平均维护次数：1 次；

• 单次维护成本：5 000 万元；

• 年维护成本：5 000 万元；

• 年平均设备更换成本：3 000 万元（1 个电池子阵）；

• 30 年维护成本：24 亿元。

（7）处理

• 处理成本：100 万元/吨；

• 处理总成本：18 亿元。

（8）小结（见表 8 - 1）

表 8 - 1　太阳能收集与转换分系统成本小结（亿元）

设计成本	研制成本	运输成本	安装成本	运行维护成本	处理成本	合计
0.5	180	140	60	24	18	422.5

8.3.2.2　电力传输与管理分系统

（1）输入参数

• 传输母线质量：1 260 吨；

• 电力变换及存储设备质量：960 吨。

（2）设计成本

• 1 亿元。

（3）研制成本

- 母线成本：100 万/吨，总成本 12.6 亿元；
- 电力变换及存储设备成本：500 万元/吨，总成本 48 亿元；
- 研制总成本：60.6 亿元。

（4）运输成本

- 运输能力：80 吨/次；
- 运输次数：约 28 次；
- 地面—LEO：140 亿元；
- LEO—GEO：56 亿元；
- 运输总成本：196 亿元。

（5）安装成本

- 安装次数：500 次；
- 单次安装成本：500 万元；
- 安装成本：25 亿元。

（6）运行维护成本

- 年平均维护次数：2 次；
- 单次维护成本：5 000 万元；
- 年维护成本：1 亿元；
- 年设备更换成本：5 000 万元；
- 30 年维护成本：45 亿元。

（7）处理

- 处理成本：100 万/吨；
- 处理总成本：22.2 亿元。

（8）小结（见表 8 - 2）

表 8 - 2　电力传输与管理分系统成本小结（亿元）

设计成本	研制成本	运输成本	安装成本	运行维护成本	处理成本	合计
1	60.6	196	25	45	22.2	349.8

8.3.2.3　微波无线能量传输分系统

（1）输入参数

- 天线组装模块数量：400 个；
- 总质量：3 600 吨。

（2）设计成本

- 0.5 亿元。

（3）研制成本

- 单位质量成本：500 万/吨；

- 研制总成本：180 亿元。

（4）运输成本

- 运输能力：80 吨/次；
- 运输次数：45 次；
- 地面—LEO：225 亿元；
- LEO—GEO：90 亿元；
- 运输总成本：315 亿元。

（5）安装成本

- 安装次数：400 次；
- 单次安装成本：1 000 万元；
- 安装成本：40 亿元。

（6）运行维护成本

- 年平均维护次数：1 次；
- 单次维护成本：5 000 万元；
- 年维护成本：5 000 万元；
- 年设备更换成本：5 000 万元；
- 30 年维护成本：30 亿元。

（7）处理

- 处理成本：100 万/吨；
- 处理总成本：36 亿元。

（8）小结（见表 8 - 3）

表 8 - 3　微波无线能量传输分系统成本小结（亿元）

设计成本	研制成本	运输成本	安装成本	运行维护成本	处理成本	合计
0.5	180	315	40	30	36	601.5

8.3.2.4　结构分系统

（1）输入参数

- 主桁架模块数量：321 个；
- 次桁架模块数量：580 个；
- 连接模块数量：269 个；
- 设备安装平台：1 800 个；
- 总质量：约 1 476 吨。

（2）设计成本

- 1 亿元；

（3）研制成本

- 单位质量成本：200 万/吨；

- 研制总成本：29.52 亿元。

（4）运输成本

- 主桁架模块运输次数：9 次；
- 次桁架模块运输次数：6 次；
- 运输能力：80 吨/次；
- 连接模块等运输次数：3 次；
- 地面—LEO：90 亿元；
- LEO—GEO：36 亿元；
- 运输总成本：126 亿元。

（5）安装成本

- 安装次数：1 000 次；
- 单次安装成本：500 万元；
- 安装总成本：50 亿元。

（6）运行维护成本

- 年平均维护次数：0.2 次；
- 单次维护成本：5 000 万元；
- 年维护成本：1 000 万元；
- 30 年维护成本：3 亿元。

（7）处理

- 结构经过维修和维护可以用于后续的电站建设，假设对应的残值为原值的 50%。

（8）小结（见表 8-4）

表 8-4　结构分系统成本小结（亿元）

设计成本	研制成本	运输成本	安装成本	运行维护成本	处理成本	合计
1	29.52	126	50	3	−104.76	104.76

8.3.2.5　姿态与轨道控制分系统

（1）输入参数

- 电推力器组件数量（含储箱）：340 套；
- 其他设备数量：194 套；
- 总质量：60 吨；
- 年消耗推进剂量：～50 吨。

（2）设计成本

- 1 亿元。

（3）研制成本

- 电推力器：1 000 万/套，总成本 34 亿元；
- 其他设备：200 万/套（平均），总成本 3.88 亿元；

· 研制总成本：37.88 亿元。

（4）运输成本

· 运输能力：80 吨/次；

· 运输次数：～1 次；

· 地面—LEO：5 亿元；

· LEO—GEO：2 亿元；

· 运输总成本：7 亿元。

（5）安装成本

· 安装次数：约 200 次；

· 单次安装成本：500 万元；

· 安装总成本：10 亿元。

（6）运行维护成本

· 年平均补给推进剂 50 吨，推进剂成本 100 万元/吨，总成本 5 000 万元；

· 30 年推进剂运输成本：约 131 亿元；

· 年均维护补给次数：2 次；

· 单次维护成本：5 000 万元；

· 年维护成本：1 亿元；

· 年设备更换成本：2 000 万元；

· 30 年补给维护成本：36 亿元；

· 总运行维护成本：167 亿元。

（7）处理

· 处理成本：100 万/吨；

· 处理总成本：6 000 万元。

（8）小结（见表 8-5）

表 8-5　姿态与轨道控制分系统成本小结（亿元）

设计成本	研制成本	运输成本	安装成本	运行维护成本	处理成本	合计
1	37.88	7	10	167	0.6	223.48

8.3.2.6　热控分系统

（1）输入参数

· 系统总质量：200 吨。

（2）设计成本

· 1 亿元。

（3）研制成本

· 单位质量成本：500 万元/吨；

· 研制总成本：10 亿元。

（4）运输成本

• 运输能力：80 吨/次；

• 运输次数：2.5 次；

• 地面—LEO：12.5 亿元；

• LEO—GEO：5 亿元；

• 运输总成本：17.5 亿元。

（5）安装成本

• 安装次数：100 次；

• 单次安装成本：500 万元；

• 安装总成本：5 亿元。

（6）运行维护成本

• 年维护次数：1 次；

• 单次维护成本：200 万元；

• 年维护成本：2 000 万元；

• 30 年补给维护成本：6 亿元。

（7）处理

• 处理成本：100 万/吨；

• 处理总成本：2 亿元。

（8）小结（见表 8 - 6）

表 8 - 6　热控分系统成本小结（亿元）

设计成本	研制成本	运输成本	安装成本	运行维护成本	处理成本	合计
1	10	17.5	5	6	2	41.5

8.3.2.7　信息与系统运行管理分系统

（1）输入参数

• 系统总质量：100 吨。

（2）设计成本

• 1.5 亿元。

（3）研制成本

• 单位质量成本：1 000 万元/吨；

• 研制总成本：10 亿元。

（4）运输成本

• 运输能力：80 吨/次；

• 运输次数：1.25 次；

• 地面—LEO：6.25 亿元；

• LEO—GEO：2.5 亿元；

- 运输总成本：8.75 亿元。

（5）安装成本

- 安装次数：约 50 次；
- 单次安装成本：500 万元；
- 安装总成本：2.5 亿元。

（6）运行维护成本

- 年均维护次数：2 次；
- 单次维护成本：1 000 万元；
- 维护成本：2 000 万元；
- 年设备更换成本：1 000 万元；
- 30 年补给维护成本：9 亿元。

（7）处理

- 处理成本：100 万/吨；
- 处理总成本：1 亿元。

（8）小结（见表 8 - 7）

表 8 - 7　信息与系统运行管理分系统成本小结（亿元）

设计成本	研制成本	运输成本	安装成本	运行维护成本	处理成本	合计
1.5	10	8.75	2.5	9	1	32.75

8.3.3　地面段

空间太阳能电站地面段主要由整流天线、连接电网和地面控制中心组成。其中地面控制中心的工作包括两部分：一方面是支持空间太阳能电站模块发射、组装等的测控任务；另一方面是支持空间太阳能电站的在轨运行和地面接收系统正常运行的测控任务，除了监测电站系统和地面接收系统的各种工作状态、发送必要的控制指令，还需要为电站系统提供波束导引信号。主要的相关成本包括设计成本、研制成本、安装成本和运行维护成本。由于空间太阳能电站地面段在任务结束后部分设备可用于后续的空间太阳能电站项目，所以具有一定的残值。

8.3.3.1　整流天线

（1）输入参数

- 发电功率：1 GW（平均功率）；
- 整流天线直径：5.5 km；
- 面积：2.375×10^7 m²；
- 平均维修周期（整流二极管替换及连接电缆替换）：15 年。

（2）设计成本

- 5 000 万元。

（3）研制成本

• 整流天线单位面积研制成本：500 元/m²；

• 研制总成本：119 亿元。

（4）安装成本

• 单位面积安装成本：100 元/m²；

• 安装总成本：23.7 亿元。

（5）运行维护成本

• 年维护成本：2 000 万元/年；

• 年设备更换成本：1 亿元；

• 30 年维护总成本：36 亿元。

（6）处理成本

• 整流天线在经过部件更换和维修后可用于后续的空间太阳能电站，假设系统残值为 25 亿元。

（7）小结（见表 8-8）

表 8-8　整流天线成本小结（亿元）

设计成本	研制成本	安装成本	运行维护成本	处理成本	合计
0.5	119	23.7	36	—25	154.2

8.3.3.2　连接电网

（1）输入参数

• 发电功率：1 GW（平均功率）。

（2）设计成本

• 1 000 万元。

（3）研制成本

• 单位功率研制成本：1 000 元/kW；

• 总研制成本：1 亿元。

（4）安装成本

• 单位功率安装成本：500 元/kW；

• 总安装成本：5 000 万元。

（5）运行维护成本

• 正常维护成本：500 万/年；

• 30 年维护总成本：1.5 亿元。

（6）处理成本

• 连接电网在经过部件更换和维修后可用于后续的空间太阳能电站，假设系统残值为 2 000 万元。

（7）小结（见表 8 - 9）

表 8 - 9　连接电网成本小结（亿元）

设计成本	研制成本	安装成本	运行维护成本	处理成本	合计
0.1	1	0.5	1.5	－0.2	2.9

8.3.3.3　地面控制中心

（1）输入参数

• 发电功率：1 GW（平均功率）；

• 人员需求：20 人。

（2）设计成本

• 1 000 万元。

（3）研制成本

• 4 000 万元。

（4）安装成本

• 1 000 万元。

（5）运行维护成本

• 正常维护成本：2 000 万/年；

• 30 年维护总成本：6 亿元。

（6）处理成本

• 系统残值假设约为 1 000 万元。

（7）小结（见表 8 - 10）

表 8 - 10　地面控制中心成本小结（亿元）

设计成本	研制成本	安装成本	运行维护成本	处理成本	合计
0.1	0.4	0.1	6	－0.1	6.5

8.3.4　小结

根据上述的空间太阳能电站成本初步分析，整个寿命周期内的研制、发射、建造、运行等成本总数约为 1 940 亿元（不考虑空间组装维护系统和轨道运输器的研制成本），具体见表 8 - 11。

表 8 - 11　空间太阳能电站成本小结（亿元）

	分系统分解	设计成本	研制成本	运输成本	安装成本	运行维护成本	处理成本	合计
空间段	太阳能收集与转换分系统	0.5	180	140	60	24	18	422.5
	电力传输与管理分系统	1	60.6	196	25	45	22.2	349.8
	微波无线能量传输分系统	0.5	180	315	40	30	36	601.5
	结构分系统	1	29.52	126	50	3	−104.76	104.76
	姿态与轨道控制分系统	1	37.88	7	10	167	0.6	223.48
	热控分系统	1	10	17.5	5	6	2	41.5
	信息与系统运行管理分系统	1.5	10	8.75	2.5	9	1	32.75
	空间段合计	6.5	508	810.25	192.5	284	−24.96	1 776.29
地面段	整流天线	0.5	119	—	23.7	36	−25	154.2
	连接电网	0.1	1	—	0.5	1.5	−0.2	2.9
	地面控制中心	0.1	0.4	—	0.1	6	−0.1	6.5
	地面段合计	0.7	120.4	—	24.3	43.5	−25.3	163.6
	合计	7.2	628.4	810.25	216.8	327.5	−50.26	1 939.89

8.4　净现值分析

净现值分析是确定一个项目投资是否合理的一种经济性分析方法。净现值（NPV，Net Present Value）是指一项投资产生的未来现金流的折现值（考虑贴现率折现后）与项目初始投资成本之间的差值。净现值分析法根据净现值的大小来评价投资方案。理论上，净现值为正值代表投资可行，且净现值越大，投资方案越优。

对空间太阳能电站进行净现值分析。根据表 8 - 11，项目的总设计成本约为 7.2 亿元，总研制成本约为 628 亿元，总运输成本约为 810 亿元，总安装成本约为 217 亿元，总维护成本为 327.5 亿元，总处理成本约为 −50.26 亿元（即具有一定的回收价值）。设计成本在开始研制之前已经完成投入；假设电站的发射和在轨建造周期为 5 年，研制成本、运输成本、安装成本在五年的建设期内是均匀投入的，则每年投入的建造成本为 331 亿元；假设电站的在轨运行期为 30 年，30 年的运行维护成本均匀投入，则每年的总运行维护成本为：$327.5 \div 30 \approx 10.9$ 亿元；投资期末的总处理成本为 −50.26 亿元。

假设空间太阳能电站每年有 90% 的时间可以实现稳定发电，平均发电功率为 1 GW，则每年的平均发电量为 $10^6 \times 24 \times 365 \times 90\% = 7.884 \times 10^9$ 度，假设平均电价为 1 元/度，每年的售电收入为 78.84 亿元。则在 30 年运行期内，每年的净现金流量为：$78.84 − 10.9 = 67.94$ 亿元。第 31 年的净现金流量为处理成本 −50.26 亿元。由此可知在整个项目建设、运行期内每年的净现金流量见表 8 - 12，如图 8 - 3 所示。

表 8-12　空间太阳能电站项目周期净现金流（亿元）

年	0	1~5	6~35	36
净现金流量	-7.2	-331	67.94	50.26

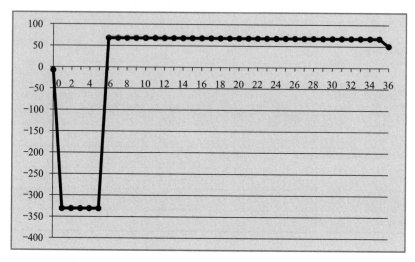

图 8-3　空间太阳能电站项目周期净现金流（亿元）

净现值的计算公式为

$$\mathrm{NPV} = \sum_{1}^{n} \frac{C_t}{(1+r)^t} \tag{8-1}$$

式中　n——项目周期；

　　　C_t——第 t 年现金流量；

　　　r——贴现率。

在不考虑贴现率的情况下，净现值等于项目周期净现金流之和，为 426 亿元。假设贴现率为 5%，根据计算得到的净现值为 -584 亿元（见表 8-13），可见贴现率对于净现值的影响非常大，在其他因素不变的情况下，可以分析贴现率不超过 1.32% 时才能实现净现值为正值。

表 8-13　贴现率变化对应的净现值（亿元）

贴现率	1%	2%	3%	4%	5%	6%
净现值	89	-161	-346	-483	-584	-657

假设贴现率为 5%，对应的净现值为 -584 亿元，以此作为基准参数，分析研制成本、运输成本、建造成本、运行维护成本、电价变动对于净现值的影响。根据分析可以看出，研制成本、运输成本、建造成本对于空间太阳能电站的净现值影响很大，一方面由于其总量占比非常大，另一方面其为整个项目的前期投入。通过分析，研制成本、运输成本、建造成本需要降低到 45% 时才能实现净现值为正值。运行维护成本由于总量占比较小，且在

运行期间平均投入，因此对于净现值影响较小，根据分析即使不考虑运行维护成本，净现值为 −459 亿元。电价对于空间太阳能电站的净现值影响较大，根据分析，电价达到 1.65 元/度时，才能实现净现值为正。相关参数变化对应的净现值见表 8 − 14。

表 8 − 14　相关参数变化对应的净现值（亿元）

	−50%	−30%	−10%	0%	10%	30%	50%
研制、运输、建造成本变动	82	−191	−464	−584	—	—	—
运行维护成本变动	−521	−546	−571	−584	—	—	—
电价变动	—	—	—	−584	−494	−312	−132

8.5　结论

通过对于空间太阳能电站经济性的初步分析，在假定的数据下，整个项目周期内的设计、研制、建造、发射、组装、运行以及系统关闭处理等的总成本约为 1 940 亿元，其中主要成本为研制和运输成本，约占到总成本的 74%。1 GW 空间太阳能电站在正常工作情况下，30 年寿命期内的发电量约为 2 365 亿度，假设平均售电价格为 1 元/度，总收入为 2 365 亿元。在不考虑贴现率的情况下，净现值为 426 亿元。当贴现率超过 1.32% 时，净现值将变为负值。贴现率，研制、运输和建造成本以及售电价格对于空间太阳能电站经济性的影响较大。

第9章 空间太阳能电站的法律问题和环境影响初步分析

9.1 空间太阳能电站涉及的法律问题

空间太阳能电站系统规模巨大、建设周期和运行时间长，整个建设和运行过程涉及一系列的法律法规问题，主要包括空间法规、国际电信联盟规则、IADC 空间碎片减缓指南等。

空间太阳能电站通过大规模利用空间太阳能资源为地面提供清洁能源，其建设还可能会利用地外资源（包括月球资源），采用这样的方式大规模开发利用外太空的太阳能资源和地外天体资源是否合法是需要国际协商确定的法律问题。空间太阳能电站产生的高功率微波或者高功率激光是否会用于军事用途也受到国际和公众的特别关注，需要从防止外层空间武器化的法律制度方面对空间太阳能电站的应用方式提出要求。

空间太阳能电站尺度巨大，需要长期占用地球静止轨道，如何减小与相邻航天器的碰撞风险需要重点考虑并进行约束。同时，空间太阳能电站需要长期进行空间到地面的大功率无线能量传输，对于能量传输通道中的航天器、航空器以及地面设施的电磁干扰影响和安全性问题也要重点考虑。根据国际电信联盟的相关规定，需要协调空间太阳能电站的轨位和频率，或者为此制定专项规则。

空间太阳能电站的质量达到近万吨，即使采用重型运载火箭，也需要几百次的运输发射，运输总量将达到人类几十年的运输量，大规模的运输会给空间带来大量的空间碎片。同时，空间太阳能电站尺度巨大，易和空间碎片发生碰撞，可能会产生更多的空间碎片。空间太阳能电站需要进行维护，寿命终了需要进行处置，防止有害空间碎片在 GEO 上大量堆积。空间碎片对于空间物体构成严重威胁，是空间太阳能电站建设中需要重要关注的问题。应当参考 IADC 空间碎片减缓指南，减少空间太阳能电站的建设和运行期间空间碎片的产生，需要考虑电站维护产生的报废部件以及寿命终了整个电站结构的处置，包括再利用、带回近地轨道再入大气或者运输到更高的轨道。

9.1.1 空间法

空间太阳能电站的建造和运行主要在空间进行，因此空间太阳能电站的建设和运行首先要遵循现行的国际空间法。"空间法"是国际层面上支配外层空间的法律和原则，由联合国和平利用外层空间委员会（Committee on the Peaceful Uses of Outer Space, COPUOUS，简称外空委员会）从 20 世纪 60 年代开始拟订，目的是管制各国在外层空间进行的活动。目前，外空委员会主要通过五项多边条约：

1）1967 年，《关于各国探索和利用外层空间，包括月球和其他天体活动的原则的条约》，简称《外层空间条约》（OST）；

2）1968 年，《关于营救航天员、航天员的返回和发射到外层空间的物体返回的协议》，简称《营救协议》（ARRA）；

3）1972 年，《空间物体造成损害的国际责任公约》，简称《责任公约》（LIAB）；

4）1975 年，《外层空间物体登记公约》，简称《登记公约》（REG）；

5）1979 年，《关于各国在月球和其他天体上活动的协定》，简称《月球协定》（MOON）。

其中，《外层空间条约》是对 1963 年联合国大会通过的《各国探索与利用外层空间活动的法律原则宣言》的补充和发展，是有关外层空间的基本法，是最核心的空间法规。该条约共包括 17 条条款，规定了从事航天活动所应遵守的 10 项基本原则。

1）共同利益原则：探索和利用外层空间（包括月球和其他天体），应本着为所有国家谋福利和利益（第 1 条）；

2）自由探索和利用原则：各国在平等的基础上，根据国际法自由探索和利用外层空间（包括月球和其他天体）、自由进入天体的所有区域（第 1 条）；

3）不得据为己有原则：不得通过主权要求，使用、占领或以其他任何方式将外层空间（包括月球和其他天体）据为己有（第 2 条）；

4）限制军事化原则：应遵守国际法和联合国宪章，维护国际和平与安全，不在环绕地球的轨道及地外天体部署核武器或任何其他大规模毁灭性武器。必须将月球和其他天体用于和平目的，禁止在天体上建立军事基地、设施和工事，禁止在天体上试验任何类型的武器以及进行军事演习（第 3 条、第 4 条）；

5）援救航天员的原则：在航天员发生意外事故、遇险或紧急降落时，应给予他们一切可能的援助，并将他们迅速安全地交还给发射国（第 5 条）；

6）国家责任原则：各国应对其航天活动承担国际责任，不管活动是由政府部门还是由非政府部门进行的（第 6 条、第 7 条）；

7）对空间物体的管辖权和控制权原则：发射进入空间物体的登记国对其在外空的物体仍保持管辖权和控制权（第 8 条）；

8）保护空间环境原则：各缔约国对于外层空间（包括月球和其他天体）进行研究和探索时，应避免使其遭受有害污染，同时防止地外物质的引入使地球环境发生不利的变化（第 9 条）；

9）国际合作原则：各国从事外空活动应进行合作互助（第 10 条）；

10）外空物体登记原则：进行航天活动的国家同意将空间活动的状况、地点及结果通知给联合国秘书长、公众和国际科学界（第 11 条）。

根据《外层空间条约》，发展空间太阳能电站需要重点考虑以下问题：

（1）开发利用空间太阳能的合法性

条约第 1 条规定：“探索和利用外层空间（包括月球和其他天体），应本着为所有国家谋福利和利益，不论其经济或科学发展程度如何，这种探索和利用应是全人类的事情。各

国在平等的基础上，根据国际法自由探索和利用外层空间（包括月球和其他天体）、自由
进入天体的所有区域。"

条约第 2 条规定："不得通过主权要求，使用、占领或以其他任何方式将外层空间
（包括月球和其他天体）据为己有。"

空间太阳能电站的核心目的是为全人类提供持续的、清洁的能源，符合所有国家长期
的利益。因此空间太阳能电站的建设符合"共同利益原则"。同时，也规定了各国根据空
间法可以自由利用外层空间，包括月球和其他天体。空间太阳能电站是对外层空间太阳能
的利用，虽然在条约中没有明确提到太阳能资源，但某种角度可以看作是对太阳的利用，
而且这种利用不会对太阳造成任何影响，因此可以认为对于空间太阳能的利用完全符合条
约的规定，各国均可以自由利用空间太阳能，符合"自由探索和利用原则"。

空间太阳能电站在空间轨道上利用太阳能，需要按照国际电信联盟的要求申请轨位并
利用，对于轨位的临时性使用符合国际规则。该行为既不包含主权要求，也不属于占领，
符合"不得据为己有原则"。

（2）开发利用月球等地外资源的合法性

根据条约的"共同利益原则"和"自由探索和利用原则"，各国可以自由探索和利用
外层空间（包括月球和其他天体），但是不能占领或者进行主权要求。未来空间太阳能电
站的建设有可能利用月球的资源或者小行星的资源，在空间太阳能电站建设是为提供持续
清洁能源的前提和不据为己有的原则下，开发利用月球等地外资源是合法的。

（3）防止空间太阳能电站的军事化

条约第 4 条规定："不在环绕地球的轨道及地外天体部署核武器或任何其他大规模毁
灭性武器。必须将月球和其他天体用于和平目的，禁止在天体上建立军事基地、军事设施
和工事，禁止在天体上试验任何类型的武器以及进行军事演习。不禁止军事人员进行科学
研究或开展任何其他和平目的的活动。不禁止使用为和平探索月球和其他天体必需的任何
器材设备。"

空间太阳能电站部署在地球静止轨道上，本身不属于武器，更不属于大规模毁灭性武
器。但由于空间太阳能电站的高功率微波发射装置或者高功率激光发射装置有可能被用于
航天器、航空器或地面目标的干扰或损伤，因此空间太阳能电站在设计上应当防止可能造
成目标损伤的高功率密度微波或激光的产生。其次，空间太阳能电站的运行过程应当受到
特定管理机构的监管，防止将空间太阳能电站用于军事化用途。对于未来有可能建立的月
球空间太阳能电站，也应在国际法律框架下进行国际监管，防止用于月球军事设施的建设
以及太空武器的试验。

（4）防止空间太阳能电站对于地球环境的影响

条约第 9 条规定："各缔约国对于外层空间（包括月球和其他天体）进行研究和探索
时，应避免使其遭受有害污染，同时防止地外物质的引入使地球环境发生不利的变化，必
要时应为此目的采取适当措施。"

空间太阳能电站通过无线能量传输将能量传输到地面，不会将地外物质带回地面，因

此不存在类似行星探测涉及的行星保护问题。而能量传输到地面可能带来的环境影响包括两个方面：一是大量的能量传输到地球是否会引起地球的变暖问题；二是大功率的能量传输是否会对地球电离层、大气层以及地面生态环境产生影响。对于能量的注入，实际上空间太阳能电站传输的能量总量与地球所接受的太阳光能量相比几乎可以忽略，而且作为清洁能源取代化石能源的方式，既避免了化石燃料燃烧产生的废热，又不会产生温室气体，总体上会大大减小对于地球变暖的影响。对于第二个方面，由于能量传输的功率密度不高，对于微波传输方式，能量密度大约为太阳光照强度的 1/4，对于激光需要限制到与太阳光强相当，根据目前的初步分析，这样的功率密度对于电离层和大气层的影响很小，对于地面生态系统也不会造成明显的影响，特别是微波接收站周围的功率密度已经低于人体安全的国际标准（见 9.2 节）。由于空间太阳能电站的能量传输是一个长期的过程，还需要对于可能的环境影响问题开展更为深入和持久的研究。

理论上如果采用特定的易被水汽吸收的微波频率，高功率的空间太阳能电站可以加热大气、直接用于台风的减缓，属于人工改变天气的范畴。由于地球大气的复杂性，这样的天气影响是否会引起无法预料的局部和全局性环境变化也需要深入考虑，同时需要避免将这样的技术用于军事目的。因此，这种大规模改变天气的设施应当在联合国的授权下进行使用，需要制定相关的法规严格监管。

（5）其他

空间太阳能电站的建设可能会采用航天员在轨组装和维修的方式，存在航天员发生意外的风险，在此情况下，各国应根据"援救航天员的原则"给予航天员最大的援助。

空间太阳能电站是一个巨大的空间工程，也是造福全人类的商业工程，其开发、建设和运营可能涉及多个国家的政府和非政府部门，需要世界范围内的紧密合作，符合"国际合作原则"。同时，对于这样复杂的组织模式，需要明确空间太阳能电站的责任主体，确定其管辖权和控制权，并根据"外空物体登记原则"，及时将相关事项通告给联合国秘书长、公众和国际科学界。同时，要明确相关国家的责任和义务，使之符合"国家责任原则"。

9.1.2　国际电信联盟相关规则

无线电频率和卫星轨道均为有限的自然资源，属于全世界所有。卫星频率和轨道分配应遵守的国际法规主要包括联合国《外层空间条约》以及国际电信联盟（International Telecommunication Union，ITU）的相关法规。根据国际法规，各国拥有和平探索和利用外空活动的权利；无线电频率和卫星轨道是有限的自然资源，必须平等、合理、经济、有效地使用；应采用有效的干扰控制机制以充分利用频率和轨道资源。

国际电信联盟是负责信息通信技术事务的联合国专门机构，通过无线电通信部门（ITU-R）、电信标准化部门（ITU-T）和电信发展部（ITU-D）三个部门履行其使命，其中无线电通信部门负责国际电信联盟的无线电通信工作。ITU 的主要法规包括《国际电信联盟组织法》（Constitution of the International Telecommunication Union）、《国际电联盟公约》(International Telecommunication Union Convention)、《无线电规则》(Radio Regulations)，以及各种《管理规则》(Administrative Regulations)、《决议》(Resolutions)、《建议书》(Recommendations) 等。国际电信联盟有关空间频率轨道资源分配方面的主要法律文件包括：

(1)《国际电信联盟组织法》

《国际电信联盟组织法》(简称《组织法》) 是国际电信联盟效力最高的宪法性文件，规定了电联的宗旨、组成、会员国和部门成员的权利和义务、国际电信联盟的法律文件及其执行等内容，包括了关于无线电的特别条款。

《组织法》第 196 款规定："无线电频率和任何相关的轨道，包括地球静止轨道，均为有限的自然资源，必须依照《无线电规则》的规定合理、有效和经济地使用，以使各国或国家集团可以在考虑发展中国家和具有特定地理位置国家的特殊需要的同时，公平地使用这些轨道和数据。"

《组织法》第 11 款提到"实施无线电频谱的频段划分、无线电频率的分配和无线电频率指配的登记，以及空间业务中地球静止轨道相关轨道位置及其他轨道卫星相关特性的登记，以避免不同国家无线电台之间的有害干扰"，并在第 12 款提出要"进行各种协调努力，消除不同国家无线电台之间的有害干扰，改进无线电通信业务中无线电频谱的利用，改进地球静止轨道及其他卫星轨道的利用"。

对于电信领域有关争议的解决途径，《组织法》在 233 款和 234 款提出"各会员可以通过谈判、外交途径，或按照他们之间为解决国际争议所订立的双边或多边条约内规定的程序，或用相互商定的任何其他方法，解决他们之间关于本组织法、公约或行政规则的解释和适用问题的争议。如果不采用上述解决方法中的任何一种，则作为争议一方的任何会员可按照公约所规定的程序请求仲裁。"

因此，对于空间太阳能电站的部署，所涉及的频率和轨道均应符合《组织法》的规则，合理地申请、登记和使用，要避免与其他用户的干扰，对于遇到的争议，要通过谈判解决。

(2)《无线电规则》

无线电频率划分是《无线电规则》的主要内容，ITU 将全世界分为三个区域，并将业务划分为主要业务和次要业务。根据《无线电规则》第 5.150 条款规定："下列频段：13 553～13 567 kHz，26 957～27 283 kHz，40.66～40.70 MHz，902～928 MHz，2 400～2 500 MHz，5 725～5 875 MHz，24～24.25 GHz 指定给工业、科学和医疗 (ISM) 使用，这些频段内工作的无线电通信业务必须承受由于这些应用可能产生的有害干扰。"

对于 ISM 设备可能产生的干扰问题，《无线电规则》在 15.13 条款进行了规定："各主管部门应该采取一切可行和必要的步骤，以保证使工业、科学和医疗所用设备的辐射最小，并保证在指定由这些设备使用的频段之外，这些设备的辐射不会对按照本规则条款运用的无线电通信业务，特别是无线电导航或任何其他安全业务造成有害干扰。"

空间太阳能电站目前拟使用的频率为 5.8 GHz，属于 5.150 条款规定的 ISM 频率，开展空地之间的无线能量传输过程中，不应对同频段其他业务造成有害干扰。根据《频率划分表》，5 800 MHz 频段附近对应的无线电业务见表 9 - 1 所示，粗体字体为主要业务，其余为次要业务。次要业务在实际应用时需要保护主要业务不受有害干扰，同时不得要求来自主要业务的保护。应重点分析与卫星固定业务的兼容性，同时要协调与地面移动业务和地面固定业务的兼容性。

表 9 - 1　5 800 MHz 频段附近对应的无线电业务

一区	二区	三区
5 725～5 830 MHz **卫星固定(地对空)** **无线电定位** 业余	5 725～5 830 MHz **无线电定位** 业余	
5 830～5 850 MHz **卫星固定(地对空)** **无线电定位** 业余 卫星业务(空对地)	5 830～5 850 MHz 业余 卫星业务(空对地)	
5 850～5 925 MHz **固定** **卫星固定(地对空)** **移动**	5850～5 925 MHz **固定** **卫星固定(地对空)** **移动** 业余 无线电定位	5 850～5 925 MHz **固定** **卫星固定(地对空)** **移动** 无线电定位

（3）ITU 空间频率轨道资源分配规则

目前 ITU 的空间频率轨道资源分配有两种方式。一种是依据 ITU 的频率协调程序进行卫星资料的提前公布、协调、频率指配的通知和登记，实现频轨资源分配，实质上是一种"先来先得"的分配方式，也称为登记法，即只要按照《无线电规则》所规定的协调程序进行协调，并最终在频率登记总表进行了频率指配登记，该频率的使用权就得到了国际认可。另一种是有计划地在名义上将频率轨道位置分配给若干国家，而不论其是否有实际需要或能力来利用这些轨道位置。由于分到某一频率轨道位置的国家并不能主张对该轨道位置或者频率的所有权，第二种方式只具有形式上的意义，目前主要以第一种方式为主。

ITU 的卫星业务频率协调程序在《无线电规则》第 9 条和第 11 条进行规定。卫星的频率轨位要申报登入国际频率登记总表，需经历三个主要阶段，分别为：提前公布阶段（A 阶段）、协调阶段（C 阶段）和通知阶段（N 阶段）。

对于第一阶段，《无线电规则》9.1 款规定，卫星网络申报需要使用 ITU 规定的专用软件（BR SOFT），提前向 ITU 无线电通信局（BR）报送关于卫星网络或卫星系统的一般性说明资料（API 资料）。API 资料应不早于该网络规划启用日期前 7 年，最好不迟于该日期前 2 年报送。国际电信联盟通过国际频率信息通函（简称 IFIC），将接收到的合格 API 资料向全世界公布。

第二阶段为卫星网络协调阶段，其协调程序按《无线电规则》9.3 款进行。申请国必须在 API 资料被接收后的 2 年内，按《无线电规则》附录 4 的要求提交详细的卫星网络协调资料（CRC），否则该提前公布资料中申请的频段将被作废。ITU 对于不同种类卫星网络的 CRC 资料，根据《无线电规则》中不同的规则要求，对 CRC 资料进行技术和规则审查。审查合格后，BR 将在国际频率信息通函（IFIC）中公布 CRC 资料。各国在规定的时间期限内，正式判断新申报的卫星网络是否可能对自己已经申报了的卫星网络或地面业务产生不可接受的干扰，有协调要求的主管部门和发起协调要求的主管部门，在 CRC 资料公布之后 4 个月内给相应主管部门做出同意或不同意及理由的答复，否则就视为同意，由此建立正式协调关系。

第三阶段为卫星网络通知登记阶段。经卫星网络国际频率干扰协调、消除卫星网络之间可能存在的潜在干扰后，使用 ITU 规定的软件，向 ITU 申报卫星网络实际使用的通知登记信息（N 资料）和决议 49（RES49）行政应付努力措施。第 11.25 款规定，N 资料送交 BR 的时间不应早于频率指配投入使用日期前 3 年；第 11.43A 款规定，如果对已送交了 N 资料并已投入使用的频率指配进行修改，则所做的修改应在修改通知日期起 5 年内投入使用；第 11.44 款规定，N 资料投入使用时间不能晚于 API 资料接收日期起 7 年。所有通知信息将由 BR 做进一步的技术和规则验证。经审查合格后，该频率指配才可以记录在国际频率登记总表（MIFR）。此后的其他各主管部门新建的卫星网络不得对其产生有害干扰，即使受到它的干扰也不得提出申诉。

国际电信联盟对各种卫星网络资料的申报内容都有明确规定，申报内容必须完整并符合要求，主要包括：

1）提前公布资料主要内容，包括申报使用的轨道位置、频段、业务类型、覆盖范围、计划启用日期等。

2）卫星网络协调资料内容，包括轨道位置、启用日期、具体频率分配计划、业务和台站类型、带宽、噪声温度、极化、天线类型、功率谱密度、覆盖区等值线图等。协调资料申报的轨道位置可在其提前公布资料±6°的范围内修改。

3）通知资料申报的内容与协调资料内容类似，应含有且不能超出协调资料申报的参数特性范围，需补充与该网络中各频率指配涉及国家的频率协调状态。

4）对于决议 49 应付努力信息，申报方需明确卫星网络标识、卫星制造者、运载火箭供应商、合同执行日期、将启用的频率范围等。

5）国际电信联盟对无线电频率进行划分，不同业务申报不同频段，必须符合国际频率划分表。

登记在登记总表内的任何频率和轨道位置的指配，享有国际承认的权利（《无线电规则》8.3 款），运营商对该指配的频率和轨道位置有法定的使用权。反之，如果该卫星系统未进行登记，或者虽已登记但是在 7 年的年限内未能投入运营，则整个协调过程失效，已登记的轨道位置需要重新申请，并进行新的协调。

空间太阳能电站作为一种特殊的卫星，必须遵守 ITU 空间频率轨道资源分配规则。因此空间太阳能电站发展过程中涉及的空间技术验证、系统验证和系统运行等在准备实施前，均应在详细方案和技术参数确定的基础上，按照规则进行频率轨位的申报和协调，同时要根据协调结果，在尽可能避免与其他业务发生干扰的基础上，对于项目的技术方案进行调整，以确保符合国际电信联盟的规则、不损害所有国家的利益。

（4）ITU-R 建议书

无线电通信部门（ITU-R）下设 6 个研究组，分别负责频谱管理、无线电波传播、卫星业务、地面业务、广播业务和科学业务的研究，来自世界各地电信组织和主管部门的专家参加无线电通信研究组的工作，通过研究拟定无线电通信部门建议书草案，并交由国际电信联盟成员国批准。第 1 研究组又分为三个工作组，分别为：WP1A——研究方向为频谱工程技术，WP1B——研究方向为频谱管理方法与经济策略，WP1C——研究方向为频谱监管，ITU 中关于无线能量传输相关的技术与频率使用研究主要在 WP1A组开展。

WP1A 最初在 1997 年面向空间太阳能电站的应用提出研究课题（ITU-R 210-3/1），以日本为主的专家在 2016 年完成研究报告 *Applications of Wireless Power Transmission via Radio Frequency Beam*（ITU-R SM. 2392-0），提出基于微波无线能量传输应用的特征参数（见表 9-2）、以及国际电信联盟 WP1A 工作组对于无线能量传输研究的时间计划表（见表 9-3）。空间太阳能电站应用已经纳入研究范畴之中，属于第 C大类的第 c4 子项，目前已经明确了传输功率和传输距离，但没有确定频率范围。从研究计划来看，针对空间太阳能电站应用的研究工作报告时间还未确定，预计将在 2030年左右。

表 9-2　基于微波无线能量传输应用的特征参数

类型	ID	应用	目标频段	条件	距离	功率	影响研究
A	a1	无线供电传感网络	915 MHz 2.45 GHz 5.8 GHz	室内 室外	几米到 几十米	< 50 W	必须
	a2	移动装置的无线充电设备	2.45 GHz	室内	几米到 几十米	< 50 W	必须
B	b1	无线能量传输网	2.45 GHz	在二维波导传输薄片(网)上传输	几米 (在薄片上)	< 30 W	[N/A]
	b2	管道中的 WPT	2.45 GHz 5.8 GHz	在封闭的管道中传播	1 m 到 100 m (在管道内)	< 50 W	N/A
	b3	微波建筑物	2.45 GHz 5.8 GHz	在封闭的管道中传播	1 m 到 100 m (在管道内)	50 W～5 kW	N/A

续表

类型	ID	应用	目标频段	条件	距离	功率	影响研究
C	c1	用于移动飞行目标的无线功率传输	2.45 GHz 5.8 GHz	室外	10 m 到 20 km	50 W~ 1 MW	必须
	c2	点对点的无线功率传输	2.45 GHz 5.8 GHz	室外	1 m 到 20 km	100 W~ 1 MW	必须
	c3	电子设备的无线充电	2.45 GHz 5.8 GHz	室外	0.1 m 到 10 m	100 W~ 100 kW	必须
	c4	太阳能发电卫星	TBD	空间到地面	36 000 km	1.3 GW	必须

表 9 - 3　国际电信联盟 WP1A 对无线能量传输研究的时间计划表

形成报告时间	编号	应用
2019 年	a1	无线功率传感网
2019 年	a2	移动设备无线充电
2017—2020 年（短距离） 2020—2030 年（短距离）	c2	点对点无线功率传输
2025—2030 年	c1	对飞行目标物的无线功率传输
2025—2030 年	c3	对电动汽车的无线功率传输
TBD	c4	空间太阳能电站

9.1.3　IADC 空间碎片减缓指南

机构间空间碎片协调委员会（Inter - Agency Space Debris Coordination Committee，IADC）于 1993 年由主要航天国家共同发起成立，是协调全球人造和天然空间碎片问题活动的国际组织。2002 年，IADC 正式发布了《IADC 空间碎片减缓指南》（IADC Space Debris Itigation Guidelines），成为指导世界各国从事航天活动过程中有效控制空间碎片产生的纲领性文件，并于 2007 年进行了第一次修订。2010 年，联合国和平利用外层空间委员会以此为基础，发布了 *Space Debris Mitigation Gudelines of the Committee on the Peaceful Uses of Outer Space* 。国际标准化组织据此在 2011 年制定了国际标准 *Space Systems—Space Debris Mitigation Requirements*（ISO 24113：2011），中国将此标准转化为国家标准《空间碎片减缓要求》（GB/T 34513—2017）。同时各主要航天国家和组织也发布了各自的指导性文件，如 ESA 在 2003 年发布的 *ESA Space Debris Mitigation Handbook*，NASA 在 1995 年发布的 *Guidelines and Assessment Procedures for Limiting Orbital Debris*，中国 2005 年发布的航天行业标准《空间碎片减缓要求》（QJ3221—2005）等，给出了比较详细的空间碎片管理和减缓技术措施。

　　《IADC 空间碎片减缓指南》适用于进入地球轨道的航天器和运载器的设计、发射、运行及任务后处理过程，规定了航天器和运载器减少空间碎片的产生、降低空间碎片对空间系统危害程度的要求和应采取的减缓措施。主要关注四个方面：1）限制正常运行中释放的碎片；2）尽量减小在轨解体的可能性；3）任务结束后的处置；4）防止在轨碰撞。重点内容包括：

　　1）《IADC 空间碎片减缓指南》给出了重要的轨道保护区域建议，如图 9-1 所示：

　　a）近地轨道（LEO）保护区域 A，从地球表面到 2 000 km 高度的整个球面区域。

　　b）地球静止轨道（GEO）保护区域 B，地球静止轨道附近的一部分球壳区域，定义如下：

- 地球静止轨道高度：35 786 km；
- 区域高度下边界：地球静止轨道高度减去 200 km；
- 区域高度上边界：地球静止轨道高度增加 200 km；
- 纬度区域范围：±15°。

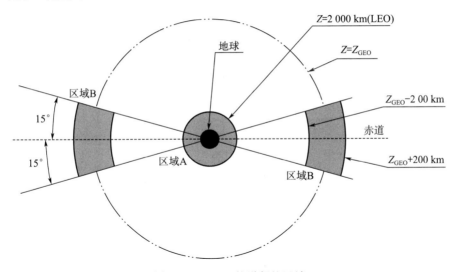

图 9-1　IADC 轨道保护区域

　　2）《IADC 空间碎片减缓指南》提出碎片减缓措施建议，主要包括几个方面：

　　a）限制正常操作过程中产生的碎片；

　　b）尽量减小在轨解体的可能性；

　　c）防止在轨碰撞；

　　d）任务后处理。

　　已结束任务的 GEO 航天器应机动到 GEO 保护区上方的轨道，偏心率不大于 0.003，轨道的近地点高度相对于地球静止轨道的最小增量为

$$235 \text{ km} + (1\ 000 \cdot C_R \cdot A/m)$$

式中　C_R——太阳辐射压力系数；

　　　A/m——面积与干质量比（m²/kg）。

已结束任务的 LEO 航天器应进行离轨操作，最好是直接再入大气或带回地面，或者进行轨道机动，进入在轨停留时间不超过 25 年的轨道。

空间太阳能电站是一个巨大的运行在地球静止轨道上的航天器，运行寿命达到 30 年以上。由于规模巨大，空间太阳能电站首先需要分解为多个模块从地面运输到近地轨道，之后再通过轨道间运输器运输到地球静止轨道进行组装，运输规模巨大，组装规模大、时间长。因此，空间太阳能电站的整个寿命期几乎都处于轨道保护区域范围，需要特别注意空间碎片相关的问题。由于尺度大，在任务结束后，空间太阳能电站也需要进行仔细的处置，符合轨道减缓的要求。

（1）地面到近地轨道的运输阶段

空间太阳能电站需要数百次从地面到空间的运输，因此首要要求是尽可能减少运输过程留在轨道的物体数量。可以考虑采用完全可重复使用运载火箭，不在轨道上留下任何运载级；采用先进的火箭和航天器的连接分离方式，减少星箭分离产生的碎片。

（2）近地轨道到地球静止轨道的运输阶段

近地轨道到地球静止轨道的运输主要采用轨道间运输器进行。建议将运载火箭的运载模块进行整体轨道间运输，进入地球静止轨道后，将组装模块进行卸载，将安装组装模块的适配器结构部分尽可能用于电站的结构，否则的话必须利用轨道间运输器运输到《IADC 空间碎片减缓指南》规定的 GEO 保护区上方的轨道，或者通过轨道间运输器运回到近地轨道，再通过近地轨道的轨道机动，进入到满足《IADC 空间碎片减缓指南》要求的轨道。

（3）组装阶段

正常的组装阶段不会产生轨道碎片，但要防止部件组装对接过程产生意外的撞击从而产生意外的碎片。对于损坏的部件，尽可能进行在轨维修，否则需要通过轨道间运输器带回近地轨道、带回地面或者送入更高的轨道。

（4）运行阶段

空间太阳能电站运行过程会根据电站的运行状态进行正常的维修和维护，会涉及推进剂的加注和部件的更换。推进剂的加注要特别注意意外的发生。更换的部件需要通过轨道间运输器带回近地轨道、带回地面或者送入更高的轨道。

（5）任务结束阶段

空间太阳能电站任务结束后必须进行处理，防止对于 GEO 其他航天器的影响。除了按照《IADC 空间碎片减缓指南》对相关部件进行钝化处理以外，由于空间太阳能电站体积和质量巨大，整体运输到《IADC 空间碎片减缓指南》规定的 GEO 保护区上方的轨道代价巨大，应当充分考虑空间太阳能电站的再利用，将电站的结构直接用于后续电站的建造，对于其他部件通过原位资源利用和在轨制造技术进行重复使用。将无法利用的部分通过轨道间运输器带回近地轨道、带回地面或者送入更高的轨道。

9.2　空间太阳能电站微波无线能量传输的安全性影响

9.2.1　概述

空间太阳能电站通过微波形式向地面进行能量传输，对于 GW 级空间太阳能电站，传输的总微波功率高达 1.6 GW 以上，对应发射天线端的平均功率密度为 2 kW/m²，到达地面的最高微波功率密度约为 400 W/m²，传输通道为一个直径约为 1～5 km 的圆锥柱，高能量微波的发射和传输过程均会与传输路径及周边环境的介质发生相互作用，因此，微波与处于传输通道中的生物体、各种电气或电子系统和环境间是否存在安全性影响成为人们关注的重要问题之一。

（1）对于生物体及人体的影响

生物体受到微波照射时，由于与微波发生相互作用，将产生一系列物理和生理、微观和宏观的影响，可分为热效应和非热效应。微波对生物体具有热效应是公认存在的，而非热效应的影响及其作用机理还处于研究中。通常认为，产生宏观热效应的功率密度在 10 mW/cm² 以上，产生微观热效应的功率密度在 1～10 mW/cm²，而在 1 mW/cm² 以下产生的是非热效应（温升小于 0.1 ℃）。根据目前的研究，微波对动植物的影响主要体现在热效应上，其他的影响还没有明确的影响结论。

微波对人体的影响也主要表现在热效应上，主要指标为比吸收率（Specific Energy Absorption Rate，SAR）。而对于人体在电磁波照射下的研究结果表明，中枢神经系统是人体对微波辐射最敏感的部位，其耐受微波辐射的能力远低于热效应功率密度。高功率密度微波辐射可能破坏脑细胞，使大脑皮质细胞活动能力减弱，产生器质性损伤。低功率密度微波照射时，对神经系统进行形态学和组织化学的研究发现，细胞蛋白质的代谢发生了变化。但对 2.45 GHz 和 5.8 GHz 高频微波，穿透深度低于 1 cm，对人脑组织产生的影响很小。

（2）对于电气或电子系统的影响

微波能量传输通道中可能包括航天器（包括高轨卫星和低轨卫星）、航空器以及地面的各种电气或电子系统，其中航天器和航空器会在很短的时间内穿越微波波束，属于短期影响，而地面的各种固定系统会长期受到波束影响，包括可能的微波破坏和通信干扰。

高轨航天器穿越微波能量波束的距离为 km 量级，时间为亚秒级，微波功率密度为 kW/m² 量级，可能会对电子设备造成干扰或损伤，需要针对特定的频率进行相应的防护。航空器穿越微波能量波束的距离为 km 量级，时间为亚分钟级，微波功率密度与地面接收天线相当，最大约为 400 W/m²，可能会对电子设备造成干扰或损伤，需要针对特定的频率进行相应的防护，或者设立禁飞区，使航天器远离波束区域。对于地面的电气或电子系统，应当尽可能避免安装在地面接收范围，如果无法避免，由于需要长期工作在较高的微波辐射环境中，需要特别的防护以保证系统的正常工作。

虽然空间太阳能电站无线能量传输的微波功率密度要高于航天器以及航空器的通信信号强度，但由于空间太阳能电站主要使用 2.45 GHz 或 5.8 GHz 的点源频率，对应极窄带的频率范围，无线能量传输不会对航天器以及航空器的通信产生大的影响。

（3）对于电离层的影响

大功率微波能量传输会加热电离层等离子体，引起电离层电子温度增强和电子密度的扰动，造成电离层参数的不稳定，产生微波束热自聚焦等热效应和非线性效应，对于通信、导航和雷达系统等会产生干扰。空间太阳能电站的微波无线能量传输功率大，但相对功率密度较低，根据分析，产生的电离层温度变化很小，可能出现的非线性效应也非常弱。由于空间太阳能电站的微波无线能量传输是一个长期的、持续的过程，可能产生的影响还有待进一步的理论和实验研究。

9.2.2 微波无线能量传输相关的电磁辐射标准

9.2.2.1 国内电磁辐射标准

为防止电磁辐射污染、保护环境、保障公众健康，中华人民共和国国家标准《电磁辐射防护规定》（GB8702—1988）对电磁辐射防护限值进行了规定，防护限值包括基本限值和导出限值。

（1）基本限值（辐射量的上限）

1）职业照射：在每天 8 h 工作期间内，任意连续 6 min 全身平均的比吸收率应小于 0.1 W/kg；

2）公众照射：在 1 天 24 h 内，任意连续 6 min 全身平均的比吸收率应小于 0.02 W/kg。

（2）导出限值（乘安全系数得到，低于基本限值）

1）职业照射：在每天 8h 工作期间内，电磁辐射场的场量参数在任意连续 6 min 内的平均值应满足表 9 - 4 中要求。

表 9 - 4　职业照射参考限值

频率范围/MHz	电场强度/(V/m)	磁场强度/(A/m)	功率密度/(W/m²)
0.1～3	87	0.25	(20)[①]
3～30	$150/f^{\frac{1}{2}}$	$0.4/f^{\frac{1}{2}}$	$(60/f)$[①]
30～3 000	(28)[②]	(0.075)[②]	2
3 000～15 000	$(0.5/f^{\frac{1}{2}})$[②]	$(0.001\ 5/f^{\frac{1}{2}})$[②]	$f/1\ 500$
15 000～30 000	61[②]	0.16[②]	10

注：①系平面波等效值，供对照参考；

　　②供对照参考，不作为限值；表中 f 是频率，单位为 MHz；表中数据做了取整处理。

2）公众照射：在 1 天 24 h 内，环境电磁辐射场的参数在任意连续 6 min 内的平均值应满足表 9 - 5 中要求。

表 9 - 5　公众照射参考限值

频率范围/MHz	电场强度/(V/m)	磁场强度/(A/m)	功率密度/(W/m²)
0.1～3	40	0.1	4[①]
3～30	$67/f^{\frac{1}{2}}$	$0.17/f^{\frac{1}{2}}$	$(12/f)$[①]
30～3 000	(12)[②]	(0.032)[②]	0.4
3 000～15 000	$(0.22/f^{\frac{1}{2}})$[②]	$(0.001/f^{\frac{1}{2}})$[②]	$f/7\ 500$
15 000～30 000	(27)[②]	(0.073)[②]	2

注：①系平面波等效值，供对照参考；

②供对照参考，不作为限值；表中 f 是频率，单位为 MHz；表中数据做了取整处理。

3）多源多频率辐射体：对于一个辐射体发射几种频率或存在多个辐射体时，其电磁辐射场的场量参数在任意连续 6 min 内的平均值之和，应满足式（9 - 1）

$$\sum_i \sum_j \frac{A_{i,j}}{B_{i,j,L}} \leqslant 1 \qquad (9-1)$$

式中　$A_{i,j}$——第 i 个辐射体 j 频段对被照射物的发射水平；

$B_{i,j,L}$——j 波段对应的电磁辐射所规定的照射限值。

4）脉冲电磁波：除满足上述要求外，其瞬时峰值不得超过表 9 - 4 和表 9 - 5 中所列限值的 1 000 倍。

5）在频率小于 100 MHz 的工业、科学和医学等辐射设备附近，职业工作者可以在小于 1.6 A/m 的磁场下连续工作 8 h。

2014 年，国家标准《电磁环境控制限值》（GB 8702—2014）对于 1988 标准进行了修订，主要规定了公众曝露控制限制，具体见表 9 - 6。

表 9 - 6　公众曝露控制限制

频率范围	电场强度 E /(V/m)	磁场强度 H /(A/m)	磁感应强度 B /μT	等效平面波功率密度 S_{eq} /(W/m²)
1～8 Hz	8 000	$32\ 000/f^2$	$40\ 000/f^2$	—
8～25 Hz	8 000	$4\ 000/f$	$5\ 000/f$	—
0.025～1.2 kHz	$200/f$	$4/f$	$5/f$	—
1.2～2.9 kHz	$200/f$	3.3	4.1	—
2.9～57 kHz	70	$10/f$	$12/f$	—
57～100 kHz	$4\ 000/f$	$10/f$	$12/f$	—
0.1～3 MHz	40	0.1	0.12	4
3～30 MHz	$67/f^{1/2}$	$0.17/f^{1/2}$	$0.21/f^{1/2}$	$12/f$
30～3 000 MHz	12	0.032	0.04	0.4

续表

频率范围	电场强度 E /(V/m)	磁场强度 H /(A/m)	磁感应强度 B /μT	等效平面波功率密度 S_{eq} /(W/m^2)
3 000~15 000 MHz	$0.22/f^{1/2}$	$0.000\ 59/f^{1/2}$	$0.000\ 74/f^{1/2}$	$f/7\ 500$
15~300 GHz	27	0.073	0.092	2

注:频率 f 的单位为所在行中第一栏的单位。

9.2.2.2 国外电磁辐射标准

国外现行的电磁辐射防护标准主要有美国国家标准学会（American National Standards Institute，ANSI）和美国电气与电子工程师协会（Institute of Electrical and Electronics Engineers，IEEE）共同制定的 *IEEE Standard for Safety Levels with Respect to Human Exposure to Radio Frequency Electromagnetic Fields 3 kHz to 300 GHz*（IEEE C95.1—2005）和国际非电离辐射防护委员会（the International Commission on Non‐Ionizing Radiation Protection，ICNIRP）制定的 *Guidelines for Limiting Exposure to Time‐Varying Electric，Magnetic and Electromagnetic Fields（up to 300 GHz）*（简称为 ICNIRP 导则，1998 年出版）。

（1）IEEE C95.1 标准

IEEE C95.1 标准将被照射对象分为控制区和公众区，并且规定了基本限值和最大容许曝露量。基本限值是在已确定的有害健康效应的基础上，取一定的安全系数而得到的，对于不同的频率范围，以人体组织内电场强度、比吸收率和入射功率密度表示。最大容许曝露量是由基本限值导出的，相当于其他标准中的参考水平，最大容许曝露量采用的安全系数较大。表 9‐7～表 9‐9 给出了 IEEE C95.1 标准的对应频率范围的各情况辐射限值。

表 9‐7 基于热效应的基本限值（100 kHz~300 GHz）

		公众 SAR/(W/kg)	控制区中的人群 SAR/(W/kg)
全身曝露	全身平均	0.08	0.4
局部曝露	局部空间峰值	2	10
	四肢末梢	4	20

注:SAR 为每 10 g 组织 6 min 的平均值。

表 9‐8 控制区电磁场最大容许曝露量（100 kHz~300 GHz）

频率范围/MHz	电场强度 E/(V/m)	磁场强度 H/(A/m)	功率密度 S/(W/m^2)	平均时间/min $\vert E\vert^2$, $\vert H\vert^2$, S
0.1~1.0	1 842	$16.3/f_M$	$(9\ 000, 100\ 000/f_M{}^2)$	6
1.0~30	$1\ 842/f_M$	$16.3/f_M$	$(9\ 000/f_M{}^2, 100\ 000/f_M{}^2)$	6
30~100	61.4	$16.3/f_M$	$(10, 100\ 000/f_M{}^2)$	6

续表

频率范围/MHz	电场强度 E/(V/m)	磁场强度 H/(A/m)	功率密度 S/(W/m²)	平均时间/min $\mid E\mid^2$, $\mid H\mid^2$, S
$100\sim300$	61.4	0.163	10	6
$300\sim3\,000$	—	—	$f_M/30$	6
$3\,000\sim30\,000$	—	—	100	$19.63/f_G^{1.079}$
$30\,000\sim300\,000$	—	—	100	$2.524/f_G^{0.476}$

注：f_M，用 MHz 表示的频率；f_G，用 GHz 表示的频率。

表 9 - 9　公众区电磁场最大容许曝露量（100 kHz～300 GHz）

频率范围/ MHz	电场强度 E/(V/m)	磁场强度 H/(A/m)	功率密度 S/(W/m²)	平均时间/min 左侧一栏针对$\mid E\mid^2$的平均时间 右侧一栏针对$\mid H\mid^2$的平均时间 对于大于 400 MHz，针对 S 的平均时间	
$0.1\sim1.34$	614	$16.3/f_M$	$(1\,000, 100\,000/f_M^2)$	6	6
$1.34\sim3$	$823.8/f_M$	$16.3/f_M$	$(1\,800/f_M^2, 100\,000/f_M^2)$	$f_M^2/0.3$	6
$3\sim30$	$823.8/f_M$	$16.3/f_M$	$(1\,800/f_M^2, 100\,000/f_M^2)$	30	6
$30\sim100$	27.5	$158.3/f_M^{1.668}$	$(2, 9\,400\,000/f_M^{3.336})$	30	$0.063\,6\,f_M^{1.337}$
$100\sim400$	27.5	0.0729	2	30	30
$400\sim2000$	—	—	$f_M/200$	30	
$2\,000\sim5\,000$	—	—	10	30	
$5\,000\sim30\,000$	—	—	10	$150/f_G$	
$30\,000\sim100\,000$	—	—	10	$25.24/f_G^{0.476}$	
$100\,000\sim300\,000$	—	—	$(90f_G - 7\,000)/200$	$5\,048/[(9f_G-700)f_G^{0.476}]$	

注：f_M，用 MHz 表示的频率；f_G，用 GHz 表示的频率。

（2）ICNIRP 导则

ICNIRP 导则将被辐射群体划分为职业群体和公众群体。职业群体是指工作在可控辐射区内、受过训练能采取相应的措施防止潜在辐射危害的群体，受辐射的持续时间可以通过限制每天的工作时间、变换工种和限制连续操作时间进行控制。公众群体包括不同年龄和不同健康状况的人，不采用特殊的辐射措施，可能长期处于辐射环境。ICNIRP 导则提出两种"限值"概念，分为基本限值和参考限值。其中，基本限值是基于科学证明对人类健康影响的基本限制值；参考限值是通过数学模型根据特定频率的实验结果外推得到的限制值。在制定辐射限值时，对于各种频率范围，使用了不同的科学参数，包括电流密度、SAR 或功率密度等。表 9 - 10 到表 9 - 13 给出了 ICNIRP 导则的各情况辐射限值。

表 9 - 10　电磁辐射基本限值（最高到 10GHz）

曝露特征	频率范围	头部和躯干电流/（mA/m²）	全身平均 SAR/（W/kg）	局部曝露 SAR（头部和躯干）/（W/kg）	局部曝露 SAR（肢体）/（W/kg）	功率密度/（W/m²）
职业曝露	<1 Hz	40	—	—	—	—
	1~4 Hz	$40/f$	—	—	—	—
	0.004~1 kHz	10	—	—	—	—
	1~100 kHz	$f/100$	—	—	—	—
	0.1~10 MHz	$f/100$	0.4	10	20	—
	0.01~10 GHz	—	0.4	10	20	—
公众曝露	<1 Hz	8	—	—	—	—
	1~4 Hz	$8/f$	—	—	—	—
	0.004~1 kHz	2	—	—	—	—
	1~100 kHz	$f/500$	—	—	—	—
	0.1~10 MHz	$f/500$	0.08	2	4	—
	0.01~10 GHz	—	0.08	2	4	—

注：1. f 为频率，单位为 Hz。

2. 由于身体的电不均匀性，电流密度应在垂直于电流方向的 1 cm² 截面上取平均值。

3. 对于最高频率到 100 kHz，峰值电流密度值可通过均方根值乘以 $\sqrt{2}$（~1.414）得到。对于持续时间为 t_p 的脉冲，等效频率采用 $f = 1/(2t_p)$ 计算。

4. 对于最高频率到 100 kHz 以及脉冲磁场，与脉冲相关的最大电流密度可以通过上升/下降次数和磁通密度的最大变化率计算得到。感应电流密度可以与适当的基本限值进行比较。

5. 所有的 SAR 值为超过 6 min 时间周期的平均值。

6. 局部 SAR 平均质量为任意 10 g 相邻组织，因此得到的最大 SAR 应该是用于曝露评估的值。

7. 对于持续时间为 t_p 的脉冲，应用于基本限值的等效频率应采用 $f = 1/(2t_p)$ 计算。此外，对于频率在 0.3 GHz 到 10 GHz 之间的脉冲辐射和头部的局部辐射，为了限制或避免热弹性膨胀引起的听觉影响，建议附加一个基本限制，对于职业人员，平均超过 10 g 组织的比吸收率不应超过 10 mJ/kg，对于一般公众不超过 2 mJ/kg。

表 9 - 11　电磁辐射功率密度基本限值（10~300 GHz）

曝露特征	功率密度（W/m²）
职业曝露	50
普通大众	10

注：1. 功率密度应是任意 20 cm² 曝露面积、周期为任意 $68/f^{1.05}$ 分钟（其中 f 为频率，单位为 GHz）内的平均值，以补偿随频率增加而逐渐缩短的穿透深度。

2. 任何超过 1 cm² 面积的平均空间最大功率密度不应超过上述值的 20 倍。

表 9-12 职业曝露时变电场和磁场的参考水平（均方根）

频率范围	电场强度 $E/(\mathrm{V/m})$	磁场强度 $H/(\mathrm{A/m})$	磁感应强度 $B/\mu\mathrm{T}$	等效平面波功率密度 $S_{eq}/(\mathrm{W/m^2})$
<1 Hz	—	163 000	200 000	—
$1\sim8$ Hz	20 000	$163\,000/f^2$	$200\,000/f^2$	—
$8\sim25$ Hz	20 000	$20\,000/f$	$25\,000/f$	—
$0.025\sim0.82$ kHz	$500/f$	$20/f$	$25/f$	—
$0.82\sim65$ kHz	610	24.4	30.7	—
$0.065\sim1$ MHz	610	$1.6/f$	$2.0/f$	—
$1\sim10$ MHz	$610/f$	$1.6/f$	$2.0/f$	—
$10\sim400$ MHz	61	0.16	0.2	10
$400\sim2\,000$ MHz	$3\,f^{1/2}$	$0.008\,f^{1/2}$	$0.01\,f^{1/2}$	$f/40$
$2\sim300$ GHz	137	0.36	0.45	50

注：1. f 为频率范围内的频率。

2. 只要满足基本限制，并且可以排除不利的间接影响，可以超过场强值。

3. 对于 100 kHz 到 10 GHz 之间的频率，S_{eq}、E^2、H^2 和 B^2 是任意超过 6 min 的平均值。

4. 对于最高频率到 100 kHz，峰值电流密度值可通过均方根值乘以 $\sqrt{2}$（～1.414）得到。对于持续时间为 t_p 的脉冲，等效频率采用 $f = 1/(2t_p)$ 计算。

5. 100 kHz 到 10 MHz 之间，通过插值得到电场强度的峰值，从 100 kHz 的 1.5 倍峰值到 10 MHz 的 32 倍峰值。对于超过 10 MHz 的频率，建议在脉冲宽度上平均的峰值等效平面波功率密度 S_{eq} 不超过限制的 1 000 倍，或者场强不超过表中给出的场强曝露水平的 32 倍。

6. 对于超过 10 GHz 的频率，S_{eq}、E^2、H^2 和 B^2 取任意 $68/f^{1.05}$ min 周期内的平均值（f 的单位为 GHz）。

7. 频率 <1 Hz 时实际上是静电场，没有电场值。低阻抗源的电冲击可通过针对此类设备的电气安全程序进行预防。

表 9-13 普通公众时变电场和磁场的参考水平（均方根）

频率范围	电场强度 $E/(\mathrm{V/m})$	磁场强度 $H/(\mathrm{A/m})$	磁感应强度 $B/\mu\mathrm{T}$	等效平面波功率密度 $S_{eq}/(\mathrm{W/m^2})$
<1 Hz	—	32 000	40 000	—
$1\sim8$ Hz	10 000	$32\,000/f^2$	$40\,000/f^2$	—
$8\sim25$ Hz	10 000	$4\,000/f$	$5\,000/f$	—
$0.025\sim0.8$ kHz	$250/f$	$4/f$	$5/f$	—
$0.8\sim3$ kHz	$250/f$	5	6.25	—
$3\sim150$ kHz	87	5	6.25	—
$0.15\sim1$ MHz	87	$0.73/f$	$0.92/f$	—
$1\sim10$ MHz	$87/f^{1/2}$	$0.73/f$	$0.92/f$	—
$10\sim400$ MHz	28	0.073	0.092	2
$400\sim2\,000$ MHz	$1.375\,f^{1/2}$	$0.003\,7\,f^{1/2}$	$0.004\,6\,f^{1/2}$	$f/200$

续表

频率范围	电场强度 E/(V/m)	磁场强度 H/(A/m)	磁感应强度 B/μT	等效平面波功率密度 S_{eq}/(W/m^2)
2～300 GHz	61	0.16	0.20	10

注：1. f 为频率范围内的频率。

2. 只要满足基本限制，并且可以排除不利的间接影响，可以超过场强值。

3. 对于 100 kHz 到 10 GHz 之间的频率，S_{eq}、E^2、H^2 和 B^2 是任意超过 6 min 的平均值。

4. 对于最高频率到 100 kHz，峰值电流密度值可通过均方根值乘以 $\sqrt{2}$（～1.414）得到。对于持续时间为 t_p 的脉冲，等效频率采用 $f = 1/(2t_p)$ 计算。

5. 100 kHz 到 10 MHz 之间，通过插值得到电场强度的峰值，从 100 kHz 的 1.5 倍峰值到 10 MHz 的 32 倍峰值。对于超过 10 MHz 的频率，建议在脉冲宽度上平均的峰值等效平面波功率密度 S_{eq} 不超过限制的 1 000 倍，或者场强不超过表中给出的场强曝露水平的 32 倍。

6. 对于超过 10 GHz 的频率，S_{eq}、E^2、H^2 和 B^2 取任意 $68/f^{1.05}$ min 周期内的平均值（f 的单位为 GHz）。

7. 频率＜1 Hz 时实际上是静电场，没有电场值。电场强度小于 25 kV/m 时，不会产生表面电荷，应避免会产生应力或干扰的火花放电。

9.2.2.3　标准比较及小结

国内外主要电磁辐射标准的参考限值对比见表 9‑14。

表 9‑14　各辐射标准的基本限值和参考限值比较

标准	种类	2.45 GHz 附近功率密度限值/(mW/cm^2)	5.8 GHz 附近功率密度限值/(mW/cm^2)
国内标准	职业照射	0.2	0.387
	公众照射	0.04	0.077
IEEE C95.1 标准	控制区照射	8.17	10
	公众照射	1	1
ICNIRP 导则	职业照射	5	5
	公众照射	1	1

通过比较可以看出，对于空间太阳能电站微波无线能量传输优选的 5.8 GHz 频率附近，我国的辐射标准无论是职业照射还是公众照射，均远远低于国际标准。根据国际标准，对应的公众照射标准为 1 mW/cm^2，与空间太阳能电站地面接收天线边缘的微波功率密度相当。我国的公众照射标准仅为国际标准的 1/25～1/13，未来发展商业化空间太阳能电站，可以考虑将我国的微波辐射标准向国际化接轨。

参 考 文 献

［1］ Agreement governing the activities of states on the Moon and other celestial bodies，1363 UNTS 3. December 18，1979.

［2］ Agreement on the rescue of astronauts，the return of astronauts and the return of objects launched into outer space，672 UNTS 119. April 22，1968.

［3］ AINTABLIAN H O，KIRKHAM H，TIMMERMAN P. High power，high voltage electric power system for electric propulsion. 4th International Energy Conversion Engineering Conference，San Diego，California，June 26 – 29，2006 ［C］.

［4］ Analyzing microwave power transmission & solar power satellite systems ［R］. Aruvian Research Report，2009.

［5］ ANMA K，NAKAMURA S，SASAKI K，et al. Ground experiment on wireless power transmission technology spin – off applications of space solar power system key technology (in Japanese) ［J］. The First SSPS Symposium，Tokyo，Japan，December 15 – 16，2015 ［C］.

［6］ ANMA K. Space solar power system and wireless power transmission technologies. 60th International Astronautical Congress，Daejeon，Republic of Korea，October 12 – 16，2009 ［C］.

［7］ ARYA M，LEEY N，PELLEGRINOZ S. Ultralight structures for space solar power satellites. 3rd AIAA Spacecraft Structures Conference，San Diego，California，USA，January 4 – 8，2016 ［C］.

［8］ BEKEY G，BEKEY I，CRISWELL D，et al. Autonomous construction and manufacturing for space electrical power systems ［R］. NSF – NASA Workshop Final Report，Arlington，Virginia，April 4 – 7，2000.

［9］ BELVIN W K，DORSEY J T，WATSON J J. Technology challenges and opportunities for very large in – space structural systems. International Symposium on Solar Energy from Space，Toronto，Canada，September 8 – 10，2009 ［C］.

［10］ BERGSRUD C，STRAUB J，CASLER J，et al. Space solar power satellite systems as a service provider of electrical power to lunar industries. AIAA SPACE 2013 Conference，San Diego，California，September 10 – 12，2013 ［C］.

［11］ BIENHOFF D. Space infrastructure options for space based solar power. 6th International Energy Conversion Engineering Conference，Cleveland，Ohio，July 28 – 30，2008 ［C］.

［12］ BLOCK J，STRAUBEL M，WIEDEMANN M. Ultralight deployable booms for solar sails and other large gossamer structures in space ［J］. Acta Astronautica，2011，68：984 – 992.

［13］ BRANDHORST H W. Energizing the future of space exploration：applications of space solar power. 6th International Energy Conversion Engineering Conference，Cleveland，OH，July 28 – 30，2008 ［C］.

［14］　BRANDHORST H W，FERGUSON D C，PISZCZOR M F，et al. Impact of solar array designs on high voltage operation in space. 57th International Astronautical Congress，Valencia，Spain，October 2 - 6，2006 ［C］.

［15］　BROWN W C，EVES E E. Beamed microwave power transmission and its application to space ［J］. IEEE Transactions on Microwave Theory and Techniques，1992，40（6）：1239 - 1250.

［16］　BUSCH B C. Space - based solar power system architecture ［D］. Monterey：Naval Postgraduate School，2012.

［17］　C. A. Schäfer，D. Gray. Transmission media appropriate laser - microwave solar power satellite system ［J］. Acta Astronautica，2012，79：140 - 156.

［18］　CAPADONA LYNN A，WOYTACH J M，KERSLAKE T W，et al. Feasibility of large high - powered solar electric propulsion vehicles：issues and solutions. AIAA SPACE 2011 Conference，Long Beach，California，27 - 29 September 2011 ［C］.

［19］　CASH I. CASSIOPeiA - A new paradigm for space solar power. 69th International Astronautical Congress，Bremen，Germany，October 1 - 5，2018 ［C］.

［20］　CASSADYA R J，WILEY S，JACKSON J. Status of advanced electric propulsion systems for exploration missions. 69th International Astronautical Congress，Bremen，Germany，October 1 - 5，2018 ［C］.

［21］　CELESTE A，JEANTY P，PIGNOLET G. Case study in Reunion Island ［J］. Acta Astronautica，2004，54：253 - 258.

［22］　CHARANIA C. Positing space solar power as the next logical step after the ISS. 53rd International Astronautical Congress，Houston，USA，October 10 - 19，2002 ［C］.

［23］　CHEN L，GUO Y CH，SHI XW，et al. Overview on the phase conjugation techniques of the retrodirectivearray ［J］. International Journal of Antennas and Propagation，2010.

［24］　CHENG Z A，HOU X B，ZHANG X H，et al. In - orbit assembly mission for the space solar power station ［J］. Acta Astronautica，2016，129：299 - 308.

［25］　CHO D，COHEN D. Plug in to the Sun ［J］. New Scientist，2007，42 - 45.

［26］　CHO M，SAIONJI A，TOYODA K，et al. High voltage solar array for 400V satellite bus voltage：preliminary test results. 41st Aerospace Sciences Meeting. Reno，Nevada，January 6 - 9，2003 ［C］.

［27］　CHOI J M，MOON G W. Conceptual Design of Korean Space Solar Power Satellite ［C］. 70th International Astronautical Congress，Washington D. C.，United States，October 21 - 25，2019.

［28］　CLEVELAND R F，ULCEK J L. Questions and answers about biological effects and potential hazards of radio frequency electromagnetic fields ［R］. Washington，D. C.：Federal Communications Commission，August 1999.

［29］　Convention on international liability for damage caused by space objects，961 UNTS 187. March 29，1972.

［30］　Convention on registration of objects launched into outer space，1023 UNTS 15. November 12，1974.

[31] COUGNET C, GERBER B, STEINSIEK F, et al. The 10 kW satellite: a first operational step for space based solar power. 61st International Astronautical Congress, Prague, Czech Republic, September 27 - October 1, 2010 [C].

[32] COUGNET C, SEIN E, CELESTE A, et al. Solar power satellites for space applications. 55th International Astronautical Congress, Vancouver, Canada, October 4 - 8, 2004 [C].

[33] COUGNET C, SEIN E, LOCHE D. Executive summary: solar power satellite SPS - repose study, GSP (17761/03/NL/MV) [R]. European Space Agency, September 2004.

[34] CRAPART L, MARESCAUX E. Legal aspects of solar power satellites, GSP - 02/02/L91 [R]. European Space Agency, 2004.

[35] CRISWELL D R. Lunar solar power system: industrial research, development, and demonstration. World Energy Council 18th Congress, Buenos Aires, October, 2001 [C].

[36] CRISWELL D R. Lunar Solar Power System: review of the technology base of an operational LSP system [J]. Acta Astronautica 2000, 46 (8): 531 - 540.

[37] CRISWELL D R. Commercial power from space [R]. Texas Space Grant Consortium, 1996.

[38] CSANK J T., AULISIO M V, LOOP B. 150 kW class solar electric propulsion spacecraft power architecture model. 15th International Energy Conversion Engineering Conference. Atlanta, GA, July 11, 2017 [C].

[39] DICKINSON R M. Safety issues in SPS wireless power transmission [J]. Space Policy, 2000, 16: 117 - 122.

[40] DICKINSON R M. Wireless power transmission technology state of the art—the first Bill Brown lecture [J]. Acta Astronautica, 2003, 53: 561 - 570.

[41] DICKINSON R M. Performance of a high - power, 2. 388 - GHz receiving array in wireless power transmission over 1. 54 km. IEEE International Microwave Symposium, Cherry Hill, NJ, USA, 1976 [C].

[42] DONG Y Z, DONG S W, LI X J, et al. Microwave power transmission demonstration system towards SSPS. 66th International Astronautical Congress, Jerusalem, Israel, October 12 - 16, 2015 [C].

[43] DONG Y Z, DONG S W, LI X J, et al. Optimal design of rectenna array in MPT system for SSPS. 67th International Astronautical Congress, Guadalajara, Mexico, September 26 - 30, 2016 [C].

[44] DUDENHOEFER J E, GEORGE P J. Space solar power satellite technology development at the Glenn research center—an overview, NASA/TM - 2000 - 210210 [R]. NASA Glenn Research Center, Cleveland, Ohio, July 2000.

[45] ERNST D. Beam it down, Scotty: the regulatory framework for space - based solar power [J]. Review of European Community & International Environmental Law, 2013, 22 (3): 354 - 365.

[46] FEINGOLD H, CARRINGTON C. Evaluation and comparison of space solar power. 53rd International Astronautical Congress, Houston, Texas, October 10 - 19, 2002 [C].

[47]　FIKES J C，HOWELL J T，HENLEY M W. Utilizing solar power technologies for on‑orbit propellant production. 2006 International Space Development Conference，Los Angeles，CA，May 4‑7，2006 [C].

[48]　FUJII H A. Tether technology for space solar power satellite and space elevator. 61st International Astronautical Congress，Prague，Czech Republic，September 27‑October 1，2010 [C].

[49]　FUJITA T，JOUDOI D，OHASHI K. Status of studies on large structure assembly of space solar power systems（SSPS）. The 16th SPS Symposium，Shizuoka，Japan，October 3‑4，2013 [C].

[50]　FUJITA T，MORI M，HISADA Y，et al. Test of wireless transmitting energy on the groundin JAXA. 57th International Astronautical Congress，Valencia，Spain，October 2‑6，2006 [C].

[51]　FUJITA T，SASAKI S，JOUDOI D. Overview of studies on large structure for space solar power systems（SSPS）. 61st International Astronautical Congress，Prague，Czech Republic，September 27‑October 1，2010 [C].

[52]　FUJITA T，SASAKI S. Overview of studies on large structure for space solar power systems（SSPS）. 60th International Astronautical Congress，Daejeon，Republic of Korea，October 12‑16，2009 [C].

[53]　FUKUDA N，ANMA K，NIMURA K. Concept study on space solar power system. 62nd International Astronautical Congress，Cape Town，South Africa，October 3‑7，2011 [C].

[54]　GARRETSON P A. Sky'sno limit：space‑based solar power，the next major step in the indo‑US strategic partnership [R]. New Delhi：Institute for Defence Studies and Analyses，August 2010.

[55]　GHOLDSTON E W，LOVELY R G，DOCKRILL E. The design and operation of the space station electric power system. Space Programs and Technologies Conference，Huntsville，AL，September 21‑23，1993 [C].

[56]　GHOLDSTON E，HARTUNG J，FRIEFELD J. Current status，architecture，and future technologies for the international space station electric power system [J]. Aerospace and Electronic Systems Magazine，1996，22‑30.

[57]　GLAESE J R，MCDONALD E J. Space solar power multi‑body dynamics and controls，concepts for the integrated symmetrical concentrator configuration final report，NAS8‑00151 [R]. System Inc.，Huntsville Alabama，December 29，2000.

[58]　GLASER P E，DAVIDSON F P，CSIGI K. Solar power satellites：a space energy system for Earth [M]. Chichester：Praxis Publishing Ltd，1996.

[59]　GLASER P E. Power from the Sun：Its future [J]. Science，1968，162：867‑886.

[60]　GLASER P E. The power relay satellite. 44th Congress of the International Astronautical Federation，Graz，Austria，October 16‑22，1993 [C].

[61]　GÖKALP I，CALABRO M，HOLLANDERS H，et al. Space solar energy—a challenge for the european（and international）community. 53rd International Astronautical Congress，Houston，USA，October 10‑19，2002 [C].

[62]　GOTO D，JOUDOI D，MAKINO K，et al. SSPS demonstration mission concepts on "KIBO" ‑

EF, Japanese experiment module exposed facility. 65th International Astronautical Congress, Toronto, Canada, September 29 – October 3 2014 [C].

[63] GOUBAU G, SCHWERING F. On the guided propagation of electromagnetic wave beams [J]. IEEE Transactions on Antennas and Propagation, 1961, 9 (2): 248 – 256.

[64] GRUNDMANNA J T, SPIETZ P, SEEFELDT P, et al. GOSSAMER deployment systems for flexible photovoltaics. 67th International Astronautical Congress, Guadalajara, Mexico, September 26 – 30, 2016 [C].

[65] HASHIMOTO K. Frequency allocations of solar power satellite and international activities. 2011 IEEE IMWS – IWPT Proceedings, 2011 [C].

[66] HATSUDA T, UENO K, INOUE M. Solar power satellite interference assessment [J]. IEEE Microwave magazine, 2002, (12): 65 – 70.

[67] HENDRIKS C, GEURDER N, VIEBAHN P, et al. Executive summary: solar power from space – european strategy in the light of sustainable development, ESA EEP03020, GSP (17615/03/NL/ EC) [R]. European Space Agency, November 2004.

[68] HERMAN D A, SANTIAGO W, KAMHAWI H. The ion propulsion system for the solar electric propulsion technology demonstration mission. Joint Conference of 30th ISTS, 34th IEPC and 6th NSAT, Kobe – Hyogo, Japan, July 4 – 10, 2015 [C].

[69] HERRON B G, CREED D E, OPJORDEN R W, et al. High voltage solar array configuration study, NASA CR – 72724 [R]. Hughes Aircraft Company, 1970.

[70] MATSUMOTO H. Outline of the SSPS committee activities [R]. IEICE, 2002, (7): 5 – 12.

[71] HOFFERT M I, CALDEIRA K, BENFORD G, et al. Advanced technology paths to global climate stability: energy for a greenhouse planet [J]. Science, 2002, 298: 981 – 987.

[72] HOFFMAN D J, KERSLAKE THOMAS W, HOJNICKI J S, et al. Concept design of high power solar electric propulsion vehicles for human exploration. 62nd International Astronautical Congress, Cape Town, South Africa, October 3 – 7, 2011 [C].

[73] HOMMA Y, SASAKI T, NAMURA K, et al. New phased array and rectenna array systems for microwave power transmission research. IMWS – IWPT 2011 Proceedings, 2011 [C].

[74] HOSODA S, OKUMURA T, KIM J, et al. Development of high voltage solar array for large space platforms. 56th International Astronautical Congress, Fuduoka, Japan, October 16 – 21, 2005 [C].

[75] HOU X B, LIU Z L, DONG S W, et al. High power electric generation and WPT demonstration in space for SPS. 69th International Astronautical Congress, Bremen, Germany, October 1 – 5, 2018 [C].

[76] HOU X B, WANG L, GAO J. Analysis and comparison of various SPS concepts. 62nd International Astronautical Congress, Cape Town, South Africa, October 3 – 7, 2011 [C].

[77] HOU X B, WANG L, Li M. Space station——the strategic opportunity for the development of SPS in China. 63rd International Astronautical Congress, Naples, Italy, October 1 – 5, 2012 [C].

[78] HOU X B, WANG L, LIU Z L, et al. High power electric power generation, transmission and management of MR - SPS. 68th International Astronautical Congress, Adelaide, Australia, September 25 - 29, 2017 [C].

[79] HOWELL J T, MANKINS J C. Preliminary results from NASA's space solar power exploratory research and technology program. The 51st International Astronautical Congress, Rio de Janeiro, Brazil, October 2 - 6, 2000 [C].

[80] HOWELL J T, O'NEILL M J, MANKINS J C. High - voltage array ground test for direct - drive solar electric propulsion. 56th International Astronautical Congress, Fuduoka, Japan, October 16 - 21, 2005 [C].

[81] HSIEH L H, STRASSNER B H, KOKEL S J, et al. Development of a retrodirective wireless microwave power transmission system. IEEE International Symposium on Antennas and Propagation, Columbus, OH, United States, 2003 [C].

[82] HSIEH L H. Development of a retrodirective wireless microwave power transmission system. IEEE International Symposium on Antennas and Propagation, Columbus, OH, 2003 [C].

[83] HUANG J, CHU X M, FAN J Y, et al. A novel concentrator with zero - index metamaterial for space solar power station [J]. Advances in Space Research, 2017, 59: 1460 - 1472.

[84] ICNIRP. Guidelines for limiting exposure to time - varying electric, magnetic, and electromagnetic fields (up to 300 GHz) [J]. Health Physics, 1998, 74: 494 - 522.

[85] IEEE International Committee on Electromagnetic Safety. IEEE Std C95. 1 - 2005 IEEE Standard for Safety Levels with Respect to Human Exposure to Radio Frequency Electromagnetic Fields, 3 kHz to 300 GHz [S]. 2006.

[86] In - space transportation for GEO space solar power satellites final report, NAS8 - 98244 [R]. Boeing Reusable Space Systems, December 22, 1999.

[87] Inter - Agency Space Debris Coordination Committee. IADC Space debris mitigation guideline, IADC - 02 - 01 [R]. IADC, April. 4, 2002.

[88] Inter - Agency Space Debris Coordination Committee. IADC Space debris mitigation guidelines, revision 1, IADC - 02 - 01 [R]. IADC, September 2007.

[89] Inter - Agency Space Debris Coordination Committee. Support to the IADC Space Debris Mitigation Guidelines Revision 5. 5, IADC - 04 - 06 [R]. IADC, May 2014.

[90] International Communication Union. Applications of wireless power transmission via radio frequency beam, ITU - R SM. 2392 - 0 [R]. ITU, August 2016.

[91] ISHII H, HAHN S E, OZAKI T. Power beaming technology demonstration satellite for Solarbird space solar power system [C]. 21st International Communications Satellite Systems Conference, AIAA 2003 - 2359, 2003.

[92] JAFFE P I. A sunlight to microwave power transmission module prototype for space solar power [D]. Baltimore: University of Maryland, 2013.

[93] JAFFE P, BAR - COHEN A, DUNCAN K, et al. Concepts for near - term provision of power via

space solar to remote areas. 68th International Astronautical Congress, Adelaide, Australia, September 25 – 29, 2017 [C].

[94] JAFFE P, GARRETSON P, BAR – COHEN A, et al. Space solar at the 2016 defense, diplomacy, and development technology innovation pitch challenge. 67th International Astronautical Congress, Guadalajara, Mexico, September 26 – 30, 2016 [C].

[95] JAFFE P, HODKIN J, HARRINGTON F, et al. Sandwich module prototype progress for space solar power [J]. Acta Astronautica, 2014, 94: 662 – 671.

[96] JAFFE P, MCSPADDEN J. Energy conversion and transmission modules for space solar power [J]. Proceedings of the IEEE. 2013, 101 (6): 1424 – 1437.

[97] JAFFE P. Optimization of sandwich conversion modules for space solar power. 65th International Astronautical Congress, Toronto, Canada, September 29 – October 3 2014 [C].

[98] JAFFE P. Space solar power sandwich module testing and performance characterization. 64th International Astronautical Congress, Beijing, China, September 23 – 27, 2013 [C].

[99] James E. Rogers, Gary T. Spirnak. Space – based power system. US Patent No. US 6936760B2, August 30, 2005.

[100] JOHNSON LES, CARR J, BOYD D. Lightweight integrated solar array and antenna (LISA – T). 68th International Astronautical Congress, Adelaide, Australia, September 25 – 29, 2017 [C].

[101] JOHNSON W N, AKINS K, ARMSTRONG J, et al. Space – based solar power: possible defense applications and opportunities for NRL contributions, NRL/FR/7650 — 09 – 10 [R]. Washington, D. C.: Naval Research Laboratory, October 23, 2009.

[102] JOUDOI D, FUJITA T, KOBAYASHI Y, et al. Studies on assembly technology of deployable truss structure for space solar power systems. 65th International Astronautical Congress, Toronto, Canada, September 29 – October 3 2014 [C].

[103] JOUDOI D, FUJITA T, SASAKI S. Overview of studies on large structure for space solar power systems (SSPS). 63rd International Astronautical Congress, Naples, Italy, October 1 – 5, 2012 [C].

[104] JOUDOI D, KURATOMI T. The construction method of a 30 – m – class large planar antenna for space solar power systems. 69th International Astronautical Congress, Bremen, Germany, October 1 – 5, 2018 [C].

[105] KAMHAWI H, MANZELLA D H, SMITH T D, et al. High – power hall propulsion development at NASA Glenn research center. 63rd International Astronautical Congress, Naples, Italy, October 1 – 5, 2012 [C].

[106] KATANO S, SAITO E, TANAKA K. Direction finding and power transmission experiment using C – band microwaves toward SPS. 66th International Astronautical Congress, Jerusalem, Israel, October 12 – 16, 2015 [C].

[107] KAWASAKI H, MITANI T, SHINOHARA N, et al. Thermal control of transmitter for space satellite and solar power satellite/station. 55th International Astronautical Congress, Vancouver,

Canada, October 4 - 8, 2004 [C].

[108] KAYA N, IWASHITA M, LITTLE F, et al. Microwave Power beaming test in Hawaii. 60th International Astronautical Congress, Daejeon, Republic of Korea, October 12 - 16, 2009 [C].

[109] KAYA N, IWASHITA M, Nakasuka S, et al. Orbiter experiment for the construction of the solar power satellite. 58th International Astronautical Congress, Hyderabad, India, September 24 - 28, 2007 [C].

[110] KAYA N, IWASHITA M, NAKASUKA S, et al. Scrawling Robots on Large Web in Rocket Experiment on Furoshiki Deployment. 55th International Astronautical Congress, Vancouver, Canada, October 4 - 8, 2004 [C].

[111] KAYA N, IWASHITA M, TANAKA K, et al. Rocket experiment on microwave power transmission with Furoshiki deployment. Proceedings of the 57th International Astronautical Congress, Valencia, Spain, 3 - 7th, October 2006 [C].

[112] KAYA N, IWASHITA M, TANAKA K, et al. Rocket experiment on microwave power transmission with Furoshiki deployment. 57th International Astronautical Congress, Valencia, Spain, October 2 - 6, 2006 [C].

[113] KAYA N, KOJIMA H, MATSUMOTO H, HINADA M, et al. ISY - METS rocket experiment for microwave energy transmission [J]. Acta Astronautica, 1994, 34: 43 - 46.

[114] KAYA N. Report of UNISPACE III conference. The 2th SPS Symposium, Kyoto, Japan, November, 1999 [C].

[115] KENNEDY B, AGAZARIAN H, CHENG Y, et al. LEMUR: legged excursion mechanical utility rover [J]. Autonomous Robots. 2001, 11: 201 - 205.

[116] KITAMURA S, AOKI H, OKAWA Y, et al. Study of space transportation for space solar power systems [J]. Acta Astronautica, 2007, 60: 1 - 6.

[117] KLINKRAD H. ESA space debris mitigation handbook, second edition [R]. ESA, March 3, 2003.

[118] KOKEL S J. Retrodirective phase - lock loop controlled phased array antenna for a solar power satellite system [D]. College Station: Texas A&M University, 2004.

[119] LANDIS G A. Reinventing the solar power satellite, NASA/TM - 2004 - 212743 [R]. NASA Glenn Research Center, Cleveland, Ohio, February 2004.

[120] LARSEN P B. Current legal issues pertaining to space solar power systems [J]. Space Policy, 2000, 16: 139 - 144.

[121] LI G X. The Chinese view concerning power from space - prospects for the 21st century. 47th International Astronautical Congress, Beijing, China, October 7 - 11, 1996 [C].

[122] LI M, HOU X B, WANG L. Proposal on a SPS WPT demonstration experiment satellite. 65th International Astronautical Congress, Toronto, Canada, September 29 - October 3, 2014 [C].

[123] LI S P. International legal issues on developing space - based solar power. 66th International Astronautical Congress, Jerusalem, Israel, October 12 - 16, 2015 [C].

[124] LI X, DUAN B Y, SONG L W, et al. A new concept of space solar power satellite [J]. Acta

Astronautica，2017，136，182 – 189.

[125] LIN J C. Space solar – power stations，wireless power transmissions，and biological implications [J]. IEEE Microwave Magazine 2002，(3)：36 – 42.

[126] LIU H T，HOU X B，WANG L，et al. The experimental proposal of the microwave power transmission from the Chinese manned space station. 64th International Astronautical Congress，Beijing，China，September 23 – 27，2013 [C].

[127] LYNCH T H. SSP power management and distribution. 2000 Power System Conference，July，2000 [C].

[128] MACAULEYA M K，DAVIS J F. An economic assessment of space solar power as a source of electricity for space – based activities [J] . Space Policy，2002，18：45 – 55.

[129] MANKINS J C. Space solar power：a major new energy option [J] . Journal of Aerospace Engineering，2001，14 (2)：38 – 45.

[130] MANKINS J C，HOWELL J T. Overview of the space solar power exploratory research and technology program. 35th Intersociety Energy Conversion Engineering Conference，Las Vegas，Nevada，July 24 – 28，2000 [C].

[131] MANKINS J C，KAYA N. Space solar power：The first international assessment of space solar power：opportunities，issues and potential pathways forward [M] . Paris：International Academy of Astronautics，2011.

[132] MANKINS J C. A fresh look at space solar power：new architectures，concepts and technologies [J] . Acta Astronautica 1997，41：347 – 359.

[133] MANKINS J C. A technical overview of the SUN TOWER solar power satellite concept [J]. ActaAstronautica，2002，50：369 – 377.

[134] MANKINS J C. Fifty years of space solar power. 69th International Astronautical Congress，Bremen，Germany，October 1 – 5，2018 [C].

[135] MANKINS J C. Implications of advances in hyper – modular space solar power architectures for terrestrial energy and the development & settlement of space. 68th International Astronautical Congress，Adelaide，Australia，September 25 – 29，2017 [C].

[136] MANKINS J C. New developments in space solar power. 67th International Astronautical Congress，Guadalajara，Mexico，September 26 – 30，2016 [C].

[137] MANKINS J C. New directions for space solar power [J] . Acta Astronautica，2009，65：146 – 156.

[138] MANKINS J C. Space solar power systems—an overview perspective. 2006 Naval S&T Partnership Conference，Washington，D. C. ，USA，July 31 – August 3，2006 [C].

[139] MANKINS J C. Space solar power：an assessment of challenges and progress [J] . Journal of Aerospace Engineering，2001，14 (2)：46 – 51.

[140] MANKINS J C. SPS – ALPHA：the first practical solar power satellite via arbitrarily large phased array final report [R] . NASA NIAC，September 15，2012.

[141] MANKINS J C. The case for space solar power [M] . Houston：Virginia Edition Publishing，2014.

[142] MANKINS J C. The strategic importance of space solar power in future exploration programs. 5th International Energy Conversion Engineering Conference, St. Louis, Missouri, June 25 - 27, 2007 [C].

[143] MANZELLA D, HACK K. High - power solar electric propulsion for future NASA missions. 50th AIAA/ASME/SAE/ASEE Joint Propulsion Conference, Cleveland, OH, July 28 - 30, 2014 [C].

[144] MARIO R. Space solar power generation and the Pacific Islands, SOPAC Miscellaneous Report 418 [R]. Suva, Fiji Islands: South Pacific Applied Geoscience Commission, March 2001.

[145] MARZWELL N I. An Economic Analysis of space solar power and its cost competitiveness as a supplemental source of energy for space and ground markets. 53rd International Astronautical Congress, Houston, USA, October 10 - 19, 2002 [C].

[146] MASAHIRO M, HIROYUKI N, YUKA S, et al. Summary of studies on space solar power systems of the national space development agency of Japan [J]. Acta Astronautica, 2004, 54 (5): 337 - 345.

[147] MASON L S. A solar dynamic power option for space solar power, NASA/TM - 1999 - 209380 [R]. NASA Glenn Research Center, Cleveland, Ohio, July 1999.

[148] MATSUMOTO H, KAYA N, FUJITA M. MILAX airplane experiment and model airplane (in Japanese). Proceedings of 11th ISAS Space Energy Symposium, 1993 [C].

[149] MATSUMOTO H. Research on solar power satellites and microwave power transmissionin Japan [J]. IEEE Microwave Magazine, 2002, (3), 36 - 45.

[150] MATSUOKA H. Global environmental issues and space solar power generation: promoting the SPS 2000 project in Japan [J]. Technology in Society, 1999, 21: 1 - 17.

[151] MATSUOKA H. Space development, SPS 2000, and economic growth: the need for macro - engineering diplomacy [J]. Technology in Society, 2001, 23: 535 - 550.

[152] MCSPADDEN J O, MANKINS J C. Space solar power programs and microwave wireless power transmission technology [J]. IEEE Microwave magazine, 2002, (12): 46 - 57.

[153] MENG X L, XIA X L, SUN C, et al. Adjustment, error analysis and modular strategy for space solar powerstation [J]. Energy Conversion and Management, 2014, 85: 292 - 301.

[154] MENG X L, XIA X L, SUN C, et al. Optimal design of symmetrical two - stage flat reflected concentrator [J]. Solar Energy, 2013, 93: 334 - 344.

[155] MERCER C R, KERSLAKE T W, SCHEIDEGGER R J, et al. Solar electric propulsion technology development for electric propulsion. Space Power Workshop, Huntington Beach, USA, May 11 - 14, 2015 [C].

[156] MIHARA S, MAEKAWA K, NAKAMURA S, et al. The current status of microwave power transmission for SSPS and industry application. 68th International Astronautical Congress, Adelaide, Australia, September 25 - 29, 2017 [C].

[157] MIHARA S, MAEKAWA K, NAKAMURA S, et al. The road map toward the SSPS realization and application of its technology. 69th International Astronautical Congress, Bremen, Germany,

October 1 - 5，2018 [C].

[158] MIHARA S，SAITO T，FUSE Y，et al. Microwave wireless power transmission demonstration on ground for SSPS. 62nd International Astronautical Congress，Cape Town，South Africa，October 3 - 7，2011 [C].

[159] MIHARA S，SAITO T，KOBAYASHI Y，et al. Activities results of experiments for space solar power systems at USEF. 57th International Astronautical Congress，Valencia，Spain，October 2 - 6，2006 [C].

[160] MIHARA S，SAITO T，KOBAYASHI Y，et al. Consideration of next logical step for wireless power transmission of SSPS based on activities at USEF. 60th International Astronautical Congress，Daejeon，Republic of Korea，October 12 - 16，2009 [C].

[161] MIHARA S，SAITO T，KOBAYASHI Y，et al. Overview of activities for space solar power systems in USEF. 56th International Astronautical Congress，Fuduoka，Japan，October 16 - 21，2005 [C].

[162] MIHARA S，SATO M，NAKAMURA S，et al. The current status of microwave power transmission for SSPS. 67th International Astronautical Congress，Guadalajara，Mexico，September 26 - 30，2016 [C].

[163] MIHARA S，SATO M，NAKAMURA S，et al. The Result of ground experiment of microwave wireless power transmission. 66th International Astronautical Congress，Jerusalem，Israel，October 12 - 16，2015 [C].

[164] MIYAKAWA T，JOUDOI D，YAJIMA M，et al. Preliminary experimental results of beam steering control subsystem for solar power satellite. 63rd International Astronautical Congress，Naples，Italy，October 1 - 5，2012 [C].

[165] MIYAKAWA T，YAJIMA M，SASAKI S，et al. Development of beam steering control subsystem for microwave power transmission ground experiment. 62nd International Astronautical Congress，Cape Town，South Africa，October 3 - 7，2011 [C].

[166] MIYAMOTO R Y，ITOH T. Retrodirective arrays for wireless communications [J] . IEEE Microwave Magazine，2002，(3)：71 - 79.

[167] MORI M，KAGAWA H，SAITO Y. Summary of studies on space solar power systems of Japan aerospace exploration agency (JAXA) [J] . Acta Astronautica，2006，59：132 - 138.

[168] NAKAMURA R，ARIKAWA Y，ITAHASHI T. Active typhoon control with space solar power technology. 63rd International Astronautical Congress，Naples，Italy，October 1 - 5，2012 [C].

[169] NAKAMURA S，MAEKAWA K，SASAKI K，et al. SSPS activities at Japan space systems（in Japanese）. The Second SSPS Symposium，Tokyo，Japan，December 19 - 20，2016 [C].

[170] NAKANO M. Estimation of transportation cost of space solar power satellite using high power electric propulsion（in Japanese）. The First SSPS Symposium，Tokyo，Japan，December 15 - 16，2015 [C].

[171] NAKASUKA S，FUNANE T，NAKAMURA Y，et al. Sounding rocket flight experiment for

demonstrating Furoshiki satellite for large phased array antenna. 56th International Astronautical Congress，Fuduoka，Japan，October 16 - 21，2005 [C].

[172] NAKASUKA S，SAHARA H，NAKAMURA Y，et al. Sounding rocket experiment results of large net extension in space to be applied to future large phased array antenna. 57th International Astronautical Congress，Valencia，Spain，October 2 - 6，2006 [C].

[173] NAOKI S，SHIGEO K. Recent wireless power transmission technologies in Japan for space solar power station/satellite. Proceedings of the 4th International Conference on Radio and Wireless Symposium，2009 [C].

[174] NARITA T，KAMIYA T，SUZUKI K，et al. The development of space solar power system technologies [J]. Mitsubishi Heavy Industries Technical Review，2011，48（4）：17 - 22.

[175] NARITA T，KIMURA T，FUKUDA N，et al. Study on high accuracy phase control method for space solar power system. 61st International Astronautical Congress，Prague，Czech Republic，September 27 - October 1，2010 [C].

[176] National Radiological Protection Board. Advice on limiting exposure to electromagnetic fields（0 - 300 GHz）[R]. 2004，15（2）.

[177] National Research Council. Laying the foundation for space solar power：an assessment of NASA's space solar power [M]. Washington，D. C. ：National Academy Press，2001.

[178] National Security Space Office. Space - based solar power as an opportunity for strategic security [R]. DOD，October 10，2007.

[179] NRC Committee on Satellite Power Systems. Electricpower from orbit：a critique of a satellite power system [M]. Washington，D. C. ：National Academy Press，1981.

[180] O'NEIL M，HOWELL J，LOLLAR L，et al. Stretched lens array squarerigger（SLASR）：a unique high - power solar array for exploration missions. 56th International Astronautical Congress，Fuduoka，Japan，October 16 - 21，2005 [C].

[181] ODA M，MORI M. Conceptual design of microwave - based SPS andLaser - based SPS. 55th International Astronautical Congress，Vancouver，Canada，October 4 - 8，2004 [C].

[182] ODA M，MORI M. Stepwise Development of SSPS：JAXA's current study status of the 1GW class operational SSPS and its precursor. 54th International Astronautical Congress，Bremen，Germany，September 29 - October 3，2003 [C].

[183] ODA M，MORI M. Study of lunar orbiting space solar power satellite. 56th International Astronautical Congress，Fuduoka，Japan，October 16 - 21，2005 [C].

[184] ODA M. Solar power satellite - autonomous assembly of ultra - large space facility. Workshop on On - Orbit Servicing of Space Infrastructure Elements Via Automation & Robotics Technologies，Vanconver，Canada，October 1 - 2，2004 [C].

[185] OLDS J R. Launch vehicle assessment for space solar power final report，NAG8 - 1547 [R]. Georgia Institute of Technology，Atlanta Georgia，December 16，1998.

[186] OSEPCHUK J M. How safe are microwaves and solar power from space [J] . IEEE Microwave

magazine，2002，(12)：58 - 64.

[187] OSEPCHUK J M. Microwave policy issues for solar space power [J] . Space Policy，2000，16：111 - 115.

[188] PIGNOLET G，CELESTE A，DECKARD M，et al. Space solar power：environmental questions and future studies [J] . Journal of Aerospace Engineering，2001，14 (2)：72 - 76.

[189] PON C. Retrodirective Array using the heterodyne technique [J] . IEEE Transactions on Antennas and Propagation，1964，12：176 - 180.

[190] POPOVIC Z，BECKETT D R，ANDERSON S R. Lunar wireless power transfer feasibility study，DOE/NV/25946 - 488 [R] . University of Colorado，Boulder，March 2008.

[191] Possible effects of electromagnetic fields (EMF) on human health. European Commission Scientific Committee on Emerging and Newly Identified Health Risks (SCENIHR)，March 2007.

[192] POTTER S，WOLLENBERG H，HENLEY M，et al. Science mission opportunities using space solar power technology. 50th International Astronautical Congress，Amsterdam，Netherland，October 4 - 8，1999 [C].

[193] POTTER S D，WILLENBERG H J，HENLEY M W，et al. Architecture options for space solar power [R] . The Boeing Company，1999.

[194] POWELL J，PANIAGUA J，MAISE G. Superconducting power transmission and distribution system for space solar power satellite. 51st International Astronautical Congress，Rio de Janeiro，Brazil，October 2 - 6 2000 [C].

[195] Radiation protection standard：maximum exposure levels to radio frequency fields —3 kHz to 300 GHz. Australian Radiation Protection and Nuclear Safety Agency，May 2002.

[196] RAIKUNOV G G，MEL'NIKOV V M，CHEBOTAREV A S，et al. Orbital solar power stations as a promising way for solving energy and environmental problems [J] . Thermal Engineering，2011，58 (11)：917 - 923.

[197] RAPP D. Solar power beamed from space [J] . The International Journal of Space Politics & Policy，2007，5：63 - 86.

[198] REED K，WILLENBERG H J. Early commercial demonstration of space solar power using ultra - lightweight arrays [J] . Acta Astronautica，2009，65：1250 - 1260.

[199] ROBINSON T R，YEOMAN T K，DHILLON R S. Environmental impacts of high power density microwave beams on different atmospheric layers，GSP (18156/04/NL/MV) [R] . University of Leicester，UK. September 2004.

[200] RODENBECK C T，KOKEL S，CHANG K，et al. Microwave wireless power transmission with retrodirective beam steering. 2nd International Energy Conversion Engineering Conference，Providence，Rhode Island，US，August 16 - 19，2004 [C].

[201] ROTHSCHILD W J，TALAY T A. A heavy lift launcher enabling prototype space based solar power systems. AIAA SPACE 2009 Conference，Pasadena，California，September 14 - 17，2009 [C].

[202] ROTHSCHILD W J, TALAY T A. Space based solar power prototypes enabled by a heavy lift launcher. 45th AIAA/ASME/SAE/ASEE Joint Propulsion Conference, Denver, Colorado, August 2 - 5, 2009 [C].

[203] RUBENCHIK A M, PARKER J M, BEACH R J R, et al. Solar power beaming: from space to Earth, LLNL - TR - 412782 [R] . Lawrence Livermore National Laboratory, April 2009.

[204] SADAKANE Y, MASUI H, TOYODA K, et al. Research on repetition electrical discharge on high voltage cable for SSPS. The 12th SPS Symposium, Kyoto, Japan, November 13 - 14, 2009 [C].

[205] SAITO T, KOBAYASHI Y, KANAI H. Concept study of space solar power systems in USEF. 55th International Astronautical Congress, Vancouver, Canada, October 4 - 8, 2004 [C].

[206] SAITO T, MIHARA S, KOBAYASHI Y, et al. Concept study and experiments for space solar power system at USEF. 58th International Astronautical Congress, Hyderabad, India, September 24 - 28, 2007 [C].

[207] SAITO T, MIHARA S, KOBAYASHI Y, et al. Status of SSPS study at USEF. The 11th SPS Symposium, Tokyo, Japan, September 17 - 18, 2008 [C].

[208] SAITO Y, FUJITA T, MORI M. Summary of studies on space solar power systems of Japan aerospace exploration agency (JAXA) .57th International Astronautical Congress, Valencia, Spain, October 2 - 6, 2006 [C].

[209] SANDERS J, HAWK C W. Space solar power exploratory research and technology (SERT) technical interchange meeting 2 [R] . The University of Alabama in Huntsville, March17, 2000.

[210] SANDERS J, HAWK C W. Space solar power technical interchange meeting 2 executive summary [R] . The University of Alabama in Huntsville, December 22, 1998.

[211] SASAKI S, TANAKA K, HIGUCHI K, et al. A new concept of solar power satellite: tethered - SPS [J] . Acta Astronautica, 2006, 60: 153 - 165.

[212] SASAKI S, TANAKA K, HIGUCHI K, et al. Construction scenario for tethered solar power satellite. 57th International Astronautical Congress, Valencia, Spain, October 2 - 6, 2006 [C].

[213] SASAKI S, TANAKA K, HIGUCHI K, et al. Feasibility study of tethered solar power satellite. 56th International Astronautical Congress, Fuduoka, Japan, October 16 - 21, 2005 [C].

[214] SASAKI S, TANAKA K, HIGUCHI K, et al. Study of construction and deployment for a tethered flattype SPS. 55th International Astronautical Congress, Vancouver, Canada, October 4 - 8, 2004 [C].

[215] SASAKI S, TANAKA K, HIGUCHI K. Feasibility study of multi - bus tethered - SPS. 59th International Astronautical Congress, Glasgow, UK, September 29 - October 3, 2008 [C].

[216] SASAKI S, TANAKA K, MAKI K. Updated technology road map for solar energy from space. 62nd International Astronautical Congress, Cape Town, South Africa, 3 - 7th, October 2011 [C].

[217] SASAKI S, TANAKA K, MAKI K. Microwave power transmission technologies for solar power satellites [J] . Proceedings of the IEEE, 2013, 101 (6): 1438 - 1447.

[218] SASAKI S, TANAKA K, MAKI K. Technology development status fou space solar power systems. 63rd International Astronautical Congress, Naples, Italy, October 1 - 5, 2012 [C].

[219] SASAKI S, TANAKA K. SSPS technologies demonstration in space. 61st International Astronautical Congress, Prague, Czech Republic, September 27 - October 1, 2010 [C].

[220] SASAKI S, TANAKA K. Wireless power transmission technologies for solar power satellite. IMWS - IWPT 2011 Proceedings, 2011 [C].

[221] SASAKI S. It's Always Sunny in Space—Japan's plan for solar panels in orbit could help solve Earth's energy problems [J]. North American, 2014, (5): 46 - 51.

[222] SASAKI S. Looking back on the 17 - year history of space solar power research society (SSPRS). The 17th SPS Symposium, Tokyo, Japan, October 21 - 22, 2014 [C].

[223] SASAKI S. SPS research led by Prof. Makoto Nagatomo. The 10th SPS Symposium, Tokyo, Japan, August 2 - 3, 2007 [C].

[224] SASAKI S. SSPS development roadmap. 60th International Astronautical Congress, Daejeon, Republic of Korea, October 12 - 16, 2009 [C].

[225] Satellite power system concept development and evaluation program, NASA - TM - 58232 [R]. Lyndon B. Johnson Space Center, Huston Texas, 1980.

[226] SATO D, YAMADA N, TANAKA K. Thermal design of photovoltaic/microwave conversion hybrid panel for space solar power system [J]. IEEE Journal of Photovoltaics, 2017, 7 (1): 374 - 382.

[227] SCHLESAK J, ALDEN A, OHNO T. SHARP rectenna and low altitude flight trials. Proceeding IEEE Global Telecommunication, Conference, New Orleans, LA, USA, December 2 - 5, 1985 [C].

[228] SCHMIDT G, JACOBSON D, PATTERSON M. Electric propulsion research and development at NASA. 69th International Astronautical Congress, Bremen, Germany, October 1 - 5, 2018 [C].

[229] SEBOLDT W, KLIMKE M, LEIPOLD M, et al. European sail tower SPS concept [J]. Acta Astronautica, 2001, 48: 785 - 792.

[230] SEBOLDT W. Space and Earth - based solar power for the growing energy needs of future generations [J]. Acta Astronautica, 2004, 55: 389 - 399.

[231] SEBOLDT W, REICHERT M, HANOWSKI N, et al. A review of the long - term options for space exploration and utilization, ESA bulletin 101 [R]. ESA, February 2000.

[232] SHINOHARA N, MATSUMOTO H, HASHIMOTO K. Phase - controlled magnetron development for SPORTS: space power radio transmission system [J]. Radio Science Bulletin, 2004, 310: 29 - 35.

[233] SHINOHARA N. Beam control technologies with a high - efficiency phased array for microwave power transmission in Japan [J]. Proceedings of the IEEE, 2013, 101 (6): 1448 - 1463.

[234] Solar Power Satellites [M]. Washington, D. C: OTA Publishing, 1981.

[235] SOTO L T, SUMMERER L. Power to survive the lunar night: an SPS application. 59th International Astronautical Congress, Glasgow, UK, September 29 - October 3, 2008 [C].

[236] Space solar power program final report [R] . Kitakyushu, Japan: International Space University, August 1992.

[237] Space - based solar power in exhaustible energy from orbit [J] . Ad Astra, Spring 2008.

[235] SPRINGGATE W F. High voltage solar array study, NASA CR - 72674 [R] . The Boeing Company, 1970.

[239] SPROEWITZ T, GRUNDMANN J T, HAACK F, et al. GoSolAr - a gossamer solar array concept for high power spacecraft applications using flexible thin film photovoltaics. 69th International Astronautical Congress, Bremen, Germany, October 1 - 5, 2018 [C].

[240] Standard for safety levels with respect to human exposure to radio frequency electromagnetic fields 3kHz to 300GHz. IEEE C95. 1 - 2005.

[241] STRASSNER B, CHANG K. Microwave power transmission: historical milestones and system components [J] . Proceedings of the IEEE, 2013, 101 (6): 1379 - 1396.

[242] STRAUB J. Does the use of space solar power for in - space activities really make sense an updated economic assessment [J] . Space Policy, 2015, 31: 21 - 26.

[243] SUMMERER L, ONGARO F, VASILE M, et al. Prospects for space power work in Europe [J]. Acta Astronautica, 2003, 53: 571 - 575.

[244] SUMMERER L, PURCELL O, VASILE M, et al. Making the first steps towards solar power from space microgravity experiments testing the deployment of large antennas. 60th International Astronautical Congress, Daejeon, Republic of Korea, October 12 - 16, 2009 [C].

[245] SUMMERER L. Solar power from space european strategy in the light of sustainable development programme plan, GS 03. L36 [R] . ESA, July 2003.

[246] SUMMERER L. solar power satellites—European approach. Proceedings Japanese Solar Power Conference, Kobe, Japan, 2003 [C].

[247] SUMMERER L. Solar power satellites—European approach [R] . ESA, 2004.

[248] SUN X, PANIER E, ZÜND C, GÓMEZ R G. Financial and organizational analysis for a space solar power system—a business plan to make space solar power a reality [D] . Toulouse: Toulouse Business School, 2009.

[249] SUZUKI H, FUJITA T, KISARA K, et al. Technology demonstration and elemental technology development of laser based space solar power system. 60th International Astronautical Congress, Daejeon, Republic of Korea, October 12 - 16, 2009 [C].

[250] SUZUKI H, FUJITA T, MORI M. Technology demonstration and elemental technology development of space solar power systems (SSPS) . 59th International Astronautical Congress, Glasgow, UK, September 29 - October 3, 2008 [C].

[251] SYSOEV K V, PICHKHADZE M K, FELDMAN I L. Concept development for a space solar power station [J] . Solar System Research, 2012, 46 (7): 548 - 554.

[252] TAKAURA N, TANAKA K, SHOHEI K, et al. Development of super - lightweight large scale power generation system for solar power sail. 66th International Astronautical Congress, Jerusalem,

Israel，October 12 - 16，2015［C］.

[253] TAKEHIRO M. Development status of the beam steering control subsystem for the microwave power transmission ground experiment. IEEE MTT - S International Microwave Workshop Series on Innovative Wireless Power Transmission: Technologies, Systems, and Applications, Kyoto, Japan, May 2011［C］.

[254] TAKEICHI N, UENO H, ODA M. Feasibility study of a solar power satellite system configured by formation flying［J］. Acta Astronautica, 2005, 57: 698 - 706.

[255] TANAKA K, ABE T, MAKI K I, et al. Space demonstration experiment on interaction between high power microwave and ionospheric plasma using small scientific satellite for solar power satellite. 63rd International Astronautical Congress, Naples, Italy, October 1 - 5, 2012［C］.

[256] TANAKA K, FUJITA T, YAMAGUCHI S, et al. System consideration of solar power satellite using functional models. 2011 IEEE IMWS - IWPT Proceedings, 2011［C］.

[257] TANAKA K, KATANO S, INOUE F, et al. WPT experiments for solar power satellite. 65th International Astronautical Congress, Toronto, Canada, September 29 - October 3 2014［C］.

[258] TANAKA K, MAKI K I, SASAKI S. Development of phased - array antenna system for wireless power transmission experiment. 64th International Astronautical Congress, Beijing, China, September 23 - 27, 2013［C］.

[259] TANAKA K, SOMA E, YOKOTA R, et al. Development of thin film solar array for small solar power demonstrator "IKAROS". 61st International Astronautical Congress, Prague, Czech Republic, September 27 - October 1, 2010［C］.

[260] TANAKA K, TOYOTA H, TAJIMA M, et al. Basic experiment of plasma interaction with high voltage solar array. 45th AIAA Aerospace Sciences Meeting, Reno, Nevada, January 8 - 11, 2007［C］.

[261] TANAKA K. System study of modified tethered SPS and scenario of space demonstrations. 68th International Astronautical Congress, Adelaide, Australia, September 25 - 29, 2017［C］.

[262] The luna ring - lunar solar power generation［R］. Shimizu Corporation, 2009.

[263] TÔYAMA S, KAWASAKI H, KOTANI M. Conceptual study on heat transfer system for space solar power system. 41st Aerospace Sciences Meeting, Reno, Nevada, US, January 6 - 9, 2003［C］.

[264] Treaty on principles governing the activities of states in the exploration and use of outer space, including the Moon and other celestial bodies, 610 UNTS 205. January 27, 1967.

[265] TSENG W J, CHUNG S J, CHANG K. A planar van atta array reflector with retrodirectivity in both E - plane and H - plane［J］. IEEE Transactions on Antennas and Propagation, 2000, 48 (2): 173 - 175.

[266] United Nations Office for Outer Space Affairs. Space debris mitigation guidelines of the committee on the peaceful uses of outer space［R］. Vienna: United Nations, 2010.

[267] URSI Inter - commission Working Group on SPS. Report of the URSI inter - commission working

group on SPS ［R］. URSI，June 2007.

［268］ VAN ATTA L C. Electromagnetic reflector：US patent，2908002 ，1955.

［269］ WANG X，HOU X B，WANG L，et al. Employing phase – conjugation antenna array to beam microwave power from satellite to Earth. 2015 IEEE International Conference on Wireless for Space and Extreme Environments（WiSEE），2015 ［C］.

［270］ WANG X，RUAN B，LU M Y. Retro – directive beam forming versus retro – reflective beam forming with applications in wireless power transmission ［J］. Progress in Electromagnetics Research，2016，157：79 – 91.

［271］ WANG X，SHA S，HE J，et al. Wireless power delivery to low – power mobile devices based on retro – reflective beam forming ［J］. IEEE Antennas and Wireless Propagation Letters，2014，13：919 – 922.

［272］ WAY D W，OLDS J R. Space transfer – vehicle concept for deploying solar – power satellites ［J］. Journal of Aerospace Engineering，2001，14（2）：65 – 71.

［273］ WHITTAKER W，STARITZ P，AMBROSE R，KENNEDY B. Robotic assembly of space solar – power facilities ［J］. Journal of Aerospace Engineering，2001，59 – 64.

［274］ WIE B，ROITHMAYR C M. Integrated orbit，attitude，and structural control systems design for space solar power satellites，NASA/TM – 2001 – 210854 ［R］. Arizona State University，2001.

［275］ WOODELL M I. Power from space：The Policy Challenge ［J］. Space Policy，2000，16：93 – 97.

［276］ YAMAKAWA H，HASHIMOTO K，KAWASAKI S，et al. Airship experiment for microwave power transmission. The 11th SPS Symposium，Tokyo，Japan，September 17 – 18，2008 ［C］.

［277］ YANG C，HOU X B，WANG L. Thermal Design，Analysis and comparison on three concepts of space solar power satellite ［J］. Acta Astronautica，2017，137：382 – 402.

［278］ YANG Y，ZHANG Y Q，DUAN B Y，et al. A novel design project for space solar power station （SSPS – OMEGA）［J］. Acta Astronautica，2016，121：51 – 58.

［279］ YOSHIDA T，KANAYAMA，MUKOYAMA S，et al. Lunar solar power generation，the Lunar ring，initiative and technology. The 12th SPS Symposium，Kyoto，Japan，November 13 – 14，2009 ［C］.

［280］ ZAPATA E，OLDS J. Spaceport operations assessment for space solar power Earth to orbit transportation requirements. 50th International Astronautical Congress，Amsterdam，Netherland，October 4 – 8，1999 ［C］.

［281］ 松冈秀雄. SPS 研究会の設立. The 10th SPS symposium，Tokyo，Japan，August 2 – 3，2007 ［C］.

［282］ 中国可再生能源发展战略研究项目组. 中国可再生能源发展战略研究丛书·综合卷 ［M］. 北京：中国电力出版社，2009.

［283］ USRI SPS 国际委员会工作组. 太阳能发电卫星白皮书——URSI SPS 国际委员会工作组报告 ［M］. 侯欣宾，王立，黄卡玛，刘长军，译. 北京：中国宇航出版社，2013.

［284］ 黄本诚，童靖宇. 空间环境工程 ［M］. 北京：中国科学出版社，2010.

[285] 沈自才. 空间辐射环境工程［M］. 北京：中国宇航出版社，2013.

[286] 马海虹，李成国，董亚洲，等. 空间无线能量传输技术［M］. 北京：北京理工大学出版社，2019.

[287] 郭继峰，王平，崔乃刚. 空间在轨装配任务规划［M］. 北京：国防工业出版社，2014.

[288] 陈琦，刘治钢，张晓峰，等. 航天器电源技术［M］. 北京：北京理工大学出版社，2018.

[289] 彭成荣. 航天器总体设计［M］. 北京：中国科学技术出版社，2011.

[290] Leland Blank, Anthony Tarquin. 工程经济学（第 6 版）［M］. 胡欣悦，李从东，汤勇力，译. 北京：清华大学出版社，2010.

[291] 庄逢甘，李明，王立，等. 未来航天与新能源的战略结合——空间太阳能电站［J］. 中国航天，2008（7）：36 - 39.

[292] 王希季，闵桂荣. 发展空间太阳能电站引发新技术产业革命［J］. 能源与节能，2011（5）：1 - 2.

[293] 王希季，闵桂荣，发展空间太阳能电站引发新技术产业革命［N］. 科学时报，2010 - 12 - 7（A1）.

[294] 葛昌纯，张迎春，徐亚东，等. 空间太阳能发电系统及其关键材料［J］. 航天器环境工程，2010（1）：13 - 17.

[295] 段宝岩. 加快发展空间太阳能电站研究［N］. 中国科学报，2014 - 12 - 26（A7）.

[296] 段宝岩. 空间太阳能发电卫星的几个理论与关键技术问题［J］. 中国科学-技术科学，2018（11）：1207 - 1218.

[297] 徐建中，张世铮，陈焕倬. 空间太阳能发电［J］. 中国科学院院刊，1998（5）：340 - 343.

[298] 徐建中，张世铮，陈焕倬. 空间太阳能发电和微波与电离层相互作用［J］. 宇航学报，2000（1）：6 - 16.

[299] 李国欣，徐传继. 我国发展空间太阳能电站的必要性和相关技术基础分析［J］. 太阳能学报，1998（6）：.

[300] 朱毅麟. 空间太阳电站的发展前景评估［J］. 上海航天，2001（5）：52 - 57.

[301] 范斌，紫晓. 中国科学家提出空间太阳能电站发展技术"路线图"上［J］. 中国航天，2010（12）：20 - 23.

[302] 范斌，紫晓. 中国科学家提出空间太阳能电站发展技术"路线图"下［J］. 中国航天，2011（1）：28 - 30.

[303] 徐菁. 太空电站离我们有多远——四位院士共话空间太阳能发电技术［J］. 国际太空，2014（10）：1 - 5.

[304] 侯欣宾，王立，张兴华，等. 多旋转关节空间太阳能电站概念方案设计［J］. 宇航学报，2015（11）：1332 - 1338.

[305] 侯欣宾，王立，朱耀平，等. 国际空间太阳能电站发展现状［J］. 太阳能学报，2009（10）：1443 - 1447.

[306] 侯欣宾，王立. 不同空间太阳能电站概念的比较研究［J］. 太阳能学报，2012（S1）：63 - 69.

[307] 侯欣宾，王薪，王立，等. 空间太阳能电站反向波束控制仿真分析［J］. 宇航学报，2016（7）：887 - 894.

[308] 王立，侯欣宾．空间太阳能电站的关键技术及发展建议 [J]．航天器环境工程，2014 (4)：343－350.

[309] 杨阳，段宝岩，黄进，等．OMEGA 型空间太阳能电站聚光系统设计 [J]．中国空间科学技术，2014 (5)：18－23.

[310] 李凯，王立，秦晓刚．地球同步轨道高压太阳电池阵充放电效应研究 [J]．航天器环境工程，2008 (2)：125－128.

[311] 赵秋艳，侯欣宾．空间太阳能电站经济性分析 [J]．南京航空航天大学学报，2018 (S2)：109－115.

[312] 李寿平．国外与空间碎片有关的国际空间法热点问题研究述评 [J]．中国航天，2009 (3)：20－23.

[313] 王冀莲，夏春利．无线电频率和卫星轨道资源分配的基本规则研究一 [J]．中国航天，2013 (3)：48－49.

[314] 王冀莲，夏春利．无线电频率和卫星轨道资源分配的基本规则研究二 [J]．中国航天，2013 (4)：46－50.

[315] 王冀莲，夏春利．无线电频率和卫星轨道资源分配的基本规则研究三 [J]．中国航天，2013 (5)：48－50.

[316] 王鹏鹏，任筱强．空间太阳能电站高低压混合供电系统设计 [J]．航天器工程，2014 (6)：36－40.

[317] 夏春利．ITU 空间频率轨道资源分配与协调规则研究 [J]．北京理工大学学报（社会科学版），2011 (6)：91－96.

[318] 夏春利．作为人类共同继承财产的频谱和轨道资源 [J]．北京理工大学学报（社会科学版），2013 (3)：103－107.

[319] 徐坚，杨斌，杨猛，等．空间紫外辐照对高分子材料破坏机理研究综述 [J]．航天器环境工程，2011 (1)：25－30.

[320] 闫勇，金光．空间太阳能电站发展及研究 [J]．中国光学，2013 (6)：129－135.

[321] 杨彩霞．欧洲空间碎片减缓政策研究 [J]．国际太空，2011 (5)：54－63.

[322] 杨雪霞．微波输能技术概述与整流天线研究新进展 [J]．电波科学学报，2009 (4)：770－779.

[323] 张彪，刘长军．一种高效的 2.45GHz 二极管阵列微波整流电路 [J]．强激光与粒子束，2011 (9)：2443－2446.

[324] 崔乃刚，王平，郭继峰，等．空间在轨服务技术发展综述 [J]．宇航学报，2007 (4)：805－811.

[325] 董士伟，王颖，于洪喜．大功率微波波束在电离层传播的非线性过程 [J]．空间电子技术，2013 (3)：11－15.

[326] 郭继峰，崔乃刚，程兴．空间后勤技术发展综述 [J]．宇航学报，2009 (5)：1745－1751.

[327] 解晓芳，才满瑞．航天发射系统重型火箭研制进展 [J]．国际太空，2016 (12)：36－41.

[328] 李振宇，张建德，黄秀军．空间太阳能电站的激光无线能量传输技术研究 [J]．航天器工程，2015 (1)：31－37.

[329] 王予，赵长明，杨苏辉，等．太阳光直接抽运 1064nm 激光放大器 [J]．中国激光，2017 (3).

［330］何滔，杨苏辉，张海洋，等．高效激光无线能量传输及转换实验［J］．中国激光，2013（3）．

［331］刘宝华，孔令丰，郭兴明．国内外现行电磁辐射防护标准介绍与比较［J］．辐射防护，2008（1）：51－56．

［332］刘琨，徐彬，林乐科，卢昌胜．高功率微波能量传输特性及电波环境效应研究［J］．空间电子技术，2013（3）：6－10．

［333］孟宪龙，陈学，夏新林，等．空间对称型二次反射太阳能聚集系统能量传输特性［J］．宇航学报，2013（9）：1288－1294．

［334］任奇野，曲晶．美国SLS重型运载火箭最新进展分析［J］．国际太空，2018（5）：58－65．

［335］空间太阳能电站发展技术研讨会．空间太阳能电站发展技术研讨会论文集［C］．北京：中国空间技术研究院，2010．

［336］康庆，邢杰，李峰，等．空间太阳能电站大功率电力管理探讨［C］．电力电子与航天技术高峰论坛，深圳，2014：76－83．

［337］中国航天标准化研究所．GB/T 34513—2017空间碎片减缓要求［S］．2017．

［338］环境保护部．GB 8702－2014电磁环境控制限值［S］．2015．

［339］国家环境保护局．GB8702—1988电磁辐射防护规定［S］．1988．

［340］中国航天标准化研究所．QJ3221—2005空间碎片减缓要求［S］．2005．

［341］宇宙科学研究所．太阳能发电卫星SPS2000研究成果报告（日文）［R］．特刊第43号，2001．

［342］邓红雷．微波输电基本理论及接收整流天线的研究［D］．北京：中科院电工所，2005．

［343］程保义．空间三结砷化镓太阳能电池辐照衰减模型研究［D］．天津：南开大学，2010．

［344］郭继峰．大型空间桁架结构在轨自主装配智能规划研究［D］．哈尔滨：哈尔滨工业大学，2007．

［345］李小江．空间等离子体环境对电子设备的充放电效应［D］．西安：西安电子科技大学，2009．

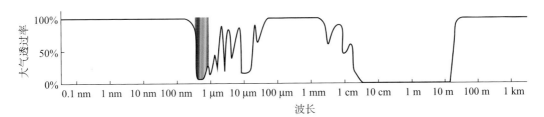

图 3 - 9 电磁波大气透过率 (P71)

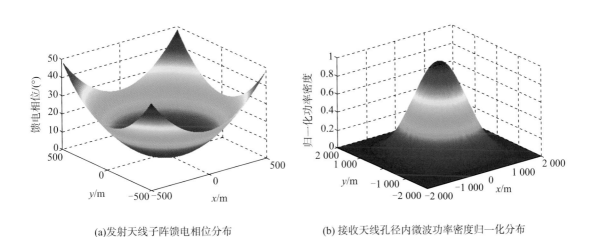

(a)发射天线子阵馈电相位分布

(b) 接收天线孔径内微波功率密度归一化分布

图 5 - 37 波束控制仿真 ($\theta_0 = 0°$) (P158)

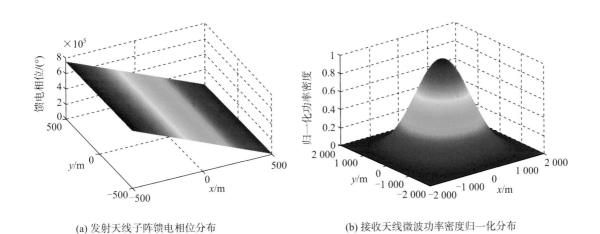

(a) 发射天线子阵馈电相位分布

(b) 接收天线微波功率密度归一化分布

图 5 - 38 波束控制仿真 ($\theta_0 = 6.3°$) (P159)

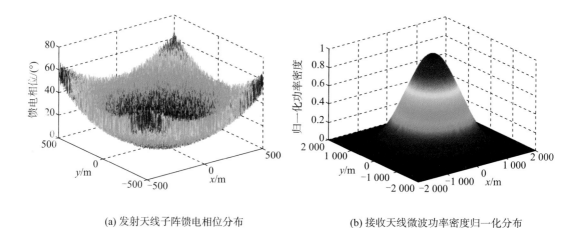

(a) 发射天线子阵馈电相位分布　　　　　　(b) 接收天线微波功率密度归一化分布

图 5-39　叠加随机误差的微波相位分布及归一化接收功率密度分布（P159）

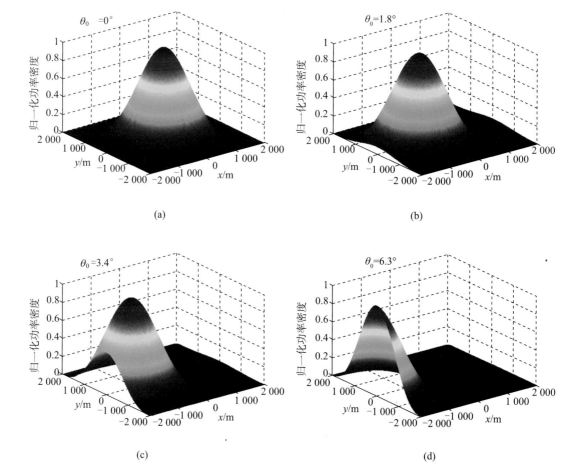

(a)　　　　　　　　　　　　　　　(b)

(c)　　　　　　　　　　　　　　　(d)

图 5-41　3 MHz 频率偏移条件下波束指向角对接收功率密度分布的影响（P161）

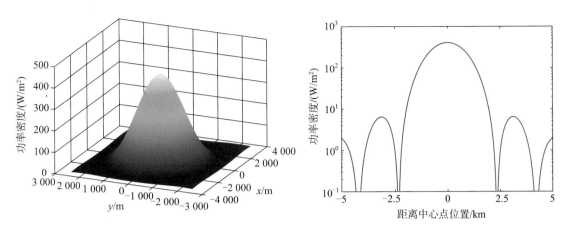

图 5-51 地面接收天线微波波束功率密度分布（均匀馈电）（P168）

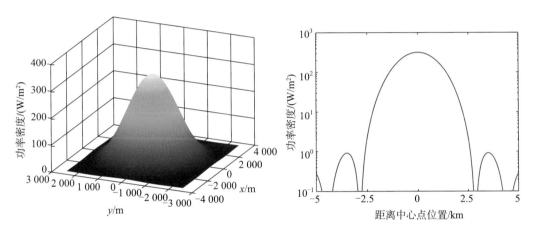

图 5-52 地面接收天线微波波束功率密度分布（10 dB 幅度高斯分布馈电）（P169）

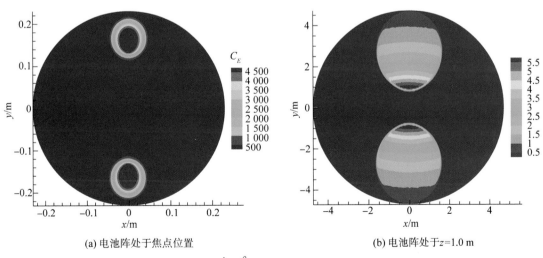

(a) 电池阵处于焦点位置　　　　　　　　(b) 电池阵处于 $z=1.0$ m

图 6-6 $0 < \varphi \leqslant \dfrac{\phi - \theta_s}{2}$ 时电池阵能流密度分布图（P201）

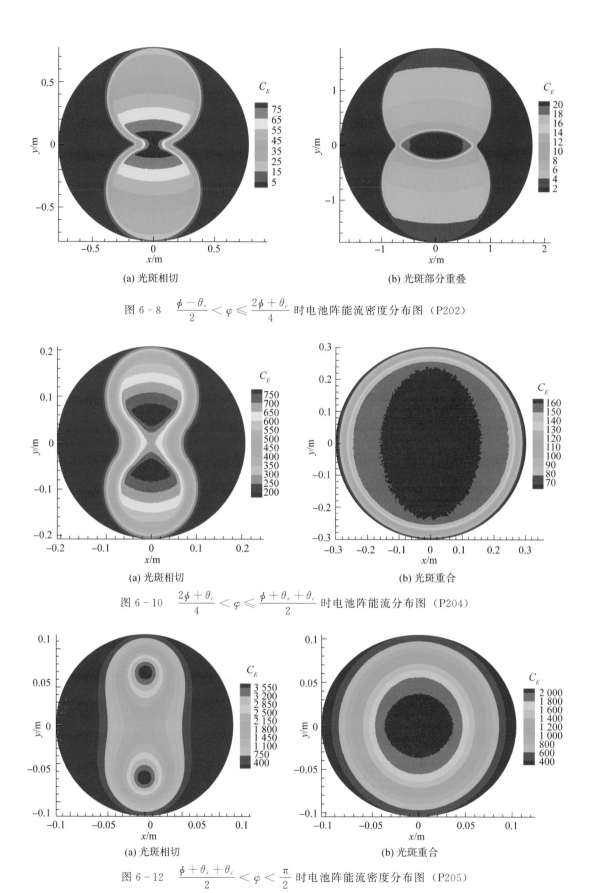

(a) 光斑相切

(b) 光斑部分重叠

图 6 - 8 $\dfrac{\phi - \theta_s}{2} < \varphi \leqslant \dfrac{2\phi + \theta_c}{4}$ 时电池阵能流密度分布图 （P202）

(a) 光斑相切

(b) 光斑重合

图 6 - 10 $\dfrac{2\phi + \theta_c}{4} < \varphi \leqslant \dfrac{\phi + \theta_s + \theta_c}{2}$ 时电池阵能流分布图 （P204）

(a) 光斑相切

(b) 光斑重合

图 6 - 12 $\dfrac{\phi + \theta_s + \theta_c}{2} < \varphi < \dfrac{\pi}{2}$ 时电池阵能流密度分布图 （P205）

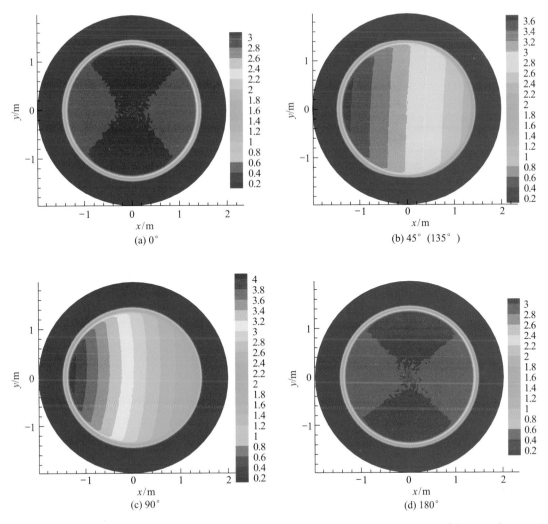

图 6-15　不同调节角度下的电池阵聚光能流密度分布（$f = 5.0$ m$/C_G = 3.0/\phi = 80°/\theta_c = 20°$）（P207）

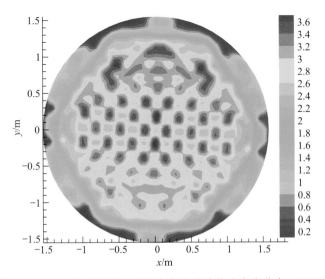

图 6-18　200 个平面模块拼接方案电池阵能流密度分布（P210）